二十一世紀の日本のかたち

生命の網の目社会をはぐくむ

戸沼幸市 編著

二十一世紀の日本のかたち

目次

1章
二十一世紀の日本のかたち

戸沼幸市

ピラミッドから網の目へ、世紀をまたぐ大転換期（1970〜2030、2050）

マスクメロンの地球

地球は燃えつきるか、有限な地球

21世紀初頭の人類の世界史的状況はアメリカを襲った2001年9月11日の事件に集約された観がある。20世紀末地球地域に起こった紛争、ベトナム戦争、イスラエル・パレスチナの血なまぐさい応酬、湾岸戦争はそのまま21世紀初頭に持ち越され、9・11事件となり、アフガン戦争、イラク戦争につながって現れている。地球上の一地点の事件はただちに連鎖反応を起こし世界に広がっていく。

この間、20世紀国家そのものの組替えも起きている。ベルリンの壁の撤去とドイツ連邦共和国、ソ連邦の消滅と独立国家共同体の出現、そしてアジアにおける諸国および国家間の諸問題も前世紀そのものの問題群であり、この10年、20年では、あるいは半世紀後でも解決の目処が立たないほど大きい。一方、国を越えた人間居住の枠組み、EU（欧州連合）、CIS（独立国家共同体）、ASEAN（東南アジア諸国連合）、OIC（イスラム諸国会議機構）などが動き出した。そして改めて、UN（国連）の役割とかたちが議論されつつある。現在、地球は発達した交通網の上に瞬時に作動する濃密な情報網がかぶり、これに経済の網が重なってマスクメロンのようだ。グローバル化とは地球のこの網状体化のことであり、この様相は世紀をまたいで今世紀100年、虚実を混ぜてその姿をはっきりと現すことになろう。

人工系ネット社会の日本

21世紀初頭、日本の社会は世界のネットワークに連動して急速にネットワーク化しつつある。20世紀、コンピュータの発明によってもたらされた情報革命は18世紀、蒸気機関の発明によってもたらされた産業革命以来の大革命にちがいない。工業型から情報型へ、世紀をまたいで日本の産業構造は大転換の様相をみせている。現在の状況は在来の工業と新しい情報産業が並行交差している図である。これを下部構造として、日本の社会構造のあらゆる領域、組織はデジタルネットワーク化しピラミッドから網状に転換しつつある。

現在出現しつつあるネットワーク社会の先行きは必ずしも定かではない。20世紀末には様々な犯罪が日常化し始めた。少年による幼児の不気味な斬殺、誘拐事件、保険金目当ての友人、肉親に対する安易な殺人事件、まるでテレビゲームのようだ。ネットワークに乗った同時多発テロの危険もささやかれている。日常化する犯罪の多くは、短絡するネットワークによって引き起こされている。

日本社会の安心と安全を脅かすこれらの事件の社会的背景として、戦後日本経済の成り立ち、急速な高度経済成長、突然のバブル経済破綻、景気後退がある。戦後日本人の生活を支えてきた産業、経済システムがこの転換期、全体として活況を失いつつある。日本経済の低迷に呼応して国家や地方自治体は大きな赤字を抱え、財政も逼迫し、国民や市民の生活を支える枠組みとして心もとないものになりつつある。

戦後の国土開発計画

第2次世界大戦後、日本の復興はめざましいものがあった。戦災復興から高度経済成長へとGNPはアメリカに次ぐ世界第2の経済大国にまでのし上がった。日本は工業立国をめざし、国づくりをし、輸出を押し広げ、官民一体、政府による護送船団方式と相まって日本経済は大きく浮上した。この間、大量生産—大量運送（頒布）—大量消費—大量廃棄の巨大な経済の網が日本人の住む国土空間を覆った。経済成長を加速させた第一次全国総合開発計画（1962）の新産業都市、工業整備特別地域の指定、続く第二次国土総合開発計画（1969）は高速交通網の整備と合わせて、政府は国土の大規模重化学工業基地化をめざした。しかしながら、この全国工業基地化構想は、公害、環境問題を顕在化させつつ、国土に深い傷跡を残したまま破綻してしまい、現在、負の遺産として残っている。それでいて東京一極集中も弱まってはいない。つづいて打ち出された大規模リゾート構想もほとんどすべてが破産してしまい、作られた施設が遊休化している。はなばなしい日本列島改造計画は皮肉にも農村部の人口を都市部、特に東京などの大都市に移動させ、日本中の地価高騰を招き、日本の風景を少なからず破損、破壊、乱雑化させた。エネルギーをはじめとする多消費多廃棄の日本人の生活スタイルからくる問題も大きい。ゴミ問題はその端的な例である。

高度経済成長期の家、地球、国の液状化

日本の人口は終戦直後の8,000万人から1985年の1億2,000万人へと急増した。これに対応して戦後、大量生産—大量消費方式の上に築いた日本の高度経済成長方式は、日本社会を大きく変質させることになった。伝統的経済システムである地域生産、地域消費型の地域産業を押しつぶして破壊させるものとなった。地場産業が成り立たなければ地域社会は崩壊する。農業、漁業、商業など地域の産業は多く中小企業であり、単位を最小化しそれを連結して収益の最大化を図るネットワーク型高度経済成長システムはこれを直撃した。自動車の普及発達と大量販売の端末であるコンビニ、スーパーマーケットの進出と相まって、地場の商業のきっちりとした集積空間であった町や都市の中心商店街は根底から突きくずされ空洞化している。

高度経済成長は国中の都市部の地価を押し上げたが、これと相まって市街地は都市郊外にだらしなく広がってしまった。それでいて家々は田んぼの中で建て詰まっている。地場の建材から切り離された材料と画一的な技法によって、町や都市も日本中同じ景観となり風土に根ざしていた美しさが消えてしまった。

大量生産、大量消費方式の浸透によって一番ダメージを受けたのは幸福と安全のシェルターであった“家”である。三世代家族が二世代(核家族)となり、今や家族とはいえない単身世帯が珍しくなくなっている。

効率化を求める経済社会にあって伝統的な家、家族は経営コストの大きいシェルターであり共同体である。特に子供の教育への出費が莫大であり、20年もかかる子育てでは３人、４人と子供を産み育てることが困難である。子供をつくらない家族、結婚しない世代、単身者が増えている。高齢化時代、一人暮らしの老人も多い。単身世帯が地域の中にばらばらに放り込まれる状況が広がっている。働き手を家族から引き離した近現代成長経済システムの求めたものは生産と経営コストの最小化であり、家族の縮小、居住の単身化はその結果であった。これはまた、日本の将来人口の減少の直接の原因となっている。日本は経済大国になったことと裏腹に家、地域という共同体を崩壊、液状化させた。これは少なからず日本という国の空洞化、液状化を意味した。

地域からの人間復興、1970年は21世紀への変曲点

1970年代以降の日本の液状化、破綻に対して、実際に地域に生活を営む人々から国家の諸政策と対抗する地域主義ともいえる新しい主張と地域復興の様々な取組みが現れた。地域の歴史と伝統、固有の文化などの見直しの上に、住民参加、市民参加の地域づくりの運動が全国的に広がり始めた。セーフティネット、人と人とのつながりの再構築をめざした動きである。

1970年を境に国の国土政策にも大きな変化が見られた。第二次全国総合計画に代わって、第三次全国総合開発計画(1977年)では、高度成長から安定成長へと軌道修正され定住構想が唱えられた。第四次(1987年)では、定住構想に農村と都市部との交流が付け加えられた。そしてこの時、首都機能移転の検討が明記された。

第五次全国総合計画(1998〜2015年)は、地域の自立と美しい国土の創造をうたい、都市ピラミッドから都市ネットワークへと国土構造の転換を企画し、合わせて太平洋国土軸に加えてようやく日本海国土軸といったものを取り上げるようになった。

時代の大転換を訴えた早稲田大学21世紀の日本研究会'70提言

早稲田大学21世紀の日本研究会とは、明治百年(1968)を記念して、当時の内閣(佐藤栄作総理)総理府が主催したコンペティション「21世紀の日本の国土と国民生活のあるべき姿」を求めた課題に応募するために早稲田大学の中に学際的につくられた組織で、100名に及ぶ大組織であった。1968年から70年までの3年間、全国的にも早稲田としても大学紛争の最中であったが、研究会は時代状況を読み込んで21世紀日本の国土・国家像「アニマルから人間へ、ピラミッドから網の目へ」として提言報告書を政府に提出した。これは10に近い全国の学・協会の案の中で政府より最優秀賞を獲得した。1970年、30年前に研究会が見た21世紀の日本のかたちを日本列島を逆転させた地図を用いて以下のように焦点化した。

21世紀の日本、国土・国家像

現在(1970)、国土が抱えている諸問題は、21世紀までの30年間に順を追ってスムーズに解決されるのだというよりは問題が急速に収斂してきて、一つの転換点をつくり出し、それをバネにして解決の目処を得るものだと思う。現在の傾向の単なる延長上に解決があるのではなく、かなり意思的な設定、価値の転換を伴うことなしには解決しない問題である。私たちの描いたものは、極端にいえば現在の動向の否定といってもよい。価値観の大転換の必要を唱えるためのきっかけを絵にしたものといえる。

①日本をとりまく外的条件への姿勢――平和の希求

そもそも、日本の存立も平和あってのものである。地球の平和の焦点にある国連本部もアメリカ、ニューヨークから南極あたりに移転したらどうか。加えて、国際的視野から日本の国土計画を論じる必要があり、日本列島を太平洋アジア地域と大陸アジアの接点として位置づける。(図1)

今後、特に大きな意味をもつと思われるのは、国家機関相互の交流のみではなく、自由な各国人の市民レベルでの交流の頻度がいちじるしく高まる点である。その過程において、地域的まとまりがあたかも国家の原理から民族の原理へと移行し、民族単位での地球リージョンがより共通の生活内容、生活表現をもった一つの文化統合体を形成しつつあるのだと予感させる。日本の果たすべき役割は、世界大での平和への寄与は当然のことながら、アジア地域の2つの系の接点として平和につながる文化統合体の実現、両アジアに向けての交通、情報網の設定、それと絡んだ太平洋、日本海への諸設定を必要とする。

②2つの基本的な元ー人口と面積の扱い

国土計画の基礎となる人口(1億3,500万人を想定)と国土の空間条件・面積について、21世紀の国土は交通手段のスピードアップや産業開発によって国土が相対的に縮小する。比喩的にいえば国土の中で人間がどんどん大きくなってしまう。スペースに限界があるならば、人間の方が小さくなるよりほかはない。国土については大陸棚の活用、海利用を広げる。

③国土システムの革新

a:人工と自然の平衡を

多種多様な地形と変化に富んだ気候風土をもつわが国も、観光開発の行き過ぎや産業公害、都市公害、過密利用により、著しく自然が破壊されつつある。1.自然緑地、2.保全緑地、3.環境緑地、4.生活緑地に分類し、国土緑地保存系を形成していく。自然や緑地から日本の国土を見直し、美しい日本の再生を求める。

ノーカー、ノーマシーン地区の設定、名所旧跡、歴史的遺産をつなぐ、歩行系の緑のネットワーク東海道新歩道などを提案する。

b:ピラミッドから網の目へ(網の目都市・日本)

21世紀の日本国土に展開される人々の生活環境を、東京を頂点とするピラミッド型、メガロポリス型から、より自然へのアクセスを持ったネットワーク型、網の目型の生活環境をめざす。(図2)

日本列島は複雑で繊細な自然地形によって構成され

図1　環日本海ループと太平洋ベルト
(新しいアジア太平洋の生活圏にむけて)

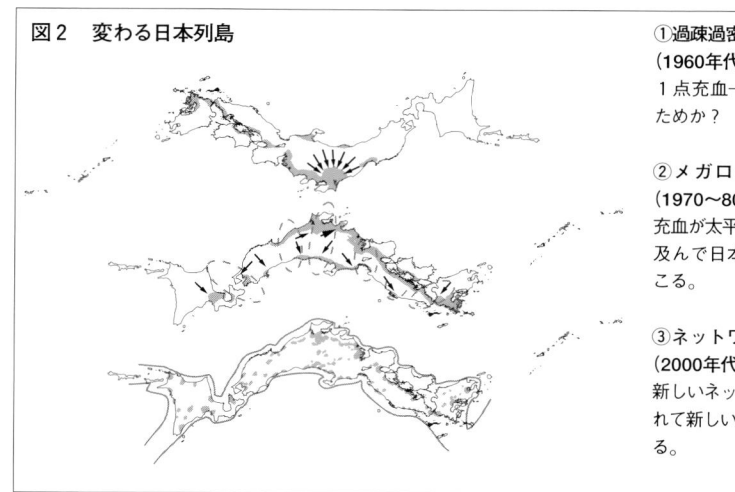

図2　変わる日本列島

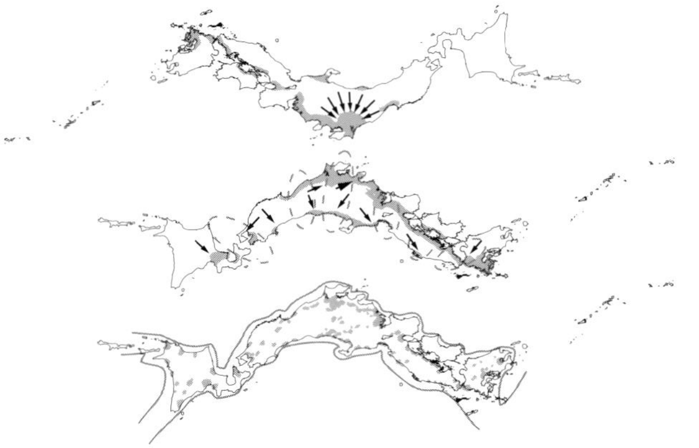

①過疎過密時代
(1960年代)
1点充血―東京が下にあるためか?

②メガロポリス最盛時代
(1970〜80年代)
充血が太平洋メガロポリスに及んで日本列島に逆転が起こる。

③ネットワークシティ時代
(2000年代)
新しいネットワークに支えられて新しい血が地方に生まれる。

図３　道州区分図

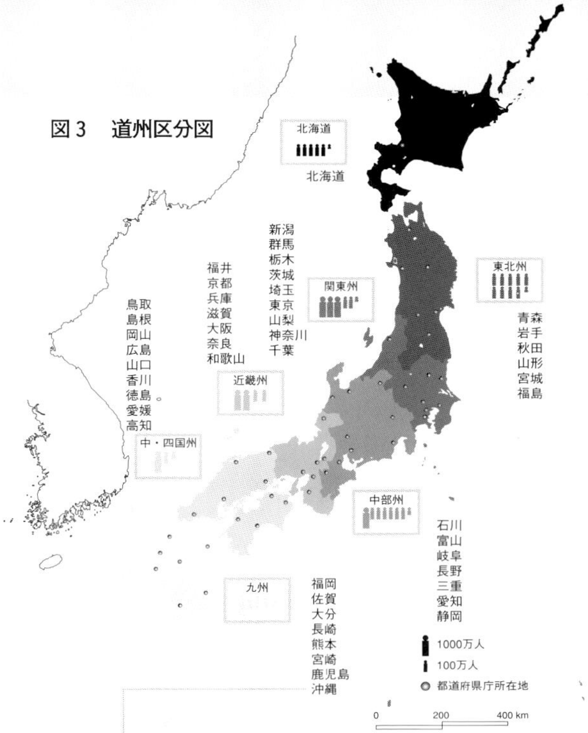

図４　北上京モデル

文明に対して強い浄化力をもつ北の地こそ新しい国の首都にふさわしい。岩手県盛岡市の北東約20kmの北上山系の一地区に新首都を提案する。

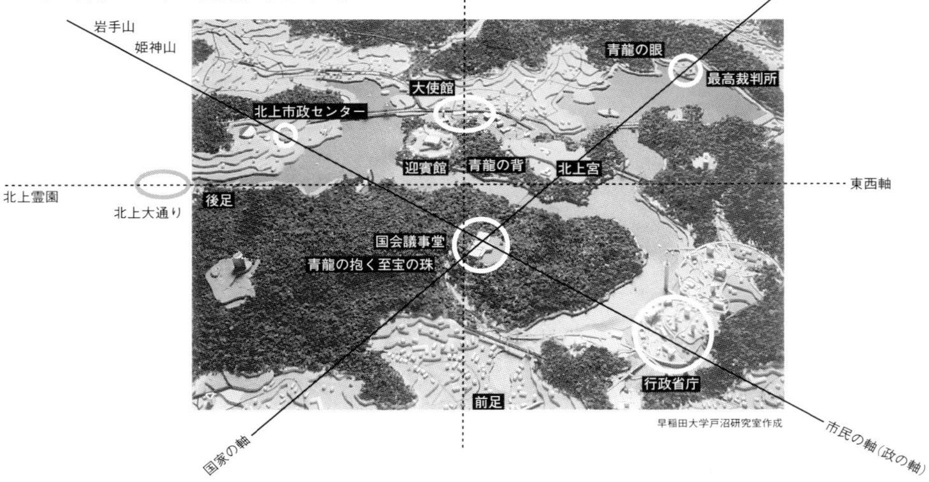

ている。しかも山地が急峻で国土面積の７割も占めているため、定住空間として非連続に分布している。このような小部分は各々に個性をもち歴史を内包している。これらの地域は単位性をもった居住環境新“市”として国土の基礎構造をつくる。21世紀にはこれが単位的自治体（人口20〜30万人）となり、ネットワークという柔構造システムを具体的に支持するものとなる。

④分権型国家への制度設計

国家の制度設計として、基礎自治体としての新“市”（全国に約300、人口20〜30万）と分散分権型国家の受け皿として日本列島を太平洋と日本海を含むように、日本列島を輪切りにした7道州制を提案する。（図３）合わせて遷都し小さな政府をつくる。

⑤北上京遷都

日本列島の座軸が21世紀に向けて大きく転換しつつあることは間違いないところである。その意味を端的に先取りして21世紀に意志を表明する格好のものは、新天地に新しい首都を建設することである。

政治と経済の癒着、それにからまる巨大都市集積は東京を日常的パニック状況にまで追いつめている。東京にとっても政治的中心を切り離すことからその再建計画を考えるべきだし、過疎過密の弊に悩むわが国土にとってもこの害を突き崩し、国に新しい平衡を得るために首都移転の事業を他に起こすべき時である。

古来、わが国において、幾度かの遷都がなされた。それらのいずれもはちょうど国家の枠組みや内容についてなにかしらの変化が起こりかけていた時のことであった。思うに、首都移転という事業は、国家を脱皮させ変貌を促進してその先に一国の生命を延長させるのだとみられなくもない。（図４）

⑥東京再建論

東北遷都に合わせて、21世紀の東京市街地の姿を東京再建計画として次のように描く。

a：機械仕立てのシステムに十分な安全性を確保すること。そのためには何よりも過密市街地の中に緑と水を投入し、自然の再生を図る。この象徴的な事業として、山手環状線内は昭和の森として自然を再生させる。

b：巨大な都市に人間的スケールを回復する。大きくなりすぎた市街地にはわかりやすいキレメをいれる。機械（交通・設備）はできるだけ地下や半地下に埋め、地上を歩行者天国とする。

c：東京市街地の再建は関東圏（半径100〜150㎞）の枠組みの中で考える。関東複合網目都市の中で機能的有機体をつくる。

d：大パニック、東京直下地震災害が起こることを視野に入れる。

⑦地方・地域像

a：非メガロポリス地帯（疎住地帯）における地域計画

在来、東海道メガロポリス（密集地帯）などは、開発の進んだ先進地域と考えられてきた。人工的設定物の過密化によって、自然環境を著しく破壊することになり、人間の生存そのものを根底的に危険に陥れる危険な環境になってしまった。いかにその危険が指摘されようとも、この地域では当分は１つの勢いとしてこの事態は進んでゆくであろう。これに対して、いわゆる後進地域と呼ばれる地帯は、いまだ人工的設定の少ない自然が優位なる地域である。そのことがこれら地域の後進性そのものであったのだが、いまとなってみると、逆に価値のある地域と見直されよう。

b：青函圏計画

コンペティションの課題の１つに地域都市像を描くことがあり、津軽海峡をはさんだ青函地域を一体としてとらえ、北方文明圏における交流拠点とすることを骨子に案をまとめた。（略）

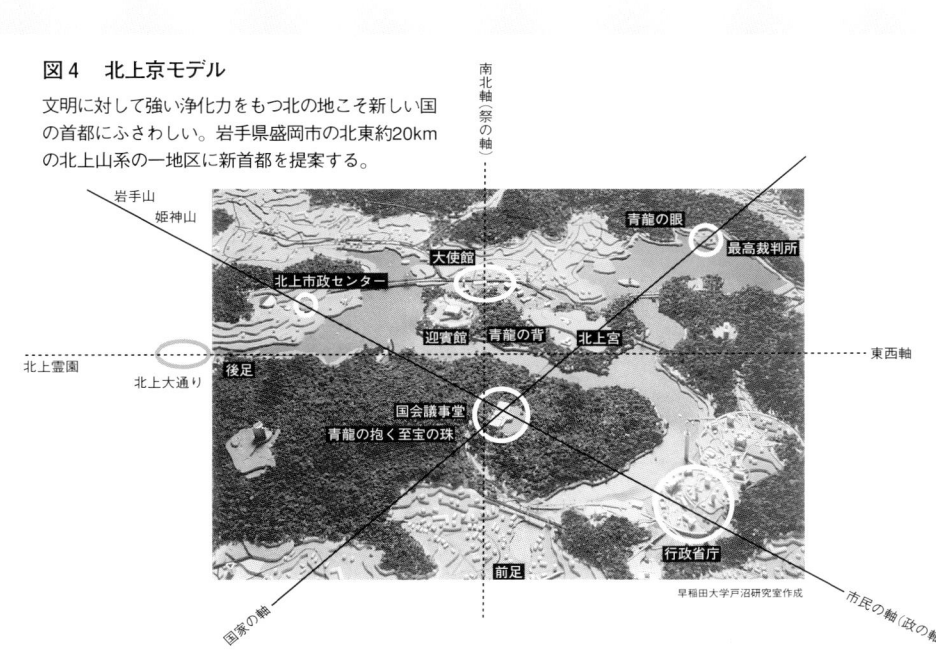

生命の網の目の中に21世紀の日本のかたちを求める─戸沼研究室'04提言

生命の網─個体と群体の信頼関係

人間は一人では存在しえない。性的結合によって、初めてこの世に生命を受けて誕生し、社会の中で育てられ、これに帰属を得て、自己実現、自己具現を果たしていく。そして、老いを迎えて生命を閉じる。「マン イズ モータル」は人間についての厳然たる真理である。

一個の人間の生命は通常、出生、成長、成熟、老化そして死という生物体の一生の劇、宿命を演じるが、これはすべての個体について起こり、このような個体が人類の出現以来、重なり合って連綿と続いているのである。人間には2つの性、男と女がある。この結合が新しい生命を絶えることなく生み出し、これを育てて、それぞれに生物としての役目を終えていく。人間の社会は、このような生物的特性をもつ個体がその集合である群体の中で信頼をもって結ばれ、群体を安全に、安定的に、あるいは活力あるかたちで位置づけようとして生まれた機構である。家族、地域社会、国といった固有の組織と空間をもつ様々なレベルのコミュニティが、時代の中で、個体と群体との特有の関係を示してきたが、一定の群体もまた、全体として、一個の生命のように栄枯盛衰の生命現象を示している。

活発と安定は社会機構に絶えず働いている2つの矛盾する力である。この2つの力がダイナミックに平衡的に働いている社会が1つの理想形と思われるが、活発か安定かはどちらかに傾きがちである。人間の社会にあって、単位的社会間での競合、競争もまた激しいものがある。これは経済面において顕著である。国家という群体はどうであろうか。国家は時に狂暴になり、人間の生命そのものの殺戮、抹殺を常態化する戦争を繰り返してきた。個体、群体の生存と安全・安定の保障を国単位で行っている矛盾を人類はいまだ解決していない。

人間の自然界における位置

宇宙に浮かぶ1つの球体、太陽系の一惑星に、1つの生命体・人間が住んでいるとは驚異的なことである。なぜ、何のために人間はこの宇宙に生まれたのか、知的生命体として宇宙の意味を解き明かすためか。ほかにも生命の存在する星はあるのか。人間についても宇宙についても謎が深い。それにしても地球の人口は急増し続けている。19世紀の初め10億であった地球の人口は爆発的に増加し、2000年には60億、2075年には100億人に達する勢いである。いったい、この地球はどれだけの人口を抱えこむことが可能なのか。200億人までなのか、際限はないのか。あるいは突然、急速な人口減に見舞われるのか。巨大な力をもった人間によって、地球の資源は急速に枯渇し始めている。この現れの1つとして近年、3,000万種といわれる生物種が急速に数を減じているという報告が次々になされている。

人間もまた、地球生物の一員である。35億年かかって地球が育ててきた生命の網、地球の物理的な自然の土台の上に育ててきた多様な植物と動物の群れに混じって人間という動物が存在している。地球上の生命は連綿とつながり合ってその灯を掲げ、支え合って未来に向かっている。地球は太陽の下で生命の網に包まれて輝いているはずのものである。地球の自然の美しさは生命の網の美しさである。しかし、ここに来て人間の大増殖が起きている。自然を恣意的に改変する力をもつことによって、これがもたらされ、それが自ら人類の危機そのものを招いているとは皮肉なことである。

生命のかたち、生命の網の目のかたち

地球における生命は植物も動物も、種としていずれも固有の形をもっている。植物はその消費者たる人間に生気をもたらすが、この植物が季節ごとに咲かせる花は植物の命の証で

あり、愛らしくも美しい。動物の形は時に特化した異形をもち、人々の好悪は様々であって一様にはいえないが、見とれるほどの美しい形、姿態にしばしば出合う。これとても都市の中の柵の動物園ではなく、野生においてこそ彼らは本領を発揮し、生き生きとした魅力を発散することであろう。彼らもまた、種が絶えないように愛を語り、子孫を残しているのである。
さて人間の生命の形はどうであろうか。最近の日本人は太り気味の人が増え、時に醜い日本人と呼ばれることもある。エコノミックアニマルで、人と人とのコミュニケーションの不得意な身勝手で不遜な態度の日本人が、世界の人々から白い目でみられている。人間の生命の形は肉体の形態もさることながら、その精神の表出においてこそ最も現れる。この意味でいえば、人間のつくり出したまちや都市、地域や国土の姿もまた人間の生命の形である。人間はその生命を連綿として建物やまちや都市の形に移し変えてきたのである。もし、現在のまちや都市が乱雑化し、安全性をないがしろにし、美しさが見られないとしたならば、人間の生命が独りよがりな傲慢さに陥っているからではないだろうか。まちや都市は、地球の自然、自然の正と負、生命的自然、自然の生命を読み取り、その連続性の中でしか、好ましいもの、まして美を獲得することができない。美はまちづくりの根源的よりどころである。個性をもちながら生き生きと自然《カミ》と連続している姿にこそ、人間の理想的な生命の形がある。
生命の網目の中の居住、都市とは、単なる交通や通信の人工的なネットワークに人間の居住地が結ばれているというものではなく、地域における生命の網、すなわち地球における生命の網と深々と重なることによってつくり出される。そこには、人間の歴史の営みも大切に記憶されていく。
現在、日本の国土空間のなかに進行しつつある情報型社会は、硬化した旧来の仕組みを解体させつつあるが、これが自動的によいものをつくり出すとは保障されていない。うっかりとすると個人をぶつ切りにして生命装置でつなぎ合わせるといった不気味な社会をつくり出すかもしれないのである。
生命の網目の中の都市づくり、地域づくりにおいては人間の生命の環、地球の生命の環に思いを巡らし、地球的広がりの中で綿密に丁寧に行うことが大切である。生命の網の目社会をそだてるそのプロセスにこそ21世紀の日本のかたちがあると思うのである。

21世紀の日本のかたち、戸沼研究室'04提言

21世紀の入口に立ってこの100年を語ることは、不動の条件を示しつつ多く願望を述べるといったものになろう。
ただ、国土計画、地域計画の観点からみても世紀初頭の30年、50年は1970年に始まった大転換期の中にあり、現在、これをしっかりと方向づけする必要がある。日本の国家、国土の21世紀像として「アニマルから人間へ」「ピラミッドから網の目へ」とした30年前の早稲田案の理念、見通し、そして提言は、多く現在も有効であると考えるが、筆者が30年前30代の時に参画した早稲田案'70を改めて見直し、"生命の網"という思想を重ねて実践活動を伴った戸沼研究室'04提言を以下に記しておきたい。

①人間尺度のまちづくり—住民参加の地域復興

日本の21世紀のかたちは今後100年の人口動態に率直に現れている。かつて21世紀国土計画の前提として２つの基本的元－人口と面積の扱いについて、「人間が小さくなること」「国土面積を広げること」と記したが、これは高度成長路線をひた走る国の政策、時代の風潮に対して、日本人の肥満体質を改め人間はもっとゆっくりとし、謙虚に振る舞うべしという警告のつもりであった。
「人間が小さくなる」は、ここにきて予想外の事態によってこれが現実のものとなり、大きな問題として現れた。

総人口および人口増加率の現状および将来推計1947〜2100年

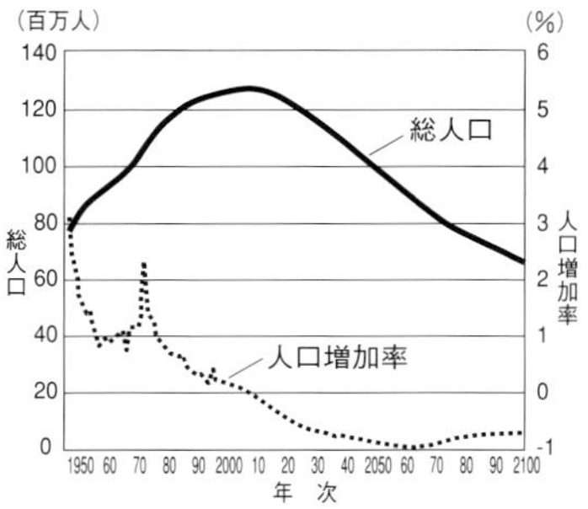

（総務庁統計局「国勢調査」および国立社会保障・人口問題研究所編「日本の将来推計人口」：1997により作成）

人口ピラミッドの変化

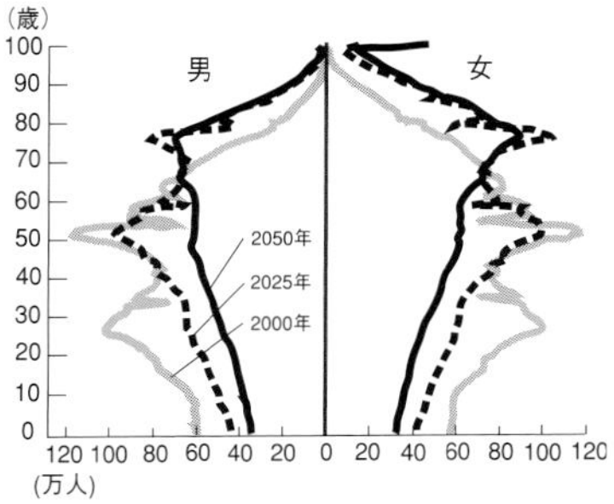

（総務庁統計局「国勢調査」および「国立社会保障・人口問題研究所編「日本の将来推計人口」：2002により作成）

日本の人口の急速な減少である。

2000年の人口は１億2,700万人弱であり、2010年前後のピークから人口が減少し、2025年１億2,000万人、2050年１億人、今世紀末には7,000万人を割り込むという予測が国の統計として示されている。この減少する人口現象の基底に非婚化、少子化、高齢化があり、単身世帯が増えているのである。

人口現象として拡大志向から縮み志向に転換しつつある事態とは、だらしなく姿形のくずれた日本人の生活作法をより身の丈に合ったものに転換し、人々の共生する品格のあるものに立て直す機会である。戦後、半世紀、国民こぞって成長に向かって高速度に突っ走って疲れ果て、代償を払って奉仕したはずの家族や地域が消えてしまっては何のための生涯であったかが解らない。人は共同体に加わって、そのために働いてこそ意味がある。もっとゆったりとしたライフスタイルを築く好機である。

現在、日本の処々方々で住民参加の地域おこし、まちづくりが広がっている。かつて、安全と幸福を保障してくれた家、家族が解体されてはこれを含む地域社会が“大きな家”として再構築されるほかはない。少子高齢化時代、新しいセーフティネットづくり、地域社会づくりが急務となっている。試行錯誤を続けながら、全国に様々な方法での地域づくり、地域おこしが展開している。

地域づくりには男性はもちろんであるが、これに加わって女性が重要な役回りを果たし始めている。かつての母親は数人の子を産み、育て、大人数の家族をまとめた優れたハウスマネージャーであった。これが大きな家—地域のマネージャーに代わったという見方もできるのではないか。もちろん女性の社会的進出はこれからめざましいものがあろう。

顔の見えるまちづくり、人間復興の経済を伴った人間尺度の地域おこしこそ、21世紀の日本のかたちを根底から整えてゆくものにちがいない。

②分権国家の地域像—新“市”と道州制への展開

現在、市町村合併の論議が盛んである。’70早稲田案は過疎地域と都市地域を含む人口20〜30万程度の新“市”を創設し、これを分権社会の基本の受け皿に想定した。これは21世紀には在来の市区町村の境界を越えて日常生活圏が形成されていること、合わせて行財政の効率的運営がなされることを理由とした。

新“市”を全国に300程度想定したが、これは江戸時代末の藩の数に相当する。江戸時代の藩は１つの水系、平野、まとまった地形に築かれた都市（城下町）と農村を含む生態系の一まとまり（生態都市圏）と考えられる。特有の自然と歴史と文化と産業の地域資源をもつ適正規模をここに求めたものである。

同時に新“市”の中に多様な草の根自治区を想定した。これは子どもの教育、老人を支える福祉などについての生活のセーフティネットをもった地域社会である。

現在、3,300の市区町村が平成の大合併に向かって走り出している。これには様々なケースがあり、その推移に日本の自治のかたちが現れている。300の単位的生態圏を一律に１つの行政単位とするかどうかは30年、50年かけて当事者である住民、市民が決めることである。

市町村合併と合わせて道州制の議論も当事者である現知事諸氏から起こっている。明治につくられた現行都道府県制は、現在100万人に満たない県から1,000万人を超えるものまでばらつきが多く、かつ交通、通信の発達した現代の経済社会の仕組みとの乖離が大きくなっている。その役割も基礎自治体である市区町村に対する国の中央指令の中間組織、下請機関に過ぎないという指摘も多くなされてきた。

早稲田案では、太平洋側と日本海側を含む7道州としたが、その数や内容について過渡的にいくつものケースが想定されよう。

21世紀の分権ネットワーク国家の枠組みとして、地域が生き生きと活躍できる枠組み、それぞれの地方が自らの発想と権限で国内外と対峙する道州のかたちが21世紀には現実のものとなるに違いない。
新たな北方型文明を創造するフロンティアとしての北海道、アジアと一体化した発展をめざす九州は、地理的にはっきりとしたまとまりと規模をもっており、いますぐにでもこのかたちに移行できるのではないか。
青森、秋田、岩手の北東北州構想も動き出している。疎住地に対して高密度人口地帯である首都圏連合が関東州にまとまって防災を含む諸課題に取り組むことができれば、欧州一国に相当する独自なくにづくりが可能となろう。

③首都機能移転―東々首都軸構想

早稲田'70年案では、21世紀の日本のかたちづくりの1つとして北上京遷都を打ち出した。これは、東京一極集中のピラミッド構造の是正と分権国家へ移行することの表徴的国家事業としてあえて東北の過疎地に想定したものであった。日本が分権国家を志向するのであれば、ピラミッド的中央権の焦点である首都機能の移転についても決断すべき時期にきている。帝国議会以来のあの分厚い壁に囲われた国会議事堂での政治の姿を、新しい形の軽やかな国会として新しい場所につくるべき時である。
首都機能(国会、政府、最高裁)移転については、政府や国会により移転候補地が挙げられるまでになった。筆者も長年この議論に加わってきた経緯があり、その候補地として人心一新効果からは、できるだけ離れたところが望ましいのであるが、引越論からは300～500kmまでとされた。
現在の候補地は、三重・近畿地域、岐阜・愛知地域、栃木・福島地域が挙げられている。東京には皇居があり、依然として首都にはちがいなく、新都(国会都市など)と双子になろう。そして、これを結ぶ線は首都軸である。この観点に立てば、国土の発展方向としていまだ疎住地帯である東北方面への展開が妥当と考える。2015年までに、栃木・福島にまず国会都市(10万人程度)をつくり、東京―東北、東々首都軸時代に向かうことを提案しておきたい。

④東京再建―品格ある景観、風景づくりとグランドセントラルパーク構想

関東州を志向する3,000万人が高密度に居住する東京圏として、地震などの災害に対して安全性を高めるいろいろなレベルの対策が必要である。このためにも都心(23区)一極集中構造を多極多圏域に転換する。横浜・川崎、立川・八王子、さいたま、千葉などの都市集積を生かしつつ、これらを1つの自立した生活圏に育てることが必要である。中心核は、単なる業務地ではなく、文化都心といったものを想定したい。
最大の密住地域東京については、水と緑、森といえるほどの濃緑をもった自然生態都市化を企てたい。
東京の景観は戦後の急成長のままに乱雑化の一途をたどった。東京が21世紀、世界都市として他に誇ることができるためには、品格のある景観づくりが欠かせない。醜悪な構造物(例えば日本橋の上の高速道路)を排除し、江戸―東京の歴史的遺産を大切にしながら、中心部の森―グランドセントラルパーク(皇居、神宮の森、上野公園、新宿御苑などからなる)につながる緑の網目都市をつくることになれば乱雑化した景観もよほど引き締まることになろう。合わせて、今世紀に予想される直下型地震の備えにもなろう。

⑤密住地域、疎住地域のかたちづくり

巨大な蟻塚のように創出した20世紀文明の巨大都市、これの連なりである東海道巨帯都市の生態学的リフォームこそ、21世紀の大事業である。この地帯は21世紀、大災害の危険を抱えている。住民の災害時の備えと

有限の中の多様
一つの正方形から様々な形を生む日本の折り紙

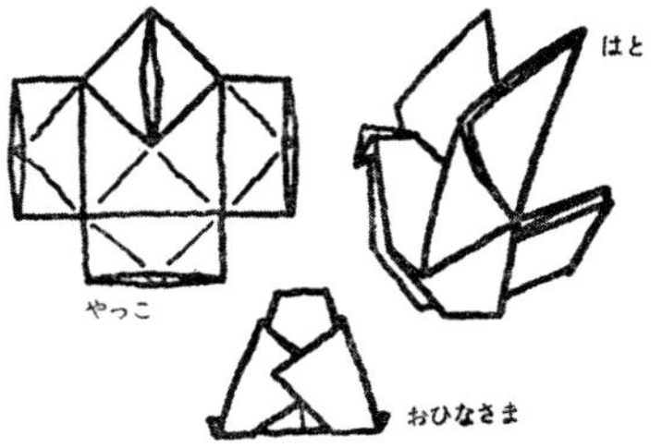

しての防災生活圏、日常時の福祉生活圏の再構築は急務である。ここにおいて、物理的防災対策もさることながら、日常生活を支え合う血の通ったコミュニティづくりこそ大切である。この地帯は歴史的遺産も多い。瀬戸内海などの自然を回復しつつ歴史的街並みづくりも21世紀の重要な課題である。
この点で疎住地のまちづくりは未来的に大いに有望である。農村はまさにエコポリスである。小さな都市群もそれぞれ豊かな自然に囲まれている。現代の日本の経済の仕組みの中で活性を欠いているにしろ、地球的にみてれば随分と豊かな生活環境である。もしこれが3万人、5万人、10万人のエコポリスのネットワーク、人工的ネットワークの上に人間の系、生命の網を深々と被せることができ、生命の網目都市として一定の活力をもつことができれば21世紀には災害に強い安心できる理想的な居住環境が出来上がることであろう。
密住地域と疎住地域の交流の姿が21世紀の網目都市、生命の網目都市のかたちなのである。

⑥環日本海居住圏の構想

戸沼研究室では、1991年度ロシアのウラジオストクを調査することを契機として、現在まで極東ロシア、中国東北地方、朝鮮半島などの主要都市の都市形成が、人間居住に関し交流、混住、共住の歴史をもつことを明らかにしてきた。
20世紀はまさに戦争の世紀であったが、その悲惨な傷跡は今も強く残っている。20世紀後半の日本と対岸地域との交流は、強い断切のあと、徐々に回復されつつあるように見受けられる。日本側でいえば、国策として日本海国土軸が設定され双方の利益の一致を求めて交流の実績が築かれつつある。日本のこの50年の経験、技術、制度などが役立つと期待される。
生活圏が１つのまとまりとして安定的に成り立つためには、地理的条件とともに相互に相手を必要とする状況がなければならない。
日本海を環とする環日本海生活圏、北東アジア生活圏が成り立つ鍵は、端的には日本海にあり、これが安定・安心を象徴する海、大陸棚の活用も含めて、平和の海として想定しうるかにかかっている。戦争・紛争回避の緩衝空間としての面と、３億人と想定されるこの地域の開発を考えると環境保全空間としての位置づけが大いに必要である。
１つの文化・文明圏としてこの居住領域が成り立つためには市民の交流や移住、共住を含む様々なアクションを必要としよう。この環の中に北朝鮮が30年後には融和したかたちで納まると期待したい。

⑦21世紀の地球人口のダイナミズムと東アジア居住圏としての日本のかたち

地球主要地域別人口

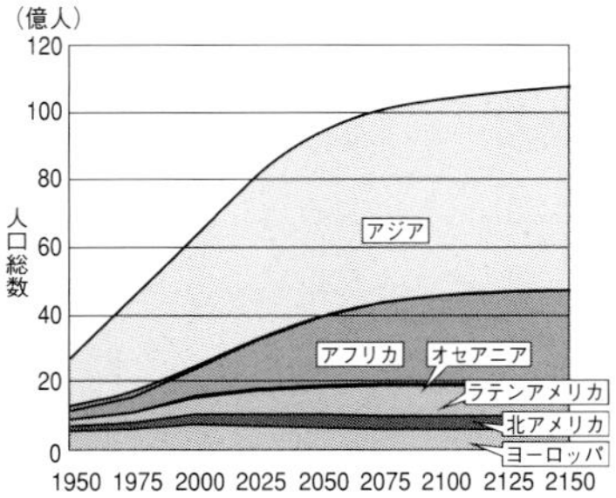

(UN,World Population Prospects:1998により作成)

国連機関などの地球人口予測によると、21世紀後半には地球人口は100億に達するだろうということである。その分布はアジア地域で60億人近く、この巨大な人口エネルギーの動向が21世紀の地球における人間居住の様相の大筋を決定することになる。アジアに次いでアフリカにおける人口急増も、その生存条件にかかわって大きな問題をはらんでいる。
農村から都市への急速な都市化、増加人口の都市集中、巨大都市化が特にアジアにおいて起こることになろう。巨大人口を抱える中国、インドなどではすでにこの現象が起きている。急速な都市化は村々に環境問題を引き起こしている。水や空気の汚染、ゴミ問題等が途上国を襲っている。人口と食糧、資源、技術、制度、経済、可住地等は地球上、地域が一致しないのである。2001年世界人口白書によると、「世界人口の20%の最も豊かな層が個人消費の総額の86%を占め、最も貧しい20%は、1.3%しか消費しない」という事実を指摘し、戦争難民を超えて、在来の居住地を離れる環境難民が2,500万人に及んでいることを報告している。

地球100億人時代の人間居住を想像するとき、国境を越えた人口の移動、ボーダレスな人間居住が活発化すると想像される。
21世紀における日本の人口は、急速な少子高齢化によって2050年には1億人になると予測されている。こうした傾向はすでにヨーロッパ諸国において見られ、今ではこれら先進諸国の人口を支えているのは移民人口である。余力の生じた地域(国)に外からの人口圧が加わるのは自然の理だとすれば、21世紀の日本は相当数の移民の受け入れを想定せざるを得ないのではないか。500万人か1,000万人か2,000万人か。

世界の可住地・非可住地

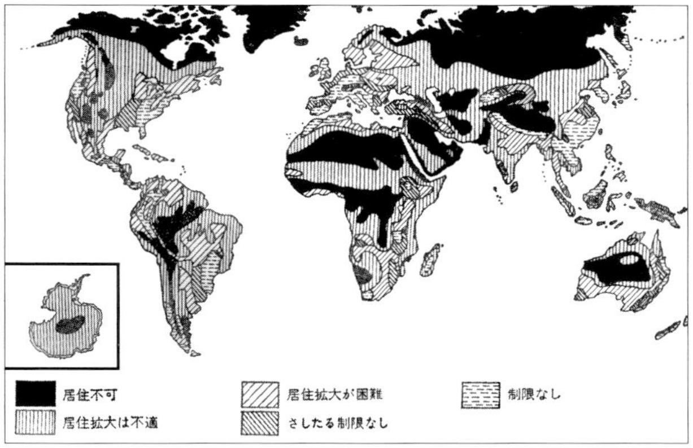

(C.A.Doxiadis:Ecumenopolisより作成)

その際、人間居住の枠、国家という枠組みについての検討も必要であり、すでにEUといったかたちの国家連合などが生まれ、機能しはじめている。
交通、通信、情報のネットワークが地球をマスクメロンのように包んでいるが、このインフラを下敷きに経済の網がますます濃密に地球を覆っている。
このような状態の中で、人間の新しい居住領域として、日本を含むアジア、なかんずく東アジアの生活圏はどのようになるのであろうか。人、モノ、情報、経済の交流がより活発化し、東アジア居住圏といったものが姿を現すことになるのではないか。
台湾、日本、韓国、(北朝鮮)、中国は、すでに活発な交流を重ねているが、加えてASEAN(東南アジア諸国連合:タイ、カンボジア、ミャンマー、ラオス、インドネシア、ベトナム、フィリピン、マレーシア、シンガポール、ブルネイ)が加わった東アジア地域は、20億人を超える地球における有力な居住領域として、21世紀、新しい秩序をもった平和で安定した生活圏となることが期待される。現在、東アジア地域は混然とした状況にありながらも、情報やモノの動きは活発であり、併せて経済の交流は深まりつつある。
このような動きの中で、国境を越えた人の交流、移動、移住も50年後には相当進むのではないか。
この想定図の中で日本の果たすべき役割は、平和の上に築いた技術、蓄積した情報、制度、経済システム、人材をこの地域のために開放することである。この地域が全体として抱えている貧困や環境といったものに対しても積極的に関わって何らかの役に立つべき時である。
21世紀の日本の国土、国家計画といったものも縮み志向に陥って一国の中に閉じ込めるものではなくて、大きな居住圏の一員として振る舞うことなしには成り立たない。多様な生態系、多様な歴史と文化をもつ東アジア共同体の生き生きとした構築の中に、世紀を通じた持続的な日本のこれからの生き方、日本のかたちがあると考える。

21世紀の日本のかたちを誰がつくるのか

21世紀、今後の100年を想像するとき、変わらないのは、海に囲われた日本列島の骨格である。現在の日本の居住の姿を俯瞰してみると、都市などの密住地域は列島の海岸地帯にあり、列島を縦に走る脊梁山脈の裾の里地里山に疎住地、村、町などが点在している。この構図は、100年、200年で変わるものではあるまい。この30年で乱雑になったむら、まち、都市の姿形、風景を整えることは、今後100年かけて日本人の取り組むべき大きな課題である。世代を重ねて、ここに生命の網の目社会をいかにそだてるかという課題と重なっている。今後、30年、50年先の日本の方向づけ、ありようを示し、望ましいかたちを構造化し、責任を持ってそのかたちづくりを実践する人々は現在の20、30、40、50代の世代である。30代は社会のいずれかの部位に着床することを求めている20代をリードしつつ未来を構想する。40代、50代はその構想を実現する枠組みをつくる。60代からの世代は生命の糸をつなげた0、10代にまなざしを注ぎながら、歴史を語りつつ、これを見守るという役割を果たしてゆく。
筆者が、'70早稲田案づくりに参加したのは30代であり、3年間若手幹事と共にこれに全力をつくした想いが残っている。早稲田大学にあって、当時50代であった吉阪隆正、宇野政雄学部長他は大学紛争に対峙しながら、60代の松井達夫教授を代表にしっかりとした研究の場づくりをしてくれた。そして筆者自身、この30年間はこの構想を足掛かりに首都機能移転を国(政府や議会)に働きかけ、環日本海生活圏構想の可能性を求めて学生たちとこの地域を幾度も訪れ、韓国、中国(東北)、ロシアの人々と交流を重ねた。インドネシア、マレーシア、台湾などからの留学生と現地を訪ね、東アジアの未来について語り合ってきた。国を越えた人間の混在、共住の在り方については、地球の心配屋の集まり、EKISTICS(地球居住学会)で30年間議論を続けている。この間、人間尺度のまちづくりを標榜して、小さなまちの景観づくり、まちづくりに、ささやかながらも地域の人々の手助けに加わってきた。
21世紀初頭、時代の大転換期、これからの10年、日本国民は世紀の運命を決めるほどの大きな選択に迫られている。少子高齢化、国際化に直面して、どのようなライフスタイルを選ぶか、教育、社会、経済をどのように設計するか、宗教にどう対するか、そして、政治をどの方向に選択するか。平和の問題に関し、「9条」を含む憲法改正についても議論が高まる気配である。変化の激しい時代であればこそ、不変なもの、不易なものを含む基本軸を確認することが大切だと思うのである。

この著作は筆者らに続く主に戸沼研究室に在籍した若い世代(20〜50代)がそれぞれの立場から自らの実践の舞台としての21世紀の日本のかたちを模索、想定し、人々の広範な参加を呼びかけるまちづくり、地域づくり、日本のかたちづくりへの熱い想いを語ったものである。

アテネ・世界居住学会(W.S.E)"人類の行方"フォーラムのスケッチ　1975、夏

2章
網の目世紀の胎動
二十一世紀の日本のかたち提言研究会

本提言は、都市・地域計画を専門分野とする早稲田大学理工学部建築学科戸沼研究室の若手卒業生と現役生による「21世紀の日本のかたち提言研究会」が議論を重ねとりまとめたものである。
2003年7月12日に開催された「早稲田大学まちづくりシンポジウム2003—21世紀の日本のかたち　網の目社会をデザインする」において発表したものを、さらに議論を重ねて内容を見直し、大幅に再編して１つの新しい提言とした。

I 新しい網の目世紀を迎えて

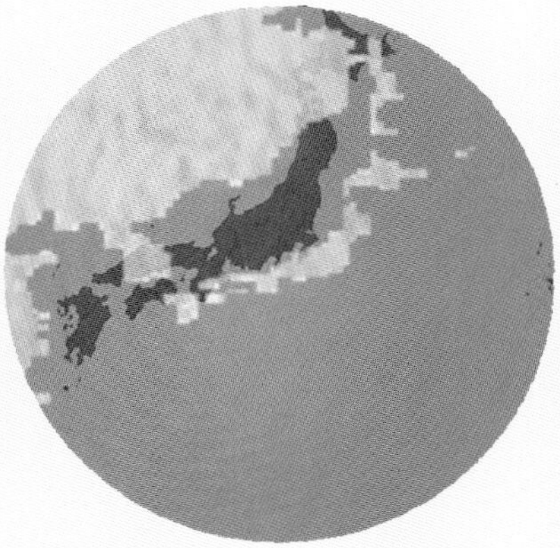

20世紀型社会の終幕

ピラミッド型社会の誕生

20世紀の日本は、東京を頂点としたピラミッド型社会を構築し、中央政府主導の国づくりを展開してきたといえよう。

戦災復興から始まった第2次世界大戦後の国づくりを振り返ると、まず荒廃した国土や社会を再生するために、新しい議会制民主主義にもとづく政治体制の安定化、経済基盤である国内の基幹産業の復興や育成、近現代化のための大量の社会資本整備などが強く求められる事態に直面し続けた。

このような状況下において、確かに強いリーダーシップを発揮する中央政府主導型の国づくりが社会的に要望、容認されたことは紛れもない事実であった。そしてこの国づくりによって、世界が驚くほどの高度経済成長が達成され、短期間に多大な社会資本が整備されるなど、大きな成果を上げてきたこともまた事実であった。

東京を中心としたピラミッド型社会は、戦後の日本における現代的な国づくりを実現する上で、大きな役割を果たしてきたのである。

ピラミッド型社会の限界と衰退

しかしピラミッド型社会の時代が、末長く続くわけではなかった。多大な権力が長期間にわたり中央政府に集中しすぎたため、東京中心の密室化、硬直化した政策による様々な弊害が生まれ始めたのである。

例えば高度経済成長期には、旧大蔵省と主要銀行の連携による護送船団方式と呼ばれる経済政策も大きな力を誇っていたが、20世紀後半に入り世界経済の枠組みが大きく変革する中で、グローバルな視野に欠けた旧来の政策はもはや時代遅れとなり、日本は世界経済の表舞台から徐々に遠のくこととなった。これ以外にもかつては世界のモデルだった日本企業の終身雇用制の行き詰まり、本格的な少子高齢社会への対応の遅れ、歯止めがかからないエネルギー多消費型のライフスタイルなど、抱えている社会問題は枚挙にいとまがない。

いずれも早急に解決することが必要だが、日本社会の構造改革への舵取りが早ければ、深刻な状況を回避できたに違いない。

それが遅れた理由の1つには、私たち市民の大多数が、国づくりや地域づくりに対する自己の責任・決定・負担から、意識的にも無意識的にも遠ざかってきたことにあるだろう。官主導による中央集権型の国づくりに対して、いわば無関心な社会全体も共犯となり、構造改革を遅らせると共に、様々な地域の市民・企業・大学・自治体の自立を遅らせてしまった。このことは、私たち市民が今一度見直さなければならない根源的な問題である。

私たちは、東京を頂点としたピラミッド型社会による成長の限界と衰退という厳しい社会状況に直面し、いよいよ20世紀型社会の終幕を迎えたのである。

21世紀型社会の羅針盤づくり

脱ピラミッド型社会へ

20世紀型社会が行き詰まりを見せている現在、日本ではようやく構造改革の必要性が叫ばれ始め、様々な社会制度の見直しが始まりつつある。
国土計画に関しては、1990代後半の第5次全国総合開発計画の策定時には、国民的議論不在のままのトップダウン的な策定方法、既決定の大規模プロジェクトを全て容認する土建国家的プランなどに対して、相変わらずの旧来型計画との批判や国土計画不要論が起きるなど、国土計画に対する社会的評価も変化してきている。
中央政府組織に関しては、2001年に大規模な省庁再編が実施され、国土計画に関する省庁としては国土庁・建設省・運輸省が合併して新たに国土交通省が誕生し、従来の縦割りの国土行政も徐々に連携、調整される方向に進みつつある。
中央集権体制に関しては、2000年の地方分権一括法の施行に伴い、ようやく地方分権型の地域づくりへと転換するために、様々な行政事務の権限が自治体に委譲されることとなった。しかし財源委譲に関しては先送りされるなど、いまだ十分な改革とは言い難い状況にある。
また現在は市町村再編まっただ中にあり、各地で連日のように将来の自治に対する議論がわき上がっている。再編については中央政府主導との批判がある一方で、中央政府と共に構造改革を遅らせてきた共犯者でもある市町村自らも自立する意志と能力があるかどうかが厳しく問われている。
このように脱ピラミッド型社会に向けて様々な動きが起き始めているが、これらを本物にするためには、最終的には私たち市民ひとりひとりが価値観や意識を変えて構造改革に参画できるかどうかにかかっているだろう。

「21世紀の日本のかたち」の提言

新しい国づくりを推し進めていくためには、今まで構造改革に十分に取り組めなかった世代に任せるのではなく、未来に対して責任をもつ私たち若い世代が正面から向かいあう必要があるだろう。
未解決な課題が山積する中で、本物の改革を目指すためにも、今まさに若い世代の視点から日本における21世紀型社会のかたちについて提言をすることが求められている。
本提言は、以上の問題意識を踏まえて、都市・地域計画を専門分野とする早稲田大学理工学部建築学科戸沼研究室の若手卒業生と現役生による「二十一世紀の日本のかたち提言研究会」が議論を重ねて、「網の目世紀の胎動」と題してとりまとめたものである。
この内容は2003年7月12日に開催された「早稲田大学まちづくりシンポジウム2003　21世紀の日本のかたち　網の目社会をデザインする」において発表したものを、さらに議論を重ねて内容を見直し、大幅に再編して1つの新しい提言としてとりまとめている。

21世紀型社会への提言の枠組み

提言スタンス

a. 予測ではなく意志や希望を

「未来がこうなるだろうと予測するというよりも、こうしていきたいという意志や希望を示す提言とすること。」

21世紀は、グローバル化する経済活動や環境問題、民族問題を始め、国内においても政治、経済、人口、環境、産業などの各分野における問題の複雑化や不安定化が進むと考えられ、社会全体の予測が難しいのは周知の通りである。代表的な予測指標である人口でも、精度の高い予測が難しい状況にある。

揺れ幅の大きい21世紀型社会に対して様々なデータを駆使して、こうなるだろうと予測することに重点を置くのではなく、こうしていきたいという意志や希望を示す提言とする。

b. 未来のいつかではなく今すぐにでも

「未来のいつかではなく、今すぐにでも発想を転換し実現に向けて取り組むという姿勢で提言すること。」

新しい国づくりに向けての舵取りの必要性が叫ばれて久しいが、いまだ本格的な実施に至っていない。20世紀後半に入り、ようやく限定的な構造改革が取り組まれてきたが、昨今の財源委譲を含む地方分権化問題や郵政事業の民営化問題に見られるように、抜本的な改革ではなく、小手先だけの改革が虚しく繰り返されてきたにすぎない。今すぐに取り組むのではなく未来のいつかに解決をすればよいという問題先送り型の改革姿勢が見え隠れしている。

多様な社会問題に直面し構造改革の先延ばしが許されない厳しい現実に鑑み、今すぐにでも発想を転換し実現にむけて取り組むという姿勢を大切にした提言とする。

c. 唯一解ではなく緩やかに連携にした多様な考えの例示へ

「唯一解や最適解を求めようとせず、多様な問題意識と価値観を認め、緩やかに連携した多様な考えを例示する提言とすること。そして全体として、網の目社会のかたちについての大きな方向性を示していくこと。」

未来予測が難しい時代においては、ある前提にもとづき硬直化した唯一解や最適解を求めることに終始せず、刻一刻と変化する国内外の社会変化に柔軟に対応できるように複数の選択肢を持ちあわせていることが大切である。

特定の前提にもとづいた狭い視野の中の発想に陥らないように留意し、多様な問題意識や価値観を認め、網の目社会の構築に向けて多くの可能性を例示する提言としていく。

d.「網の目世紀の胎動」をめざして

「すべての提言に共通することは、20世紀の東京を頂点としたピラミッド型社会を解体し、多様な地域や主体が主権を持つ網の目社会の構築を目指すこと。そして今世紀こそ本格的な「網の目世紀の胎動」と位置付けていくこと。」

ここで論じるすべての提言内容は、全体として網の目社会の構築を目指すための提言とする。

提言ストーリー

a. 新しい網の目世紀を迎えて

「新たな網の目社会」に向けて、まず20世紀型社会の国づくりの方法論を評価し、中央政府主導による「国土から地域へ」の政策の限界を指摘し、全体性・画一性・経済性などを重視した国づくりが、それぞれの地域がはぐくんできた個性豊かな生活の「環境」と「文化」、そして「自治」を軽視してきたことを論じる。そしてこのことが、人・動植物・自然といったさまざまな主体間の「つながりの喪失」も招いてきていることを論じる。

次に21世紀型社会が目指すべき社会像として網の目社会を掲げ、その構築のための方法論として各地域の「環境」と「文化」、「自治」を再評価し、それらを生かした地域づくりを進めるために、「地域から国土へ　足元の地域から編み直す」ことと「隠れた多元的なつながりの発見」の必要性を論じる。

以上の基本方針を踏まえて「網の目社会をつむぐ視点と方法」として、隠れた多元的なつながりを発見するための切り口である「重なり方」「広がり方」「動き方」の3つを取り上げる。

b. 網の目社会の群像を描く

最後に網の目社会の多様な姿に関するアイディアを群像として描く。地域社会の「自治」に関するもの、地域を個性づける「環境」と「文化」に関するものに大別し、それぞれ「自治のつむぎ方」「環境・文化のつむぎ方」としてまとめる。

まず「自治のつむぎ方」の序論として、権限と財源で自立した「自治圏」による競争・連携社会の実現、「小さな自治」から展開する自発連鎖型まちづくりの必要性について論じる。

そして小さな自治（住民自治）のベースとなる住民組織像、安全な暮らしのための地域セキュリティシステム、全国を移動する転勤遊牧民と地域社会との交流による地域振興、自治・ビジネス・教育・マスメディア分野のアジア地域における共有プラットフォーム、地域の暗黙知を生かした地域ビジネス、大学と地域社会の連携方策、などに関するアイディアを描く。

次に「環境と文化のつむぎ方」の序論として、「つくる」から「生かす」都市環境への理念の転換、多様な自然環境によるつながりの認識の必要性、新たな価値の創造の可能性について論じる。

そして海流支配圏に伴う食文化圏の飛び石ネットワーク、花暦を例にした地域時間の回復、歴史街道文化圏による広域連携、半島生態文化圏を核とした地域振興、大都市を再生する建築・地域コンバージョン、東京の24時間生活都市化、見えない地下の空間文化圏創造、都市における公園・緑地の民営化などに関するアイディアを描く。

新たな網の目社会とは

20世紀型社会における国づくりの方法論に対する評価

「国土から地域へ」の限界

20世紀型社会においては、国土計画としての全国総合開発計画に代表されるように、中央政府主導のもとに全体（国土）から地域へ分配していくガリバー的な計画手法が採用されてきた。いわゆる「大きな物語」から「小さな物語」を構成する方法論である。

それでは、この方法論によって私たちの生活は豊かになっただろうか。

確かに当時の社会状況に鑑みれば、前述の通り成長する都市の時代に多大な社会資本整備が求められる中で、中央政府が強いリーダーシップを発揮することによって、物的には戦前とは比較にならないほど豊かで安定した生活環境をつくりあげたのは事実である。

しかしその一方で、全体性・画一性・経済性などを重視した国づくりは、それぞれの地域が長い歴史と風土の中ではぐくんできた個性豊かな生活の「環境」と「文化」を否定することとなった。地域の「環境」と「文化」を丁寧にひもとき、これらと調和しさらに発展させる地域づくりを実現することは、時間と費用がかかったため、経済性を重視するあまり敬遠されたのである。

短期的にみればこのような地域開発プロジェクトにより、人々の生活レベルは向上したように思われたが、気がつくとまちがコンクリートジャングルと化し、日本の風景の画一化や無個性化が進み、有機的な空間が消え去ってしまった。

そしてこれは個性的な「環境」と「文化」をはぐくんできた地域社会による自立した地域づくり（「自治」）をも途絶えさせ、地域づくり体制の中央集権化に拍車をかけることにつながってしまったのである。

「つながり」の喪失

各地域における個性豊かな生活の「環境」と「文化」は、地域づくりに関わる多様な主体（人・動植物・自然など）が互いに密接な「つながり」を持ち、そしてそのつながりが互いにコントロールされながら、生態圏や生活圏などといった一定の空間的な広がり（地域）の中で長い年月を経てはぐくまれてきた大切なものであった。

しかし「国土から地域へ」の方法論は、各地域の「環境」と「文化」、「自治」を否定すると同時に、地域づくりに関わる多様な主体の「つながり」をも軽視し、それらを喪失させてきたのである。

その結果、微妙なバランスの上に成立してきた人・動植物・自然などの間の共存関係が乱れ、日本固有の貴重な動植物の種が途絶えたり、人為的な要因によって新たな自然災害が発生するなど、つながり方のルール不在の無秩序な地域が多くなってしまったことは周知の通りである。

21世紀社会が目指すべき社会像と方法論

「網の目社会」へ

21世紀社会が目指すべき社会像を簡潔に述べるならば、東京を頂点としたピラミッド型社会を解体して、多様な地域や主体が主権をもつ社会（地域主権型社会）を構築することといえよう。

そしてそれは、20世紀の人口増加の成長社会から21世紀の少子高齢社会へと変わる中で、ノーマライゼーション社会の実現にもつながっていくだろう。

ここでは、この地域主権型社会のことをピラミッド型社会と対比させて「網の目社会」と名づけると共に、特に各地域における個性豊かな生活の「環境」と「文化」、そして地域社会による「自治」に焦点をあて、めざすべき社会像やその実現のための方法論を論じていきたい。

地域から国土へ　足元の地域からひもとく

「網の目社会」を構築するための方法論は、ガリバー的な「国土から地域へ」ではなく、足元から編み直す「地域から国土へ」のボトムアップ的な計画手法による「小さな物語」から「大きな物語」を構成するものでなければならない。

各地域の「環境」と「文化」、「自治」を丁寧に再評価し、それらを生かしたきめ細かな地域づくりを進めていくことが求められている。

地域づくりに必要な目として「鳥の目」と「虫の目」があるが、両方の目をバランスよく回復させ、経済性重視の近視眼的な地域開発プロジェクトの呪縛から人々を解放し、心に潤いを与えるような個性的な風景を回復させる必要があるだろう。

長い年月をかけてはぐくまれている地域文脈と断絶した地域づくりを、二度と繰り返してはならないのである。

隠れた多元的なつながりの発見

もう1つの大切な方法論は、地域づくりに関わる多様な主体の「つながり」を再び発見し、取り戻していくことである。

換言するならば、人と「環境」、「文化」、「自治」とのつながりを再発見し、近現代化のプロセスの中で喪失してきたものを取り戻すと共に新たに育てて展開させていくことである。

21世紀に入り高度情報化社会の中でインターネットによって個人が世界と直接結びつく時代を迎え、特定の地域内における空間的に接したつながりだけではなく、e-コミュニティのように非空間的な次元の新たなつながりも生まれてきている。

従来の歴史的・文化的なつながりも踏まえた上で、様々な多元的なつながりを発見しその「重なり方・広がり方・動き方」に気づくことで、隠れていた豊かな「網の目社会」を顕在化させていくことができるだろう。

網の目をつむぐ視点と作法

隠れた多元的なつながりの発見

「隠れた多元的なつながり」を発見する。

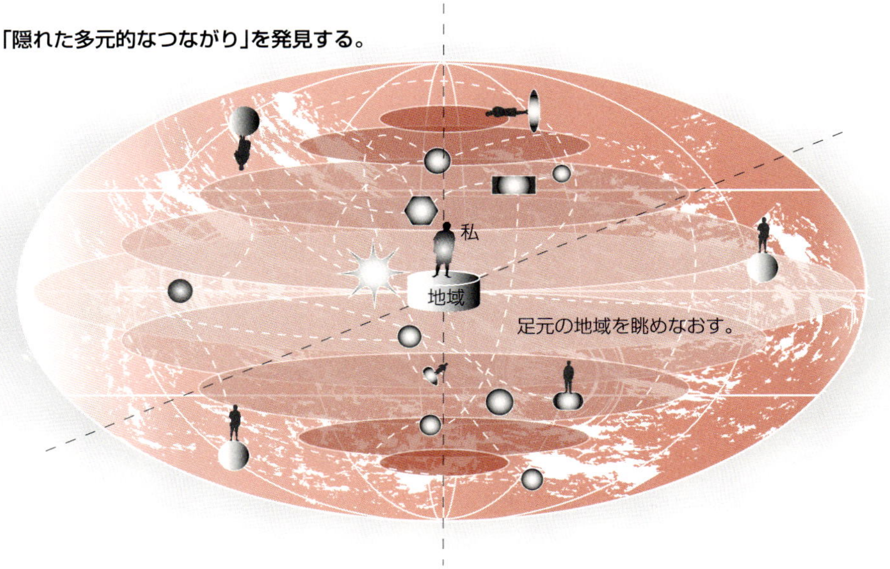

悲観論からの発想の転換

国による21世紀の人口予測は少子高齢型の右肩下がりを示し、経済、福祉、医療、教育などで様々な悲観論を呼んでいる。また同時に国の地方分権政策の中で半ば強制的に市町村合併が進行している。かつての昭和の大合併の後、地方でますます過疎化が進行した事実をみても、合理化のみを目的に市町村合併をしても地域は元気にはならない。われわれの提唱する「地域主権型の網の目社会」とは、元気の出ない悲観論や強制論から少しでも脱却するため、発想を転換させるささやかな試みである。

つながり方を再構築する切り口

発想を転換する契機として、われわれはここでは現実的な政治決着や制度論以前に、21世紀に新たな網の目社会をつむぐ視点と作法といえそうなものを確認してみたい。それは個がどう集まって生きていくかであり、「私(たち)と他者との相互主体的なつながり方の再構築」である。自治、経済、文化、環境、歴史など様々な側面で今まで希薄であった多様で豊かな「隠れた多元的なつながり」を発見し、そこから右肩上がりの20世紀とは異なる意外な「集まり方」と「生き方」を見出すための切り口を考えてみたい。

3つの切り口

その切り口として、以下の3つの観点から、足元の地域を眺め直してみたい。これは「私」と「地域」を座標の中心に置きながら、隠れたつながりを発見する手がかりとなる。

■「重なり方」地層を掘り起こすがごとく
～私の身近にヒントは潜んでいる～

地域内部の多様なつながり：特定の地域内に輻輳する様々な属性集団間の連携、文化や環境などの歴史的、空間的重なりをひもとき、結びつけていくタテの視点。

■「広がり方」安心できる集団で内外交流を
～私と世界はつながっている～

地域の大きさや外部とのつながり：地域単位の適正なまとまりの認識と、ITによる交流も含めた国際的広がりの中での地域間交流などのヨコの視点。

■「動き方」動体視力でつかまえて
～私も周囲も常に動いている～

移動・変化を伴う動的なつながり：人、社会、自然などの変動・周期を取り込んだダイナミックな関係性を見出す、時間・速度の視点。

重なり方～私の身近にヒントは潜んでいる～

地層を掘り起こすがごとく

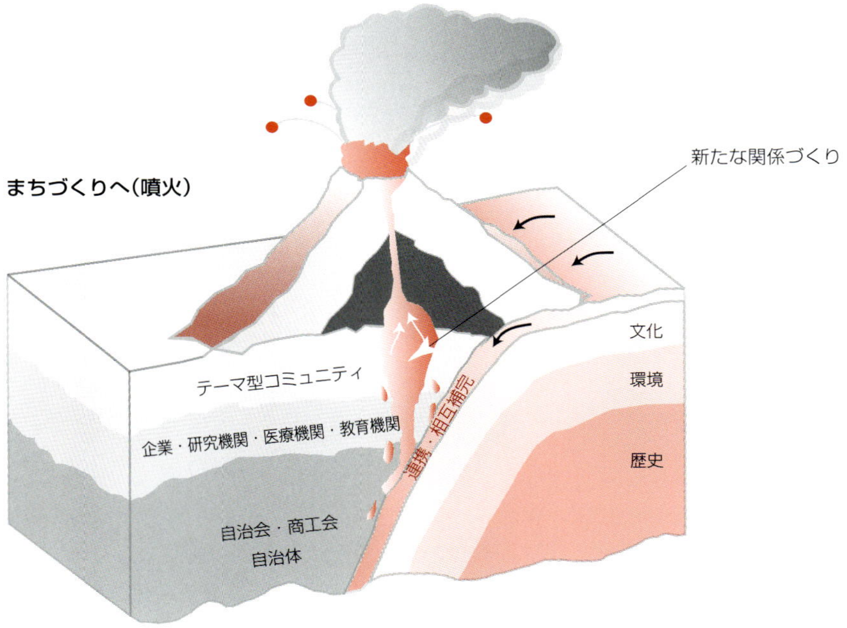

集団(ヒト)の重なり

地域には様々な属性集団が層状に重なりまたは並列的に隣り合って存在している。最も基礎的な地域の輪郭としての自治体をはじめとして、全国隅々にまで自治会、商工会がある。また企業や教育・研究・医療機関などもある。さらに近年急速に増加しているNPOやボランティア団体など、テーマコミュニティも台頭してきている。これらの集団は地域の中で隣り合わせでありながら、接触や交流が希薄なことも多く、相互の中にある暗黙知(人材やノウハウ)や共通課題を認識できないことが多い。ことに自治会のような地域コミュニティとNPOのようなテーマコミュニティとの握手などは現実的課題となってきている。地域が内発的にまちづくりを進めていくには、それらが連携、相互補完する関係が必要である。

歴史、環境、文化の重なり

地域社会は長い歴史の積み重ねを経て、現在の景観や生活文化を見せている。また人間社会と自然・生物環境も葛藤をもちながら複雑に隣り合い、重なりあっている。こうしたことは普段の暮らしの中で、あまり意識されないが、ふとした瞬間に気がつくものである。無意識的なものを意識させていく仕掛けにより、あらためて地域たらしめている要素のかけがえのなさと関係性を再認識していくべきである。

隣り合わせの新たな関係づくり

新たな網の目社会のつむぎ方として、これらの多様に重なり、隣り合う、ヒトの集団・組織同士や、積み重なる歴史、環境、文化など多様な側面でのつながりをはかっていくべきである。
相互の見えにくい潜在力を明らかにし、組織の枠を超え、また人間と自然の共生をはかり、過去と現在の調和をめざした連携が求められる。
いわば「埋もれた地層を掘り起こす」ように、地域に積層する組織、人材、文物、歴史に関心をもち、その接点を見出し、出来事を仕掛けることである。
もちろんこれらは地域ごとに様子が大きく異なる。都市部では集積や近接のメリットを生かし、多様性に富んだ集団間の接点を生み出す機会や場所、媒介機能が必要となる。一方地方の小さな町では、住民の結束力と情報戦略による交流人口の活用や、自然環境の摂理に調和し、残されている歴史資源と現代生活とを組み合わせたまちづくりなどが考えられる。

広がり方 ～私と世界はつながっている～

安心できる集団で内外交流を

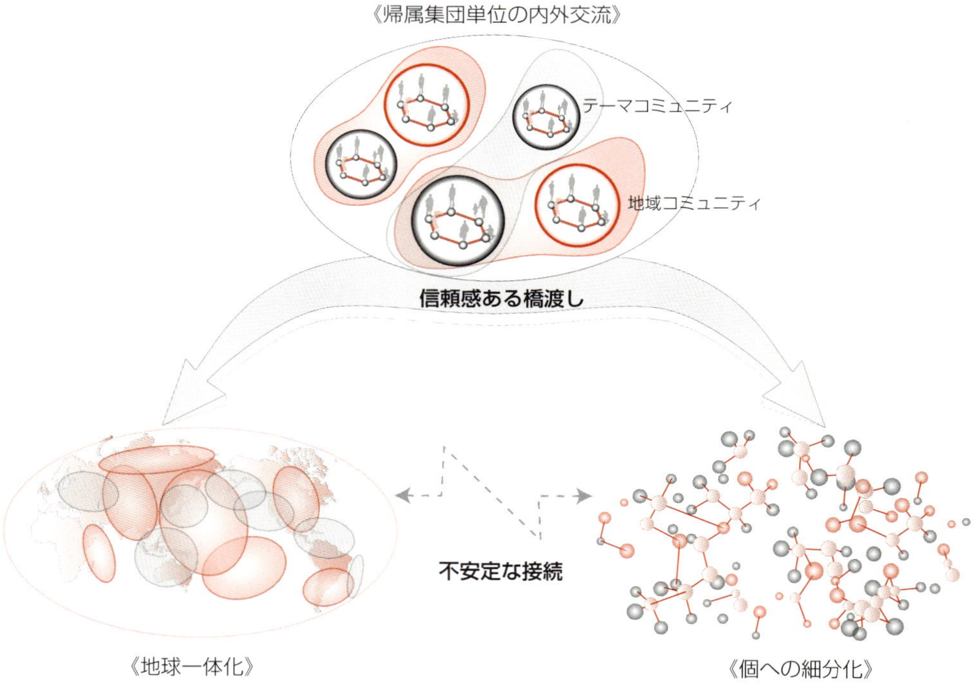

コミュニケーションの二極化傾向

20世紀末からのインターネットや携帯電話などの情報通信技術の爆発的な普及、地域共同体の弱体化、核家族化から個族化への進展などが相まって、今後国内外を問わず人々のコミュニケーションの在り様はますます「個」に「細分化」されてゆく傾向にあると考えられる。

他方で、国境や、空間的秩序を超越して瞬時に情報が交換され、共鳴、連携し地球全体でつながろうとする「一体化」の流れも細分化の流れと並行する。環境問題や反戦運動などのグローバルな動きなどはこの典型といえる。しかし、このようなマクロでみた同時二極化の傾向は、一方で自己のコミュニケーションや関係性の「安心できる広がり方」としては十分とはいえないのではないか。

安心できる交流を生む帰属集団のまとまり

グローバルな情報交流では、お互いが何者であるかというアイデンティティや信頼感、セキュリティが欠かせなくなる。そのためには、地域コミュニティやテーマコミュニティなどの身近な帰属集団が交流基盤となり、まずは内部交流を活発にし、その上で外部交流に向かうことで安心感を持った広がりを得られる。細分化と一体化のはざまに立ち、帰属集団を媒介とした内外部との情報交流やつながりが重要である。

またこのまとまりは1つではなく、個がいくつもの多様なまとまりに関わっていき、さらにこれを「重ねる」ことである。

自立した地域内交流と地域間交流

これら帰属集団の基礎単位として、顔の見える身近な地域スケールがあらためて重要となる。まずはその中で信頼関係にもとづいた内部交流を活発にすべきである。ことに子供や高齢者や障害者を対象とする生活課題、防犯・防災、教育・福祉などに自律、セルフの思想で取り組み、地域経営を図っていく時代である。

また海外まで含めたグローバルな広がりに対しては、国家などの枠組みも超え、自立した地域単位による地域間交流などを推し進め、経済、文化など多面的に広域圏をつくりあげていくべきである。

オンラインとオフラインの両輪

交流手段としてのITはもはや個人レベルで深く浸透してきているが、地域情報化のようなパブリックな交流の次元にもっと活用されていくべきである。しかし並行してホスピタリティある訪問対面交流により相互の地域や空間を通じて異文化を実感し、楽しみ、惹きつけ合い、交流密度をさらに高めることも欠かせない。

ITによるバーチャルなオンライン交流と対面によるリアルなオフライン交流を適宜バランスよく組み合わせることで、近隣と遠方、信頼感と実効性のある世界とのつながり方をつくることが重要である。

動き方～私も周囲も常に動いている～

動体視力でつかまえて

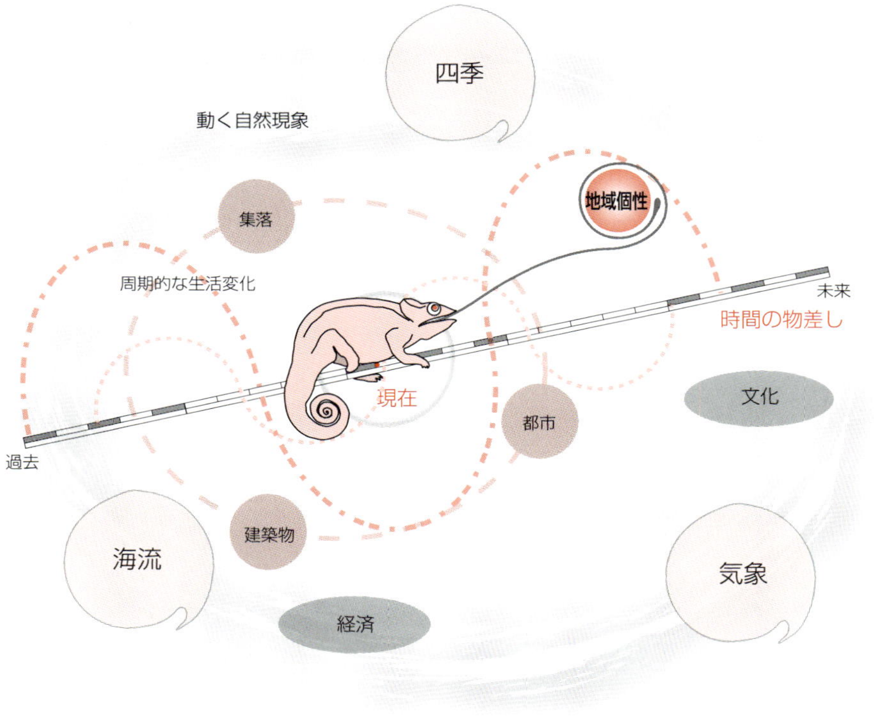

移動人口と地域社会の接点

現代人は一生涯の中で、就学、就業、結婚、転勤、住宅購入、子育て、転退職、老後など、人生の転機に際して大小の移住を経験する。また、盆暮れ連休の帰省や行楽などの季節的・周期的な移動を小刻みに繰り返す。さらに通勤や買い物などの日常移動も繰り返している。
このように、長短の時間軸それぞれの中で、多様に振幅移動しながら生活を送っているのが実情であり、固定的な定住社会を前提としていては気がつかない事柄も多い。これからの超高齢化・人口減少時代に、多様な情報を持って移動し、地域間を掛け持ちするこれら遊牧型の移動人口、ITによる情報交流人口等と地域社会との接点を見出し、「豊かで刺激ある外部性」を得る必要がある。

変化する自然、土地利用とのシンクロ

日本列島は四季の移ろいや気象や海流など「動く自然現象」に支配され、経済、文化など多岐にわたる周期的な生活変化を大前提としている。この自然は眺め方によっては、その同相性などによって意外な地理感や地域間の連帯感への糸口にすることもできる。
また人工物である都市や集落の土地利用、建築物も、物理的耐用年数より早く社会的寿命が尽きやすいが、時間の経過の中で見捨てられていたものが再び価値を見出されることすらある。その意味で根こそぎスクラップアンドビルドする以外の道も用意し、時間軸の中で過去、現在、未来をつないでいくことももっと評価されるべきである。

動体視力で「移ろうもの」を探す

大小の移住や周期移動をし「外の空気を運ぶ人々」と接触し、その広い視野を摂取したり、また常に変化し動いていく自然現象や、社会の価値観などへの観察力をもつことが重要である。
同時に、観察する自分自身がどう動くのかも大事で、移住しながら各地でふるさと意識をどうもつのかなども問われる。そしてその中に新たなつながりを見出し、地域主権の地域自治を持続可能なものとし、時代を生き抜く強さや柔軟さを備えていくべきである。
そのためには時間の物差しを用意しながら、その動きの中で新たな網の目をつむぐ赤い糸を見つけ出す「動体視力」が必要であると考えられる。これは一時的な流行に追随するのではなく、移ろいゆく社会の中で「変えるもの、変えないもの」の見極めを地域で判断する能力である。ここに地域個性が現れてくると思われる。

Ⅲ 網の目社会の群像を描く❶自治のつむぎ方

権限と財源で自立した「自治圏」による競争・連携社会

網の目社会を実現する上で、重要な社会制度は「自治」である。20世紀後半に入りようやく地方分権一括法が制定され、国から都道府県へ、都道府県から市町村へと様々な権限が委譲されつつある。しかし財源の委譲についてはいまだ不透明であり、権限と財源で自立した自治体制が確立されているとは言い難い状況である。

地域主権を受けとめる新しい自治体づくりとしての昨今の市町村再編や都道府県再編の着地点については、まだ多くの議論が必要でありその理想像は十分に描かれていないが、今後の自治の基本的な展開方向について考えると以下のとおりである。

「小さな自治」が機能する自立した自治圏の形成

まず原点としての個人が「自治意識」を回復し、地域ごとの「小さな自治」（住民自治）を機能させることが大切である。そして、地域社会の自主決定のもとで、住民自治の基本単位が複数集まり、財源と権限で自立した新しい自治体としての「自治圏」を形成していく。

多様な主体と自治圏による協働社会

地域には自立した様々な主体（住民・自治会・NPO・企業・大学等）があり、これらと自治圏が互いに役割分担して協働し、地域づくりを推し進める。そしてNPO・企業・大学等の活動が自治圏を越えて自由に展開して地域社会を活性化させると共に、自治圏が他の自治圏や団体等と緩急をつけて競争・連携する。

「小さな自治」から展開する自発連鎖型まちづくり

地域主権が確立している自治圏では、住民・NPO・企業・大学等が地域づくりに対する自己の責任・決定・負担に前向きに向かい合い、生活を豊かにするためのまちづくり活動が自発的に生まれ実践されていく。そして他の地域にも広まり、別のま

ちづくり活動とも連鎖しながら効果を発揮していく。

やる気集団の具体的実践から

網の目社会のベースとなる「小さな自治」の具現化は、まずやる気集団の具体的実践から始まる。すでに各地でやる気集団が生まれており、例えば経済的自立をめざした地域ビジネスあるいはコミュニティビジネスと呼ばれる事業も実践されつつある。やる気集団の具体的実践を広げるためには、やる気の素の発見と多様な支援が第一に必要となる。

異種格闘技の方法

地域団体（自治会等）とテーマ団体（NPO等）、地元と外部、住民と大学、NPOと企業等のように、以前は関係の薄かった主体間が新しく関係をもち、より高密度な住民自治を展開することが求められている。多様な主体間の円滑な交流・協働をはかるための異種格闘技の方法を確立することが必要である。

「地域暗黙知」の情報化と
メディアによる情報受発信

住民自治や地域経営等に関する「地域暗黙知」ともいえる隠れた知恵を、NPOや大学、企業が発見して情報化する。そしてそれらが地域内外で共感、学習され、波及連鎖するように地域情報メディアを活用して情報の受発信に積極的に取り組んでいく。

海外と異文化交流する自治圏

個人と海外が直接つながる時代において、国内の自治圏・NPO・企業・大学等と、海外の自治圏等との異文化交流はより積極的に積み重ねられ、互いの文化交流の発展に寄与していく。

グローバル意識と地域アイデンティティ

多様な交流を通してグローバル意識や地域アイデンティティが形成される。世界に対しても自己の責任・決定・負担をもち、よりグローバルな視野を併せもつ住民や自治圏になることができるだろう。そしてグローバルな視野をもつことにより、個人の自治意識や地域の小さな自治がより確固としたものとなるだろう。

足元の小さな自治を編み直す

地縁組織の再評価と再編集

かつてはどこの町・村にも、例えば青年団や若衆といった地縁組織があり、祭りや防災などの地域行事を担い、住民自治力やチームワークを学ぶ場があった。現代化の中で解体あるいは変容してしまった地縁組織を再評価、現代社会で機能できるように編み直していく。まず基礎となる自治会をまちづくりに積極的に関わる組織として編み直し、住民が自己の責任・決定・負担と向き合う「小さな自治」の実践の場づくりの実現を推し進める。

磁場から解放された市民活動

特定の人間関係や土地に根ざさずに、いわば地域の磁場や重力から解放された非地縁的な新しい人間関係を築き、環境、防災、福祉、まちづくり等の新分野で活躍する市民組織、テーマコミュニティ（非地縁組織）を立ち上げる。

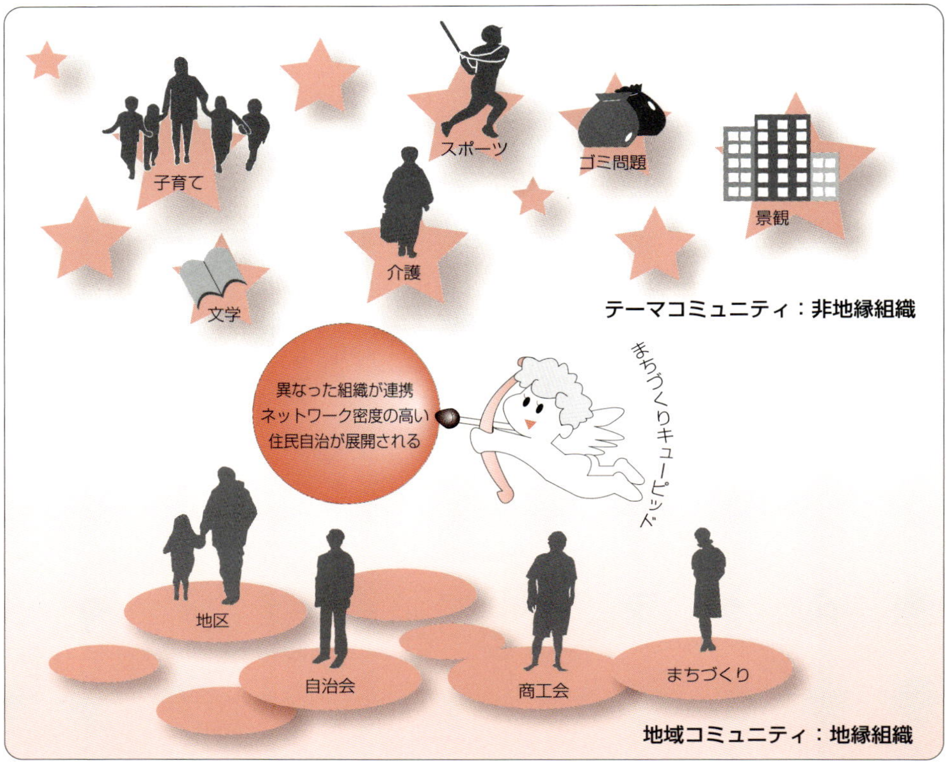

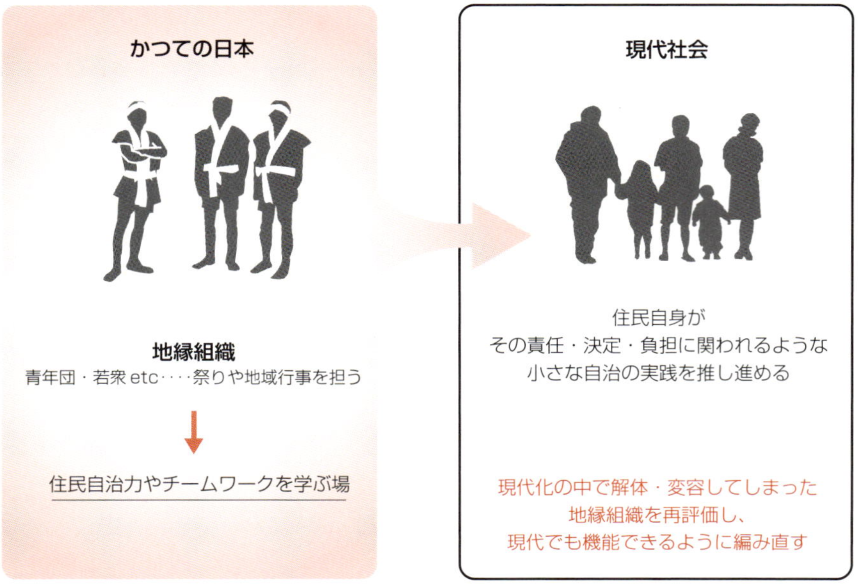

市民活動を育む協働コーディネーター：「まちづくりキューピッド」

地域には、様々な地域コミュニティとテーマコミュニティが混在しているが、今までは異種主体間においては交流がないばかりか時には衝突することもあった。協働コーディネーターとしての「まちづくりキューピッド」を新しい職能として確立することによって、異種主体間が連携してよりネットワーク密度の高い住民自治が展開されていく。

自治圏オンブズマン市民会議

自治圏に関わりのあるテーマコミュニティ・地域コミュニティの多様な活動主体が１つのテーブルに集まることによって、自治圏内の政策や諸活動を評価し、優れた事例の普及や問題事例の改善などに取り組むことが可能となる。この１つの大きなテーブルを「自治圏オンブズマン市民会議」と呼ぶ。

あなたの街の安心ネットワーク

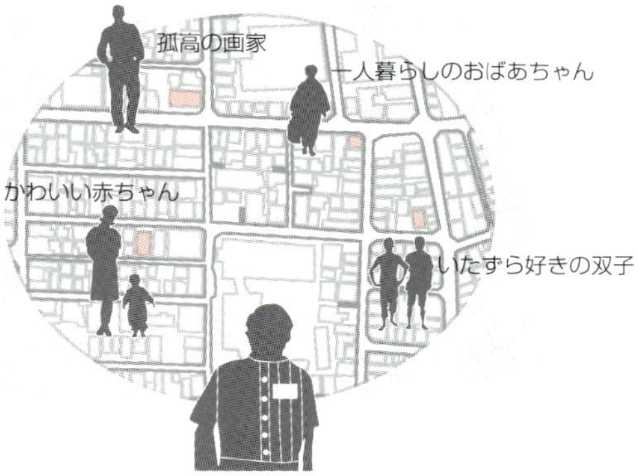

コンビニの店員が把握する顔見知りの地域

“face to face”の地域セキュリティ

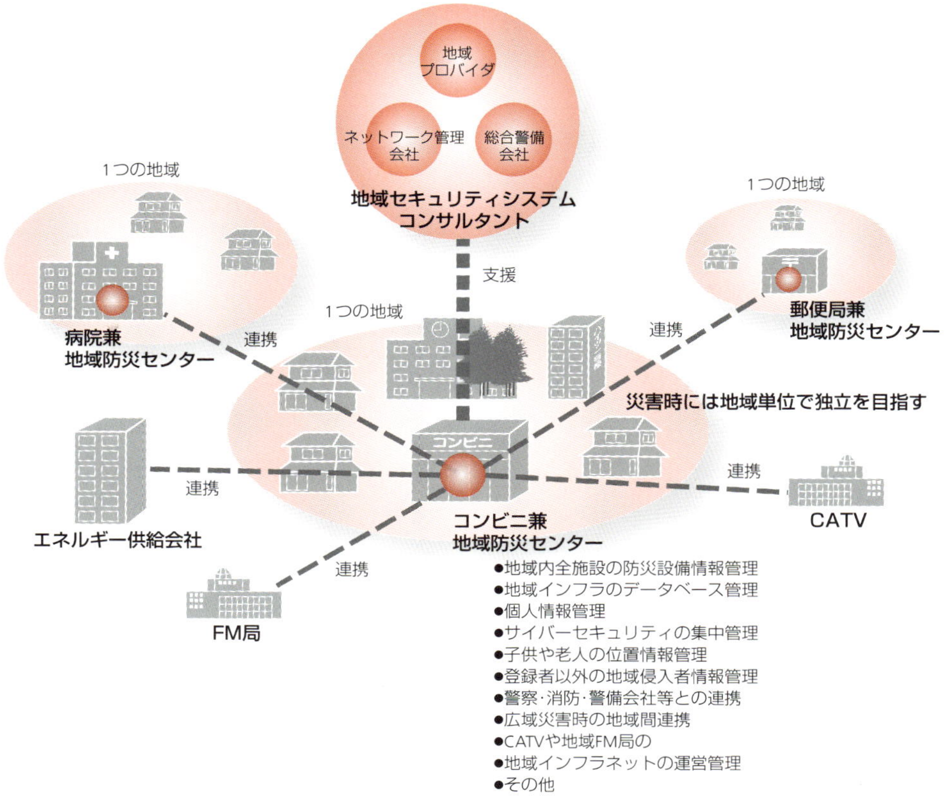

「網の目社会」における地域セキュリティ

中枢機能が不在となる究極の網の目社会では、セキュリティシステムも個人単位で完結し、情報ネットワークとセキュリティレベルのバランスを個々が独自に設定しなくてはならない。自由な情報ネットワーク社会と高度なセキュリティシステムの両立は網の目社会の重要課題である。

また、フィジカルなセキュリティ機能の確保には face to face の何気ない日常の相互存在確認が重要であることは昔と変わりない。コンビニやスーパーで短い会話を交わす客と店員、毎日道ですれ違う登校中の小学生と散歩する老人、朝バス停で一緒に並ぶ人たちなど、特に都心密集地では市民の生活テリトリーが日常の地域セキュリティに対して重要な役割を果たすことを忘れてはならない。阪神・淡路大震災や昨今頻発している児童誘拐事件などの状況を見てもそれは明らかである。

住民自治と情報ネットワークによるセキュリティシステムの構築

日常生活における相互存在の確認が可能な「顔の見える地域単位」を、情報ネットワークシステムの原単位と一致させ、住民自治による自立した地域セキュリティシステムを構築することで、フィジカルとサイバー、両セキュリティシステムの過不足ない連携を実現させる。

その管理中枢施設は、「地域防災センター」としての機能を果たし、地域全体を 1 つの防火対象物と捉えた管理運営を実現する。24 時間警備が可能で誰もが立ち寄りやすい場所に設置することが理想で、コンビニや郵便局、新聞配送所などの中に併設されることが考えられ、地域防災管理のほか、地域イントラネットの運営から個人情報管理や徘徊老人の追跡、CATV や地域 FM 局のキーステーションまで、その機能は地域の特質によって各自治圏で独自に設定し、必要機能を選択する。同時に、地域に管理されない個人ネットワークの利用などについては、システムから隔離させ、端末の接続を兼用させないなど、独自の管理責任を負わせる特別なルールづくりも必要である。

また日常のシステム運用については、コンビニの店員や郵便局員など素人でも簡単に管理できるようにすることが理想であるが、システムの構築やメンテナンスには高度な専門技能が求められ、それを請負うコンサルタントも新たなビジネスモデルとして位置づけられることになるだろう。

有事における地域運営機能の継続性

各地域はライフラインも含めて自立した地域運営の実現を目指す。「地域防災センター」は周辺の自治圏や警察・消防などの公共機関、さらには民間の警備会社やシステムメンテナンス会社などとの連携・調整機能も保持するが、有事の際は公共機関も近隣地域も機能が停止する可能性が高いため、独立した自治運営機能を実現させる必要がある。地域の特質によってセキュリティレベルを独自に設定し、防災システムを構築、必要機能を選択する。近い将来、上下水道やエネルギー供給なども地域や個人で自給することが可能になるかもしれない。こうした技術を積極的に取り入れ、日常生活の中で培われた地域コミュニティによる助け合いの心と、確実な技術的サポートを重ね合わせることで、より高度でコンパクト、そして安全で安心して暮らせる自治圏を形成することが必要なのである。

転勤遊牧民の股旅ネット

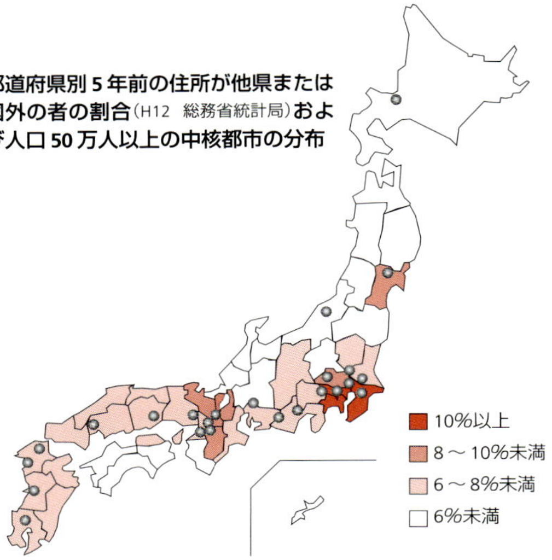

都道府県別5年前の住所が他県または国外の者の割合（H12　総務省統計局）および人口50万人以上の中核都市の分布

44万か所の列島転勤ネットワーク

都道府県間をまたぐ年間移住人口は全国で274万人（総人口の2%）、企業が持つ県外支店の総数は全国で44万事業所、従業員数991万人である（平成13年）。その一定割合は毎年春・秋に転勤し、単身や家族単位で列島を遊牧民のごとく移住する。この膨大な遊牧人口が支店経済に頼る地方中核都市の原動力の1つでもある。

内の目に外の目を交える

彼ら転勤遊牧民は、全国各地や海外の経済、文化に精通し、比較できる目をもっていることも多い。地域で内の目に外の目を交えると、意外な発想が持ち込まれ、ステージが変わってくる。

しかし在住期間の短さや社宅などの閉鎖性などから、地域との接点が乏しいことも多い。また子供は転校生となり、友達づくりに多大なハンディを背負う。その裏返しに単身赴任も多いが、「寂しいお父さんライフ」ではつまらない。

短期移住人口を地域に引き込む

観光客対象の「交流人口戦略」は多いが、転勤族など有期的かつ周期的な移住者を意識した地域振興策はあまり見かけない。在住期間が短くとも、転勤世帯にとっては地方生活の満喫や仲間づくり、思い出づくり、地域にとっては広い世界観の吸収や刺激を相互にはかれるよう深い交流の仕掛けが必要である。さらに転勤族が「情報行商人」となり全国を渡り歩く44万カ所股旅ネットワークを築けたら「転勤もまた楽し」ではないだろうか。

企業と地域が協調して交流機会をつくる

定住者と転勤世帯が交流を深めるためには、主に企業と地域が協調して取り組む必要がある。以下にそのイメージを挙げる。

- 企業理念として／企業の地域貢献・交流システム、地域への職能貢献評価制度の構築
- 中核都市による仲介役／赴任先の中核都市が広域市町村圏への交流仲介を果たす
- 生活空間で／子供・主婦の縁づくりから、地域歓送迎会、転校生ネット交流など
- アフターファイブで／夜の盛り場にサロンをつくる、公私両面の人脈形成
- 地域の情報戦略として／地域活動説明会や地域イントラネットの構築など
- 転出後のネットワークとして／第2の帰省、特産物交換などの継続交流
- 転勤の連鎖による橋渡し／転勤族による赴任地間の交流の仲介役となるなど

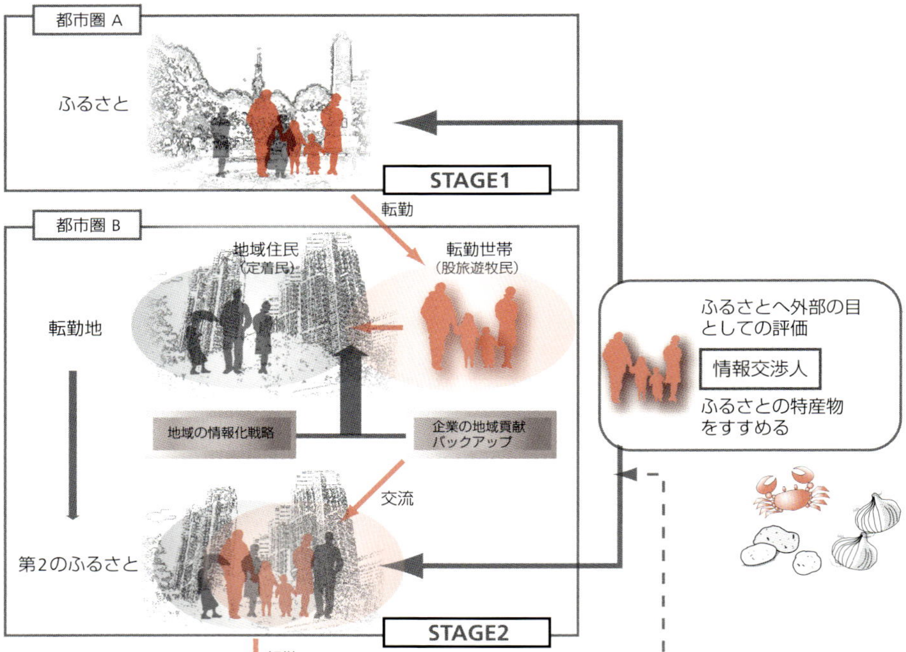

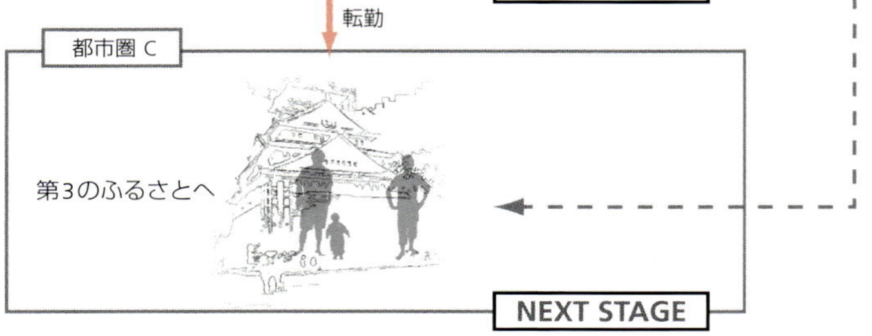

転勤世帯の移動と地域交流

転勤族と交流するバー

国境を越えたアジア プラットフォームをつくる

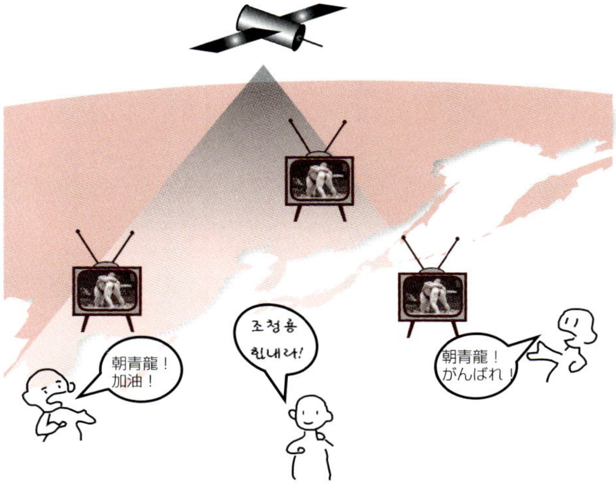

番組を一緒につくって一緒に観る

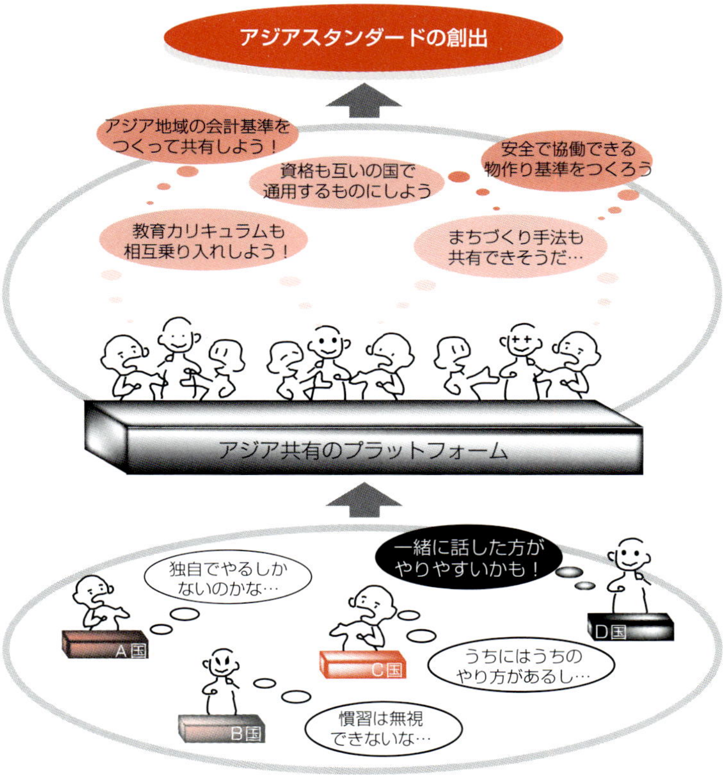

アジア共有のプラットフォームの形成

小さな自治から国境を越える

様々な主体による「小さな自治」を機能連携させ「自治圏」を形成していく動きは国境を越え、アジア地域が「網の目社会」のつながり手として認識されるようになる。アジア、特に漢字文化圏に属する国々は、多様でありながら多くの共通点ももっている。「共有できるもの」を形にしていく中から、異質なものをも認めあいつながり合える新しいアジア地域の将来像を描きたい。まずは、共有できるプラットフォームをつくることから始めよう。

まちづくり手法のプラットフォームをつくる

アジアにおいても居住地域のまちづくりに対し注目が高まりつつある。まちづくりの手法─生活空間の環境改善、歴史的環境の保全、住民の合意形成方法、ワークショップの手法などについて、アジア各国の事情を取り込みながら共有できるノウハウを形にしていく。こうした共通の話し合いの場を設けることで、住民が参加するまちづくり活動の芽を育てつつ、自立した地域と地域の主体的な交流の場としていく。

ビジネス標準のプラットフォーム

〜アジア・スタンダードの形成

例えば建築や契約の仕様は、アジアの各国において異なっており、また実状に合っていないものも多いため、多国間の共同事業を行う上で多くの障害があることが問題となっている。同じことはビジネスの様々な分野でも起きている。

こうしたアジア各国独自の規格・基準について、「最低限満たされるべき基準」を策定し、それを各国共有のものとする。国ごとに要求レベルや慣習に差違はあっても、合意したその基準を各国が遵守することにより、アジアの現状に則した共同事業・タイアップが可能となるだろう。またこうした基準をベースにすることによって、一方的な技術の押し付けあるいは輸入ではない、各国の個性を取り入れた運用の工夫が生まれてくる。

教育のプラットフォーム

〜資格授与機関の国際評価

一定の受験資格が必要な資格試験については、受験資格を与える学校について国際的な「評価」を行う。基準を満たし認定された学校の修了生は、アジアの他国においても同じ「受験資格」が得られ、資格の取得、就業ができるようにする。また、同じアジア圏の文化に触れることを教育の一環として重視し、互いの言語、歴史を学ぶ授業を教育プログラムの中に組み込んでいき、近隣諸国を経験を通じて理解する機会をつくっていく。

マスメディアのプラットフォーム

〜一緒につくった番組を一緒に見る

近年はアジアの国々の間でもスポーツ選手やサブカルチャー、芸能人の行き来が盛んになっている。こうした人・情報の輸出入にとどめず、共同の番組制作、衛星を使った放送網の相互乗り入れなどによって、アジア語圏のバイリンガル、トリリンガルな番組を日常的に同時放送する。大相撲の「ソウル場所」「モンゴル場所」などの巡業や、サッカーのアジアチャンピオンズカップ、野球のアジアリーグなどを通じて、各国で同じ番組を一緒に楽しむ機会を増やしていく。

地域の暗黙知をひろめる

疎住地の地域ビジネスのソフト化

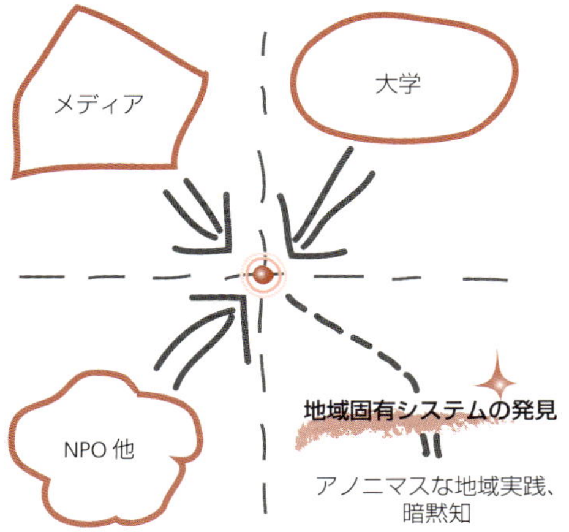

住民自治は危機感の先行地域で見つかる

地方主権時代に求められる「住民自治」の中でもとりわけ経済的な自立をはかる実践例として全国各地で地域ビジネスあるいはコミュニティビジネスと呼ばれる事業が勃興している。これらは危機感の高い地域ほど先行し、特に農山村のような疎住地で多くみられる。疎住地では、伝統的な結束力や低廉な土地建物を背景に、行政や大企業に頼らない住民の自己組織化による小規模採算事業もいち早く生まれているわけである。

地域の暗黙知に学ぶ

こうした成功事例を後発地域が学ぶ上では、表面的なモノマネではなく、その背景にある地域で共有された慣習や合意形成方法、固有の生活技術やリーダーシップ性などをトータルに学ぶ必要がある。これらを地域の暗黙知と呼んでみる。

一方でこれらの先行地域からみれば、地域暗黙知を武器に、視察・研修受け入れなど、大都市にこびない外部交流や地域ビジネスの事業展開につなげていくことが求められる。

ビジネスモデルが波及連鎖する地域間交流へ

元来、遠くの小さな実践例はキャッチしにくく、地域暗黙知自体も住民自身は無意識的である。よってまずは地元大学やメディア、NPO など第三者の目による暗黙知の発見と解析が必要となる。そして情報伝達する目前の地域メディアや直接交流のためのサロン機能も必要となってくる。次いで近隣地域への地域ビジネスの波及や連鎖の段階が考えられる。これにより事業の相乗効果も生まれ、地域の循環経済に結びついてくる。

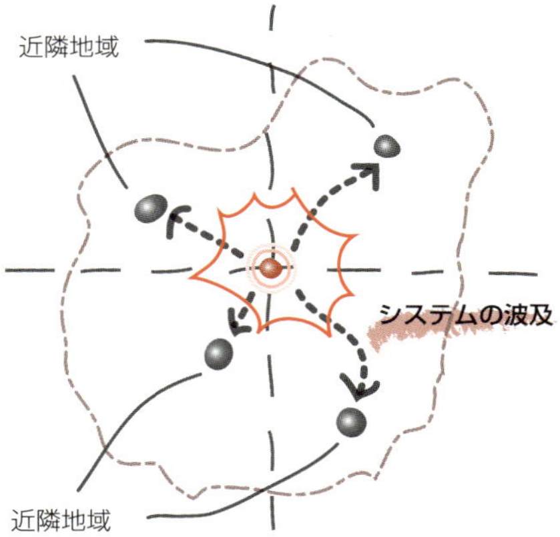

さらには、遠隔地にある実践地域どうしの相互情報交換、後発地域への情報発信、視察ツーリズム、外部協力などのサービス産業へとソフト化する展開も考えられる。この次元では、外部からの注目や評価により、疎住地にブランド力やプライドも生まれ、住み続ける意欲や U・I ターンの動機にもつながっていく。

■各地で起こる地域ビジネス例

- 鹿児島・牧園町わいわいアトリエ
  主婦たちによる地域食材のレストラン、カントリーファッション、特産品などの店舗経営。年商 7,000 万円
- 熊本県・人吉市ひまわり亭
  主婦たちが世代間交流しながら経営する民間レストラン。水曜は老人給食の日。年商 5,000 万円。
- 沖縄・共同売店
  住民全員が株主である生活雑貨店が地域ごとに存在。住民は積極的に売店で毎日買い物をする。休憩コーナー併設。
- 長野・(株)小川の庄
  第三セクター方式による村づくり事業。従業員は 60 歳以上、78 歳定年、高齢者による手作りおやき工房。農協と村も協力、売上は年間 500 万個、年商 8 億円弱。

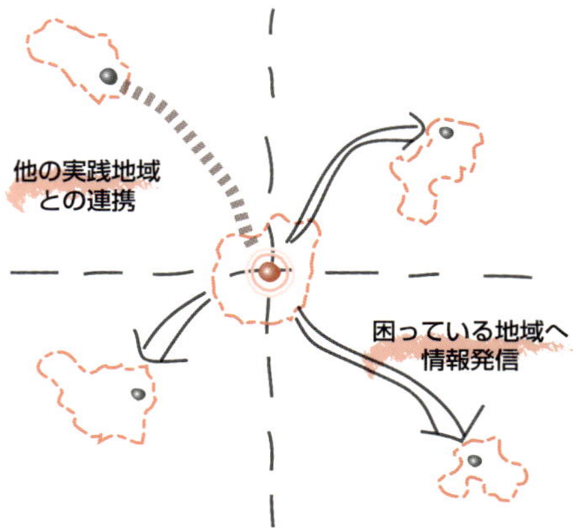

大学で地域活性化の種をはぐくむ

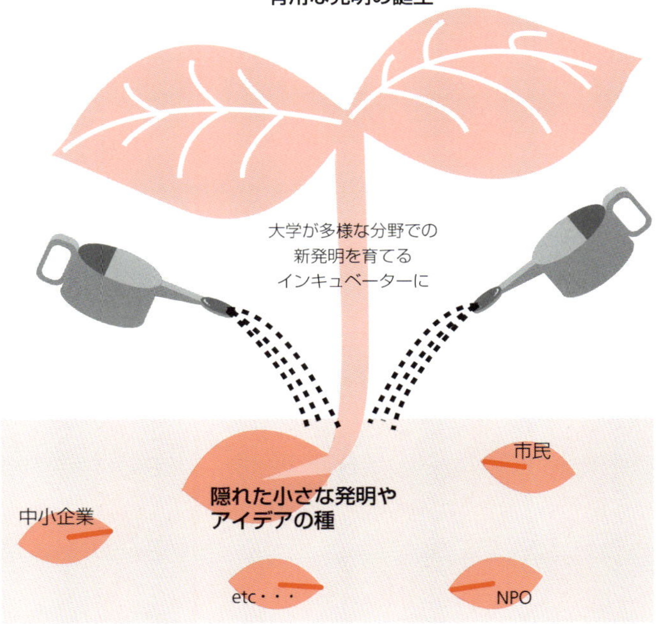

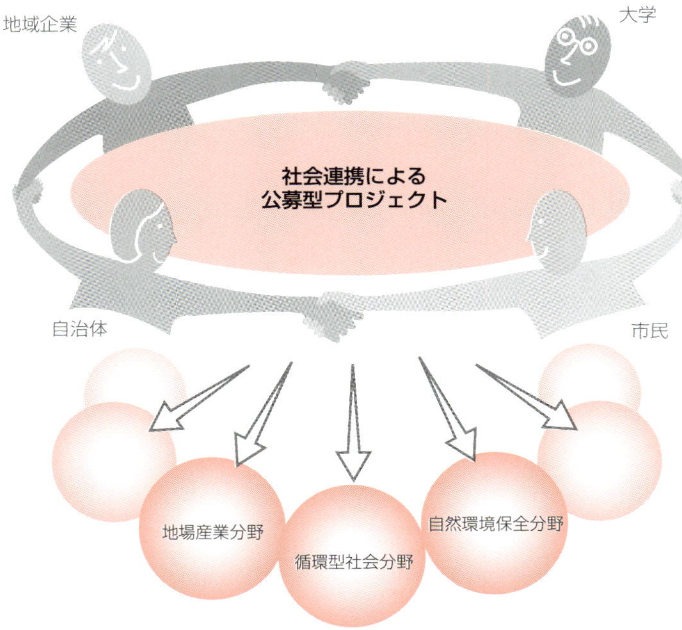

自治圏政策のコンサルティング

地域に根ざした大学となるため、大学は学内の文系学部や理系学部の特徴を生かして、積極的に自治圏とパートナーシップを組み、政策評価のためのコンサルティングを展開して新たな政策提言を行う。その活動は自治圏オンブズマン市民会議から定期的に評価を受け、より社会的に信頼された大学自治、大学経営の確立をめざしていく。

社会連携による公募型プロジェクト

自治圏の活性化のため、地域企業・自治体・大学が本格的に連携し、地域政策や地域ビジネスモデルの開発のための公募型プロジェクトを立ち上げる。研究費用は、市民・企業・自治体・大学が折半し、研究結果は広く自治圏内に還元する。地場産業分野、循環型社会分野、自然環境保全分野等における技術開発や制度立案が想定される。

隠れた小さな種のインキュベーター

旧来のアカデミズムや専門家主義から脱却し、市民・NPO・中小企業等で埋もれている隠れた発明やアイディアの種を広く探し続け、多様な分野での新発明に社会実験としてチャレンジする。数多くの試行錯誤の中から有用な発明が生まれ、大学が自治圏内の隠れた小さな種を育てるインキュベーターの機能を発揮することが期待される。

社会人大学院の開設によるリカレント教育

少子高齢社会を迎え、いよいよ大学全入時代に突入する中で、新たな入学者のターゲットは社会人である。現場経験のある社会人が、再度理論等を学び、住民自治によるまちづくりや地域ビジネスの活性化に貢献できることを目指したリカレント教育環境づくりに力を入れる。

Ⅱ 網の目社会の群像を描く ❷ 環境と文化のつむぎ方

「つくる」から「生かす」都市環境へ

大量生産、大量消費の時代を超えた今、すべての社会活動は環境問題を無視して行うことはできない。どの程度環境に配慮されているかが社会的に評価され、地球環境を意識した活動が行える地球人としての役割が求められている。そのためには、様々な環境技術の革新とともに、環境を低減する仕組みが経済活動の中に組み込まれていく必要がある。環境税などのインセンティブによるコントロールだけでなく、今まで見えなかった社会の仕組みの中から新しいつながりを発見し、より高度なシステムを持った経済社会を構築するべきである。

資源とエネルギーの循環

単純な資源やエネルギーを消費する生産システムから脱却し、資源リサイクルやゼロエミッションなど新しい循環の仕組みを構築する。そのためには、今まで結びついていなかった異業種のつながりや、廃棄されるものの新しい価値の発見が必要である。

スクラップ・アンド・ビルド型からストック型の開発へ

老朽化し使われなくなったものの価値を見直し、新しい価値を発見することで、そのものを残して生かすことが必要である。文化的意味をもつ歴史的建築物の保存や再生に限らず、一般の建築物の価値を見出し、リニューアルやコンバージョンを取り入れた、ストック型の生産システムをまちづくりの中に取り入れるべきである。地球環境への貢献という意義だけでなく、都市の記憶を残すことも可能である。

多様な自然環境によるつながり

気候風土に恵まれた国土には海洋圏や森林圏などの豊富な自然環境が存在している。この自然環境による人と人、そして地域社会の新たなつながりを認識することは、地域経営の視点であり、地球環境を維持する新しい仕組みに発展する。

海つづき・空つづき

豊かな自然環境は単なる陸続きを越え、海流などをたどる海つづき、気候をたどる空つづきなどの

つながりをつくり、また、生態圏でつながる広域圏のエコツーリズムなど、新たなつながり方を形成することができる。

社会資本としての自然環境

地方分権と地域経営の中で社会資本整備が進み、環境や文化も様々な社会資本となることが考えられる。これらの自然環境を社会資本として捉えたとき、新たな地域活性化の方向性が見出され、さらに資本整備としての環境保全が行われる。

新たな価値を求めて

高度経済社会の中で求められてきた、グローバリゼーションという国際性と均質性の時代から、社会は個性や地域性を求める時代になっている。また、ものに恵まれ、物質的欲求が希薄になってきた現在、人々の求めているものは生活の中での付加価値であり、そうした価値観の変化により、今まで見過ごしていた、見えなくなっていた価値や文化に目を向け始めているのである。

多様なつながりによる新たな文化交流

交通網や情報網の発達により国際化が進展しただけでなく、身近な地域の歴史や文化を見直しながら、多様な歴史と文化の交流が可能となっている。地域を越えた新たな文化圏は、地球規模につながりを求めていくことが可能であり、また、分野を越えた文化交流により、あらたな文化の創造が可能である。

同質性と異質性のつながり

自らの文化との同質性または異質性を発見し、新たな価値を見出すことで、新しいつながりを構築することが可能となる。気候風土と共に多様な有形無形の文化が、日本の国土を覆っている。自らの文化圏を越え、同質の文化を共有する圏域、例えば有形文化としての街道や風景、そして、無形文化としての食文化圏など、様々な文化のつながりをつくることが可能である。また、異質な文化との交流も、新たな文化の創造と活用の視点を与えてくれる。異分野間の交流、そして、他の国々との交流の中で、相互の文化のアイデンティティを見出し、また、その文化を育ててきた歴史的な時間が、空間のつながりを超えた新たなつながりを生み出す可能性をもつのである。

海流支配圏の飛び地を食でむすぶ

黒潮食文化圏の飛び石ネットワーク

列島を海流で区分する

日本列島は北上する黒潮と南下する親潮、リマン海流、その混合域などに囲まれている。列島はそれらの海流支配圏で区分でき、海洋資源、気候、歴史・文化の圏域を形づくっている。

この海流支配圏は内陸から見た地続き的な地理感をはるかに超えたスケールを持っており、これを利用して意外な地域同士の共通点や連帯のきっかけを見出すこともできる。

ここではその１例として黒潮が支配的な圏域を採り上げ、食の文化圏を構想してみる。

黒潮食ブランドを編集する

黒潮の北上する沖縄から太平洋岸の房総までの海域は、カツオ、トビウオなどの海産物を使った共通食文化圏でもある。これを「黒潮食文化圏」と呼べば、圏域内に膨大に点在する離島、半島や入り江などの漁業拠点が主役となり飛び石状の連帯ネットワークを形成できる。

各地には独自の食文化圏が無数にある。同一素材で調理法の異なるそれぞれの隠れた「味」の存在を編集、知らしめる情報メディアや、飛び地をつなぐIT交流基盤により、間口の広い「黒潮ブランド」を強力に発信できる。

さらに共通性と独自性を研鑽し合う「黒潮サミット」を離島、半島などが毎年持ち回り開催し、相互の直接交流やツーリズムなどにも発展させる。また各地の水産試験場や漁業、飲食業が連携して、子供の食育、学生インターン制度にも乗り出し、ブランド力を背景に、地域食文化への理解や生業の持続をはかる。

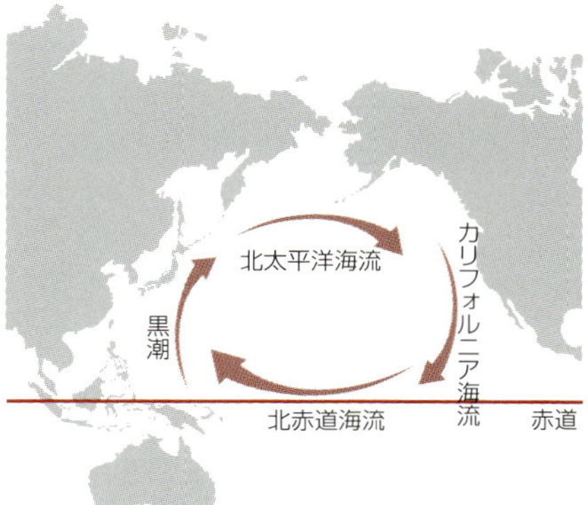

北太平洋循環海流

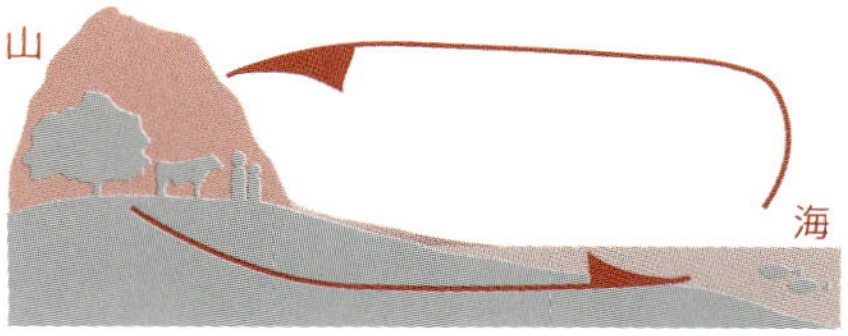

海と山の接続

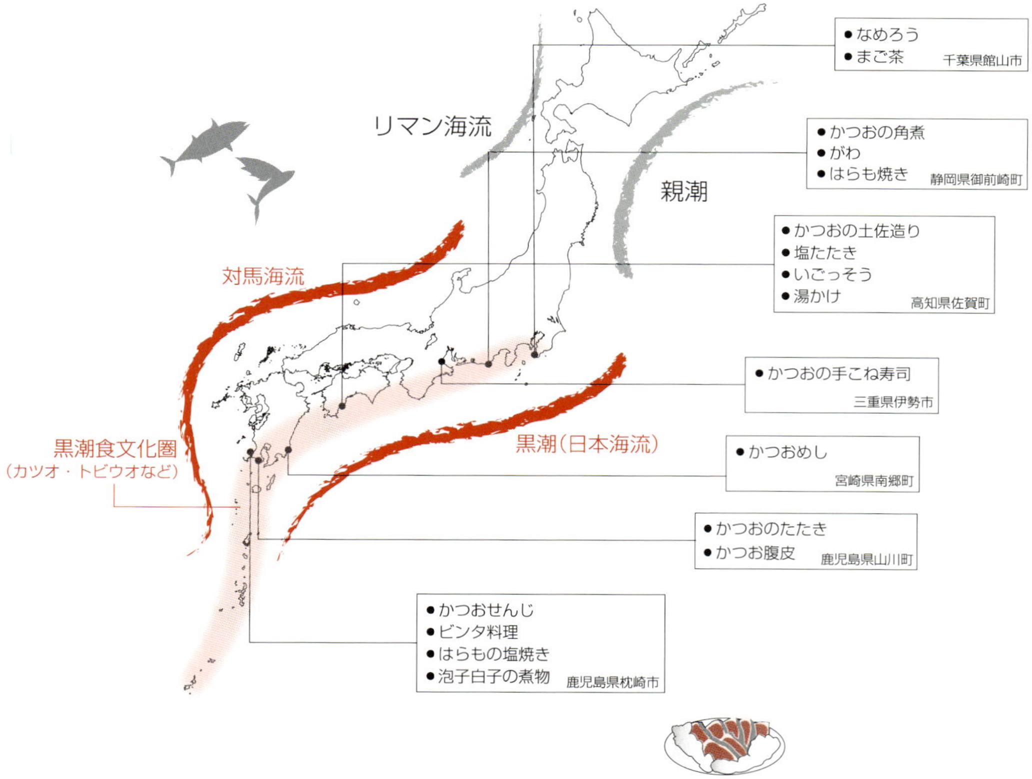

かつおの黒潮食文化圏

□ 内は各地のかつおを使った郷土料理

内陸の流域へ、そして海外へ

近年「森は海の恋人」などと呼ばれ、沿岸漁業家の植林運動も起きている。海の食文化は海と森の水循環の交点にあり、上流域の環境保全などにも展開していくべきである。鰹節は赤道上の南国にもあるという。黒潮からさらに北太平洋循環海流への展開として台湾、フィリピン、モルディブなどとの食文化交流やツーリズム、国際的な海洋研究ともリンクしていく。足元の小さな食文化から出発して、大きな物語性やグローバルな環境問題、産業展開なども構想してゆくことができる。

花暦で地域時間を回復する

列島を縦断する開花前線を縁とする

日本は四季という1年間のリズムや節目をもつだけでなく、春夏は南から、秋冬は北からと季節感がずれて伝播していく。この移ろいを誰でも楽しく実感できるものとして、梅や桜やあじさいなどの「植物季節感」がある。これらは開花前線を形成して列島を縦断していく。
植物季節感による時節の区分を花暦と呼べば、花暦は地域ごとに異なり、前線圏というまとまりをもつ。従来の地理的、行政的区分とは異なり、花暦による意外なまとまりにより、緩やかで楽しい連帯の縁がうまれ、地域固有の体内時計の回復もできるのではないだろうか。

桜と紅葉の花暦ゾーニング

ここで代表的な春の桜北上前線、秋の紅葉南下前線の花暦による連帯を構想してみる。

- 桜前線は約4か月、紅葉前線は約2か月で列島を縦断する。1週間〜10日単位で前線圏を区分すると、10〜20程度の花暦の地域的まとまりができる。
- 日本海側と太平洋側、標高差などにより、意外な飛び地を結ぶ前線圏が浮かび上がる。これを縁とする姉妹都市、子供交流、花見ツーリズムマップや句会など、生活行事を編みこんだ共通の地域花暦を編纂する。
- 次の前線圏へと聖火のようにバトンをリレーし、年間の北上と南下で列島を一巡する行事とする。こうしたシンボルの受け渡しで、季節感のズレをも連帯感にできる。
- 逆に、全国一律に春の入学式シーズンには「桜」と決め付けず、沖縄ならハイビスカスを春の行事に取りこむなどの独自性こそ花暦で浮き彫りにすべきである。

花暦からまちづくり連携へ

これらの試案は、全国一律ではない地域時間、生活ペースや祝祭性を再認識し、地域の自立感を醸成するムードをつくる漢方薬的な試みである。それを長い時間かけて遺伝子のように積み重ねることで、地域主権というものも優しくはぐくまれていくものと考えられる。さらに花暦の同期性は、地味気候などの風土や食べ物、生活文化、まちづくりの共通性も示唆するものである。この点で地域間が連携して共通課題に取り組むきっかけにもなるだろう。

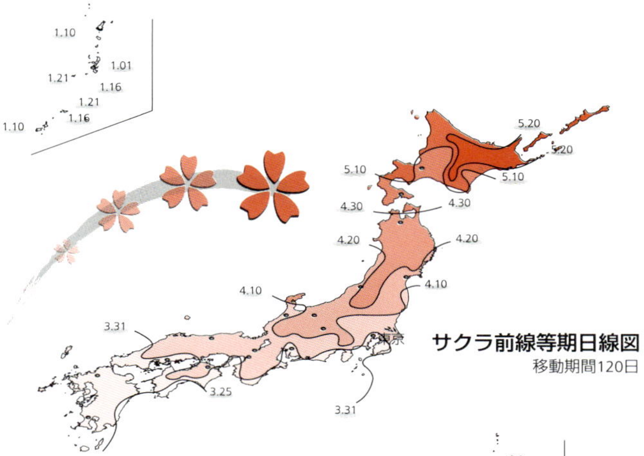

サクラ前線等期日線図
移動期間120日

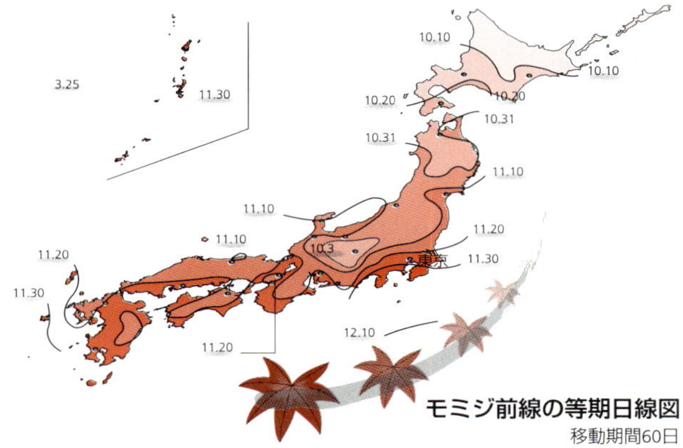

モミジ前線の等期日線図
移動期間60日

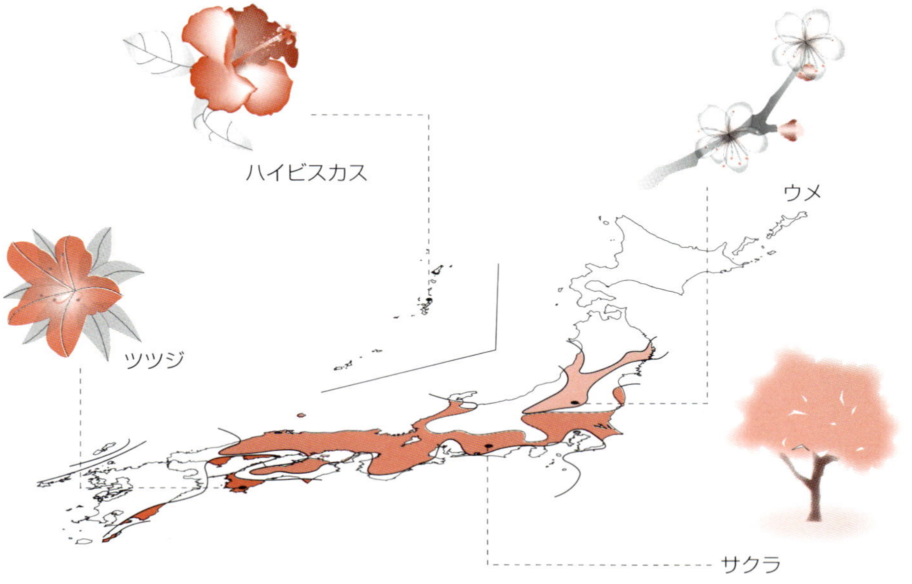

3・31〜4・10の前線圏分布図

昔を伝える街道網でつながる

歴史街道文化圏

従来の市町村あるいは都道府県の境界を越える文化の網の目に歴史街道がある。現代の都市・地域は、近世の城下町・宿場町・門前町・集落などをベースに発展し、かつては街道を通じて様々な経済交流や文化交流が育まれ、歴史街道文化圏がつくられていた。忘れ去られた広域的な環境と文化のつながりを再発見しそれを取り戻すことにより、固有の風土や文化を様々な地域づくりの場で生かしていく。

街道歩行文化ネットワーク

超高齢社会・脱車社会における歩行文化の見直しや健康づくりを背景に、各地を巡るウォーキングトレイル・ルートとして街道を位置づけ直し、街道文化インフラ（文化研究センター・博物館・体験館等）の整備、ウォーキングラリー、街道ウォッチング、街道マラソンなどの文化事業の実施に取り組み、街道歩行文化圏づくりを推し進めていく。

街道文化景観物語

重要な有形無形の文化資産を街道文化財として、また町並み地区や集落地区を街道文化景観地区として決定するとともに、同一街道内で互いにネットワークさせ、広域的な視点から文化景観地区の連続的な修復・継承・展開・交流に取り組み、街道全体として１つの大きな文化価値、経済価値、街道物語をつくり出す。

街道国際文化フェスタ

海外や国内各地域の歴史街道文化圏との交流を目的として伝統的な民俗文化行事（衣食住・生業・信仰・結婚）の再現、街道芸能（音楽・演劇・舞踊）や街道工芸（和紙・織物・刺繍・陶芸・漆芸・竹細工）の技術継承と商品化、文化交流シンポジウムなどの多様な事業を、街道国際文化フェスタとして開催する。

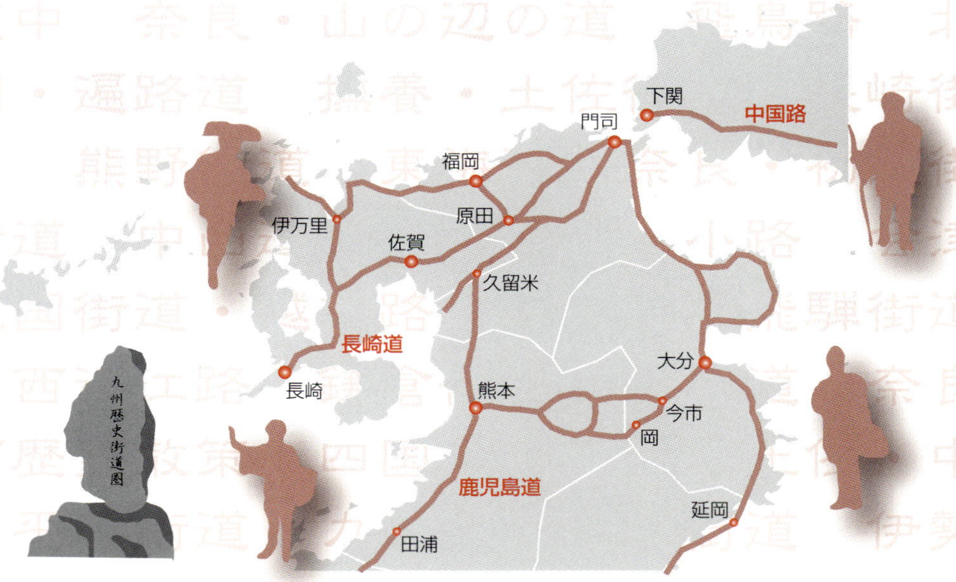

九州歴史街道圏

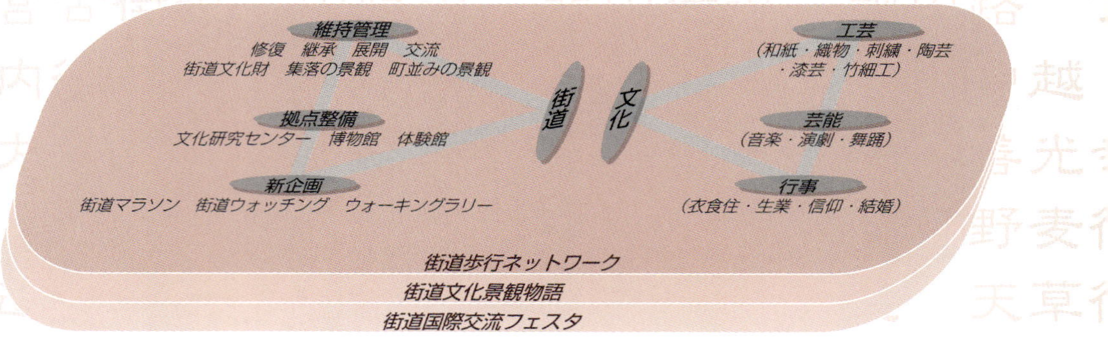

歴史街道文化圏

半島へいらっしゃい

半島生態文化圏構想

市町村、都道府県の枠組みから切り離し、半島を１つの生態文化圏として展開する。

半島生態文化圏

半島は、それ自体で１つの完結した生態圏、文化圏である。今までは複数の市町村あるいは都道府県の領域に分断されていたが、半島を１つの圏域として捉え直し、広域で連携してその特徴的な生態文化圏を生かす取組みを展開していく。

半島圏環境保全技術・生産技術の開発実験場

地域大学、自治体、企業等が連携し、主な半島ごとに半島生態文化圏研究機関を設立する。半島がもつ広域的な循環システム能力を解明し、半島圏の総合的な環境保全技術、繁殖技術、生産技術の開発を行い、国土保全等への貢献をはかる。世界の半島の環境保全技術分野でも国際貢献する。

国立公園を核とした一流景勝地ツーリズム等の展開

半島は、国立公園・国定公園などに指定されている事例が多い。
国際観光の目玉として、国立公園等を舞台にダイナミックかつスタティックな一流景勝地ツーリズムや希少動植物観察キャンプなどを展開する。

展開事例：紀伊半島山岳文化福祉圏

紀伊半島は本島最大の半島であり、奥深い森林が連なる自然環境の中で、伊勢・熊野・吉野に代表される「生なり文化」（「生なり」とは「ありのまま」とか「自然のまま」の意）や山岳信仰が生まれた特徴をもつ。熊野古道（「紀伊山地の霊場と参詣道」として世界遺産登録予定）を1つの柱に多数の古代神が存在する山岳文化福祉圏として広域連携し、山岳信仰ツーリズム、古道ウォークネットワーク整備、滞在型医療福祉施設整備などに取り組む。

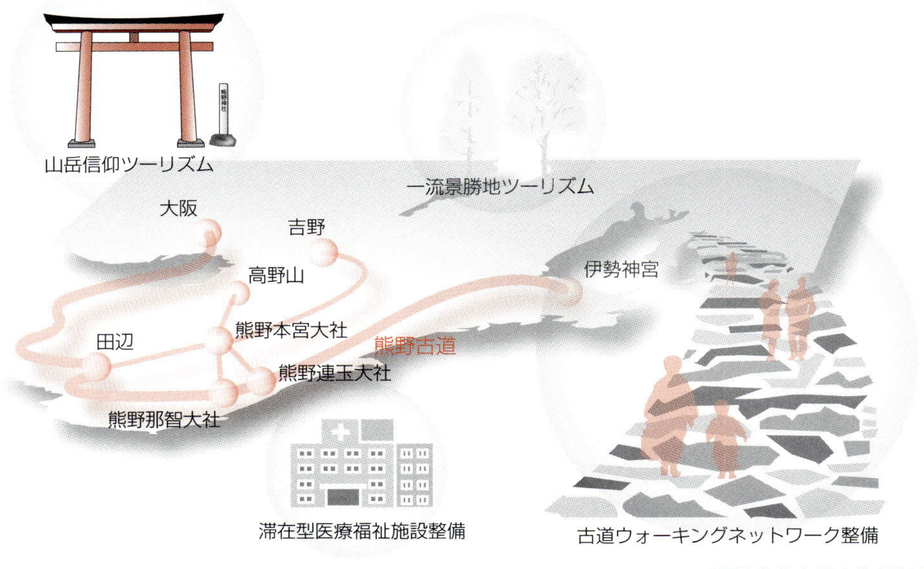

紀伊半島山岳文化福祉圏

建物転用を地域で連鎖させる

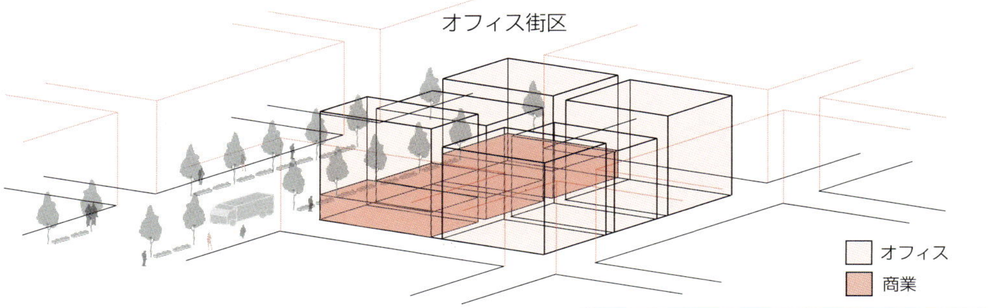

現在の街区は、低層階が商業施設で他がオフィス機能というのがほとんどである

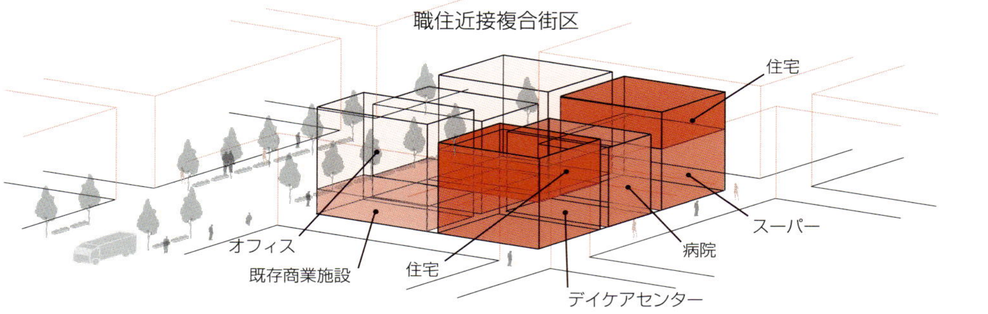

住宅、病院、デイケアセンター、スーパーなどの多機能挿入により、街区をコンバージョンする

激化する都市の地域間競争

建物単体での競争力に限界が見えてきた現在、都市としての魅力を生み出すことが大きなテーマとなってきている。立地が建物の価値を左右する大きな要因であり、その立地のポテンシャルを大規模開発によって変化させるのである。また、面開発ばかりでなく誘導型の地区計画などの法的整備も行われている。

近年では、品川、汐留、六本木の大規模開発、大手町・丸の内・有楽町の地区計画などがあり、各地域は新しいまちづくりのコンセプトを掲げ、競争を激化させている。

建替えからコンバージョンへ

一方、建物単独の建替えは投資金額を抑えるために、リニューアルという手法にシフトしている。コストを抑えながらも、テナントを逃がさないための手法として、有効性が確認されている。さらに、単純なリニューアルだけでなく、建物を用途転換することで、再生する手法ーコンバージョンが必要とされている。建て替えるにはまだ早いが、市場の変化、都市構造の変化により、建物用途を変更せざるを得ない状況となっているのである。

都心の余剰オフィスを住宅に、ホテルを病院・福祉施設に用途転換するなど、様々なコンバージョンが考えられるが、経済状況や環境問題、建物の質の向上等を踏まえ、既存の建物の価値を新たな視点で再評価し、生かしていく、ストック型のまちづくりの手法が必要である。

コンバージョンを地域で連鎖させる

大規模開発は莫大なコストが掛かり、時間も掛かる。どの地域でも容易に使える手法ではない。また、単体の建物でのコンバージョンではまちづくりというレベルの効果は期待できない。地域でまとまったコンバージョンを行い、都市機能の構成を再編成するという、連鎖型のコンバージョンが有効である。地域内の建物が同時にコンバージョンを行う必要もなく、時間的制約や、コストの制約から解放されたフレキシブルなまちづくりが可能である。互いに機能を補完しながら、都市のポテンシャルを向上させるだけでなく、都心居住をビジョンとした、職住近接型都市の構築も可能となる。

旧オフィス街を再生する

戦後にオフィス街として発展してきた日本橋や神田には、老朽化や商品性の低下により、建替えを迫られているオフィスビルが多く存在する。しかし、すでに立地の優位性を失っており、単なる建替えだけでは品川や汐留などの大規模なオフィスと対抗することは難しい。

このような地域での新たなオフィスの生き残りの方法として検討されているのがコンバージョンである。単一用途で互いに競合するのでなく、オフィスから住宅へのコンバージョンにより、機能構成の再編が進められようとしている。しかし、単体ビルでのコンバージョンを進めるだけでは、街全体の再生には時間が掛かり過ぎてしまい、大規模開発との競争には勝てない。街区全体でのコンバージョンといった、面的な広がりをもった連鎖的なコンバージョンの導入が不可欠である。また、単なる住宅へのコンバージョンだけでなく、病院、デイケアセンター、スーパー等、地域として必要な機能を再構成する都市計画的なコンバージョンが必要である。建替えや単純なリニューアル、コンバージョン、敷地の統合など様々な手法の中から、各々の建物にふさわしい手法を選択し、それらを組み合わせることで地域の再生を図ることが可能である。

世界時計を東京に埋め込む

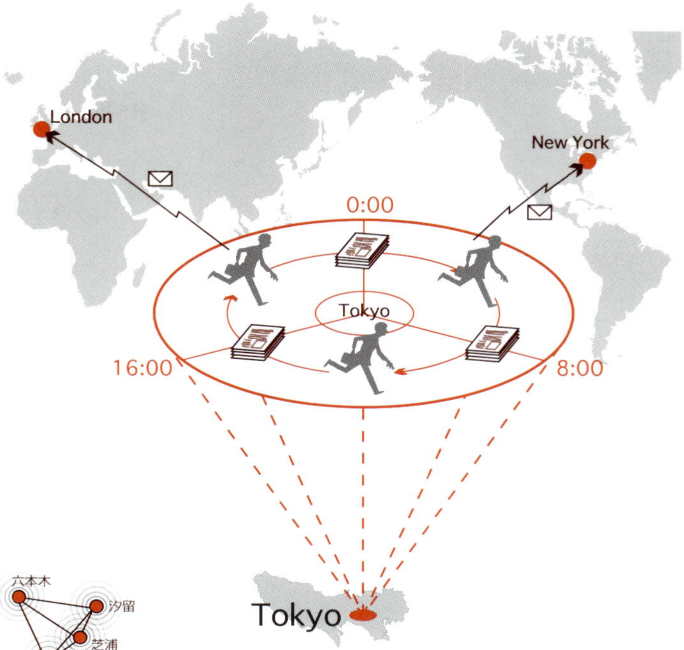

24 時間生活都市

21 世紀の日本は低成長時代となり、限られた仕事をみんなで分けるワークシェアリングが普及し、個人の仕事時間は一日 8 時間以下となる。一方、国際間の資本主義社会の競争はますます厳しくなり、メーカーは開発速度アップを、金融企業は常に変動する為替等の市場経済に 24 時間対応することが求められる。21 世紀に国際競争力のある都市の必要条件は、24 時間普通に「働く」ことができる生活都市である。

70 万人の夜間就業都市が出現

1 日 24 時間を 8 時～ 16 時（8 時間）昼間、16 時～ 24 時（8 時間）夜間、0 時～ 8 時（8 時間）朝間と 3 分割し、これまでの昼間に働き夜間に遊び深夜に寝るという都市から、夜間や朝間においても、働いたり遊べたりと「普通の生活」ができる都市をつくる。

東京 23 区の就業人口は現在約 700 万人、そのうち 80% の人口はこれまでどおりに昼間に働き、各 10%の人口（各 70 万人）がワークシェアによって夜間や朝間に働く。夜間、朝間各 70 万人の人口は、地方都市の就業人口と比較しても遜色なく、エリアを集約することで関連する業態が十分に企業活動可能となる。

企業の競争力アップ、
過密による都市問題も緩和

オフィスの 24 時間化により、企業の開発スピードは格段にアップし、また、24 時間国際金融市場への有人対応により、国際競争力の強い企業が東京に集積する。

エネルギーでは、一日を通して施設利用が平準化するとともに、電気等のエネルギー効率が上がり、ピークの環境負荷を低減できる。また、通勤ラッシュや防災等の昼間人口過密による都市問題が緩和する。企業のワークスペースも、時間帯ごとにシェアすることができ、省スペース化がはかられる。

羽田空港の 24 時間化は国際都市東京の玄関として、ビジネスや観光に対応でき、また、単に東京に到着するだけではなく、着いた時間からすぐに活動できるようになる。

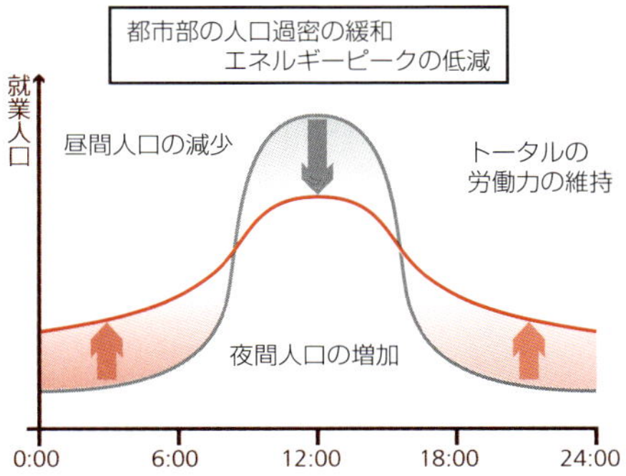

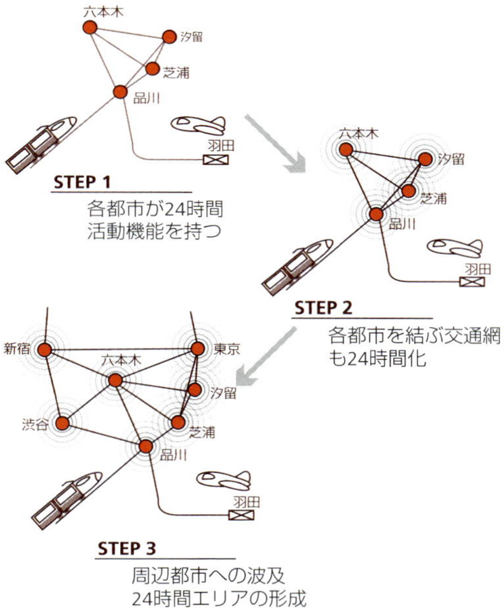

24 時間化エリアの指定で早期に実現

すでに 24 時間インフラが比較的整っている、汐留、六本木、品川、芝浦エリアを 24 時間生活都市として指定し、先行的に 24 時間生活都市を実践する。

汐留エリアはオフィス、六本木エリアは遊び、芝浦エリアは住宅、品川エリアは羽田空港、新幹線の玄関口として機能させる。

24 時間エリアを決めることで、エリア内の企業の競争力が増し、一層エリア内への企業集積が起こり、また、それをサポートする店舗等の業態の 24 時間化も加速する。順次、港区、中央区、千代田区に範囲を広げ、最終的には山手線内が 24 時間生活都市となる状態が想定される。

24 時間生活都市は、都心エリアならではのアドバンテージが増すことで、より一層郊外との差別化がはかれ、そのため、都心エリア内での一段と土地利用の高度化が見込めることになる。

見えない地下空間の地理感をつくる

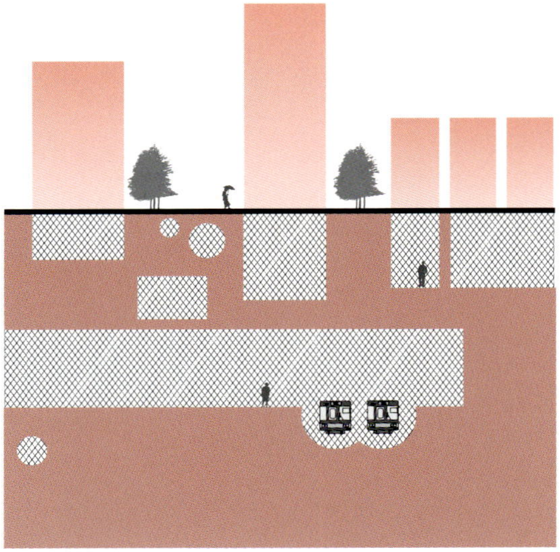

個々に分節された地下空間から

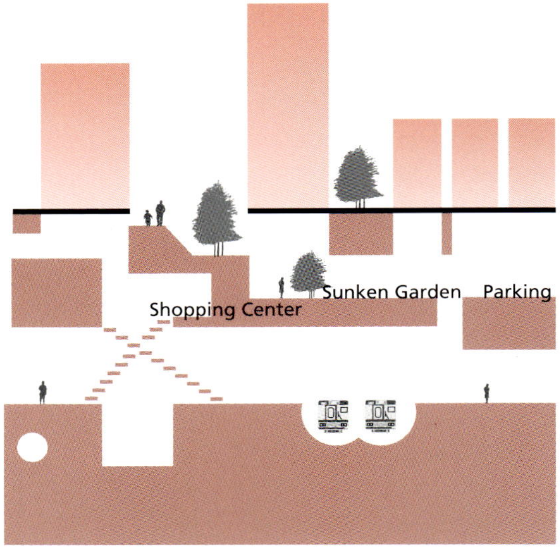

連続性のある地下空間へ

地下鉄ワープシティ

東京の地下鉄網は、網の目型のネットワーク都市を予感させる。最近では、大江戸線やりんかい線の開通で、今まで少し遠いと感じていた街と街が突如身近な関係になったり、陸の孤島と言われたような場所が新たな知名度を獲得し始めたりしている。例えば、新宿と六本木はお互いに２次会エリアとして認知され、麻布十番は新たな集客力を獲得した。西東京エリアから臨海副都心へのアクセスも飛躍的な利便性を確保した。多少大袈裟ではあるが、いわば新たな文化交流ルートが生まれたのである。

つないで生かす地下都市文化圏

大都市の地下ネットワークは地下鉄だけの話ではない。様々な空間がその可能性を秘めている。地域が自立した自治圏を形成し、官民一体の思考になれば既存の地下空間をもっと有機的につなぎ、ネットワークさせることも可能である。壁の向こうには思わぬ空間が広がっている。地上では見えない、気づかなかった意外な場所どうしを直接結束させる、地下空間の不思議な力の活用が、都市の魅力を増大させる。例えば地下の商業テナント群を連結し、地下鉄駅と一体化すれば一大駅ビルショッピングセンターになるし、ほとんど使われていないオフィスビルの駐車場も地域で一体化すれば効率的な運用が可能になる。

これからの都市づくりは、増床開発よりも既存空間の活用度を高めることが重要であり、建設コストのかかる地下空間を地上の空間効率を高めるための脇役としてだけ使うのではなく、地下ならではの特性を生かし、地上では実現できない新たな空間文化圏の創造を試みるべきである。海外には積極的な地下空間利用を計画的に実践している都市もあるが、わが国においては非効率な既存の地下空間の活用効率を高めることがまず必要である。

地下には陸も海もない。ましてや道路境界や敷地境界など地上の形態が物理的制約を及ぼすこともない重力から開放されたエリアである。また外気の影響を受けにくく、居住環境を維持するためのエネルギー負荷も少ない。地下空間の使い方にはまだまだ可能性が隠されている。

地下都市基盤ネットワークによるインフラ運営の合理化

地下は外から形が見えないので全体を一望してその構造を捉えることは困難であるが、地下に埋設されているすべての都市インフラを１つのデータベースで管理すればより合理的な都市運営が可能になるだろう。官－民、建築－土木が地下で手を結び、それぞれの地域事情に即した新たな地下都市基盤を構築するべきである。

地下は地上の付属物ではなく、独立した地理感と地域文化を持ち得る場であり、都市基盤機能を併せもつ地下空間が豊かになれば、安定したインフラ供給の実現とともに緑化や公園整備など自ずと地上にも快適な空間が生まれるだろう。

住民経営により公園・緑地を増やす

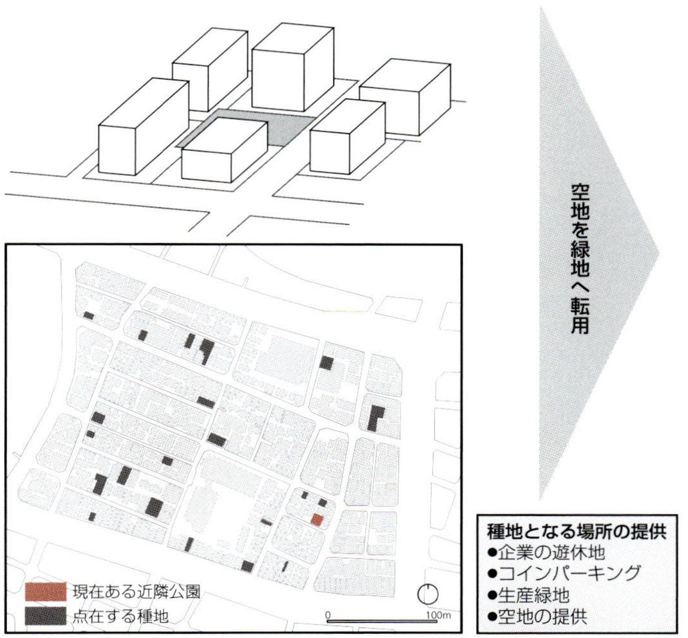

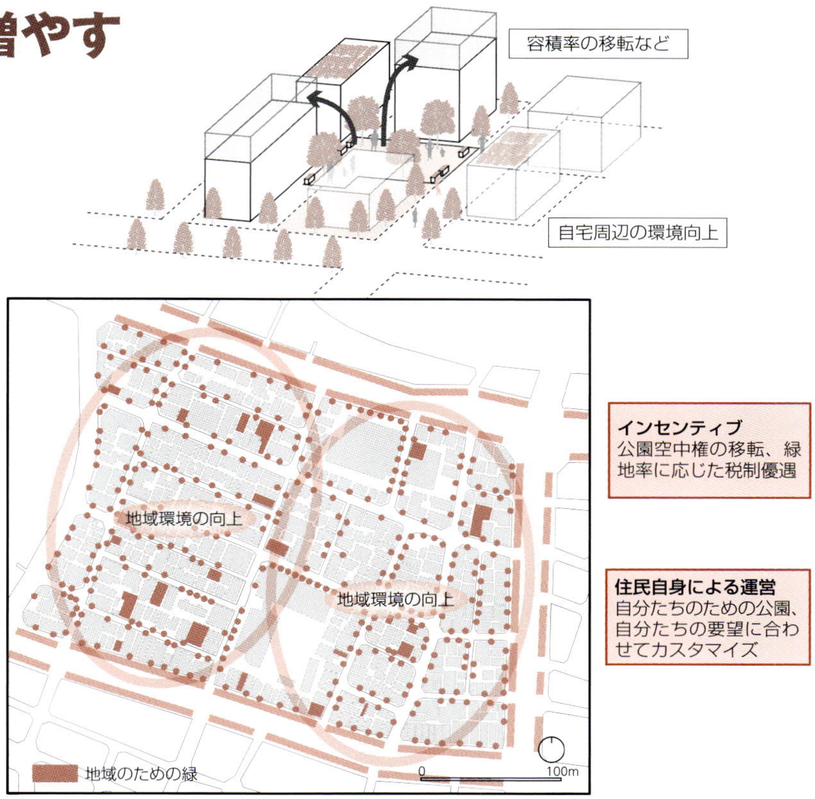

都市居住者の自然環境への欲求

都市の緑化がなかなか実現しない現実は、行政による公園の整備・維持が財源の確保、予算執行手続にかける労力の面から限界にきているからといってよいだろう。一方で都市の住民は自分の住む場所だけには身近に緑豊かな自然環境、子供が安心して遊べる場所があればと本音では望んでいるはずだ。

自らが払う税金で遠いところにわずかばかりの公園をつくってもらうより、緑地等のオープンスペースを居住環境のポテンシャル、資産価値を高める手段＝環境資本として捉え、多少の投資と労力の提供により、自らの手で獲得し維持していくことのほうが、個々の欲求を満足させ、かつ都市総体としての環境向上を実現する早道と考えられないだろうか。

地域で公園・緑地を経営する

都市内には公園・緑地に転用できる種地がたくさんある。バブル経済崩壊後に開発から取り残された遊休地、工場跡地、コインパーキング、少子化により廃校となった学校、ビルの屋上、生産緑地、さらには道路等も貴重な資源である。脱・車社会化が進めば、過剰となった駐車場や幹線道路の車線を緑地に転用することも可能だ。

これらの「種地」を生かす方策として公園・緑地の民営化を提案する。地域の居住者、そこで働く人々、企業等が同じ立場で公園自治組織を形成し、整備・運営に参画する。近隣公園等の身近な公園を地域に委譲し、公園の空中権移転を認めることで、公園・緑地の維持費や新たな用地取得費用に充てることができる仕組みをつくる。自治組織が所有する新しい公園・緑地には継続性と公開性を条件に税制の優遇を、企業に対しては遊休地等の緑地整備と引換えに税制優遇やCO_2排出権との取引を可能とするなどして緑化を促進していく。そして「地域の緑地率」に応じた税制の優遇措置等により地域全体に緑化によるメリットを付与することで緑地を維持していく。

公園・緑地の自治を

公園を欲し利用する人々が行政に頼らず、自らが主体的に関わることで種々の縛りから解放され、新たな緑地を結びつけていく。特色ある自由な公園運営も可能となる。緑地だけでなく、ドッグ・ランやスケートボード場、ストリートバスケットコート、地域農園等々。もちろん、ただの原っぱにしてもよい。それぞれの公園が特色を出すことで、利用料をとることも考えられるし、利用者どうしの地域間交流が生まれる契機にもなるだろう。老朽化した建物の更新時に容積を増やして床を余らせるよりも、公園・緑地経営により地域全体の利益となる再開発も考えられるのではないか。

既存の大規模公園や緑道とこれら新たな緑地を結びつけ、さらに河川等の水系ともつなげることで徐々に新たな生態系の網の目が形成されていくだろう。明治神宮の杜がわずか50年余りで人工的につくられたように、都市の住民が自らの手で身近な新しい自然を創造しよう。

二十一世紀の日本のかたち提言研究会

◆幹事

浅野　聡

◆委員

池田　賢

石井大五

井深　誠

王　越非

落合　誠

川口哲郎

輿水司郎

小島裕一

斎藤京子

堂城直人

高橋数人

戸邊亮司

冨田博之

永松航介

灰谷香奈子

橋詰　健

藤本正雄

松本哲弥

三浦佳奈

油科圭亮

◇協力

生駒公洋

金　鐵権

佐藤洋一

白井奈緒

野本　勝

松村浩之

松本泰生

3章

いくつもの人間尺度が交差する地球時代

公開シンポジウム「網の目社会をデザインする」より

2003年7月12日「21世紀日本のかたち　網の目社会をデザインする」をテーマとする公開シンポジウムが早稲田大学国際会議場を会場に開催された。その中から3つの分科会「人間尺度と都市のかたち」「オイコスのかたち」「21世紀のコミュニティのかたち」で多くのパネリストの参画のもとで議論された骨子を載録しながら、戸沼幸市が投げかけた「網の目社会」の現代的な意味を解釈し、将来の日本のかたちを展望する。

いくつもの人間尺度論

後藤春彦

はじめに

現在、日本では少子高齢化が深刻化し、同時に、未曾有の人口減少時代が直近に迫ってきている。また、DNAレベルで人間の個体差が明らかになると共に、個々人の多様化に大きな価値が認められる時代となった。さらに、人間の一生の時間が延びることにより、標準的な人間の個体が尺度の絶対的な単位とはなりにくくなってきている。

都市計画の原論に位置づけられる戸沼幸市の『人間尺度論』[*1]『人口尺度論』[*2]についても、あらためて、その役割と将来展望について検討すべき時期を迎えているのではないだろうか。

ここでは、戸沼自身が学生として、また教員として、半世紀にわたる時間を過ごした、早稲田大学の都市計画研究のアイデンティティの形成経緯を振り返ることにより、『人間尺度論』『人口尺度論』の背景を確認する。さらに、「21世紀日本のかたち 網の目社会をデザインする」をテーマとする公開シンポジウムにおける分科会「人間尺度と都市のかたち」で多角的に議論された内容をもとに、21世紀の「人間尺度論」「人口尺度論」についての展望をこころみたい。

シンポジウム全景

早稲田都市計画の展開

早稲田大学都市デザインの根幹

大隈重信の強い意志を受けて、早稲田大学の理工科創設4学科の1つとして建築学科を設置するにあたり、ジョサイア・コンドルの愛弟子で明治建築界の重鎮であった辰野金吾の推薦を受け、主任教授として新進気鋭の建築家、佐藤功一が招かれることになった。東京帝国大学の前身の工部大学校造家学科に続く、私学で最初の建築学科は弱冠29歳の佐藤功一に託された。佐藤は明治43年9月の学科開設に向けて在外研究を命じられ、明治42年1月から43年8月まで欧米諸国の都市と建築を巡るため渡航した。

当時、こうした海外留学の機会に巡り合うことはきわめて稀であったことは想像に難くないが、佐藤功一と同様に明治期に欧米外遊に旅立った伊東忠太が異文化にみる建築単体の意匠や装飾など、細部へ興味が集中したのに対し、佐藤功一は建築単体のみならず、街並み、都市へと興味の対象が拡大していったことは対比的である。ここに早稲田大学の都市デザインの息吹が芽生えたことを指摘できる。

この体験を通じて、のちに佐藤功一は都市美について多くの論文を著わし、「統一」と「変化」がもたらす都市美の法則を説いた。その中で田園都市レッチウォースの設計者として知られるR.アンウィンの“Town Planning in Practice”[*3]に示された街路形状と建物配置のダイアグラムや彼の言葉を引用していることが注目される。

そして、佐藤功一による都市美の実践の好例は早稲田大学のキャンパスの中に確認できる。

「私が明治43年の建物が不規則なのに驚き、其の計画図を描いて、其整理を進言した時に、人は笑つて取り上げなかつた、が高田先生は快諾された。」[*4]

大正末期まで、早稲田大学の校舎配置は、前身の東京専門学校時代からの中央広場を取り囲むようなプランであった。佐藤功一は高田早苗総長に提言し、夏休み期間に校舎を曳き家し、明確なグリッドプランを形成する配置へと変更し、大学キャンパスを集落から都市の体裁に整えた。さらに昭和2年、キャンパスの中央を走る象徴的な軸路の延長上に、愛弟子である佐藤武夫との共同の設計による大隈紀念大講堂を配した。

R.アンウィンから修得した「直線を以て交叉し難き街路を、広場において調節したる場合、(中略)直線を以て交叉する街路の広場よりも一層の美観を加える」[*5]こと

佐藤功一

岡田信一郎

吉田享二

佐藤武夫

を意図した、軸線から振られたピクチャレスク的な配置。ゴシック様式を基調としながらも隣接する大隈庭園との調和を考慮したロマネスク様式の外廊。大隈重信の「人生125歳説」に因んだ125尺の塔をいただく左右非対称のファサード構成。これらは、佐藤功一がめざした、まさに「統一」と「変化」による都市美観の実践であった。わが国でいち早く都市美を説いた建築家佐藤功一によって早稲田大学に建築学科が開設されたことは早稲田大学の都市計画研究のアイデンティティ形成に大きな影響を与えたといえる。さらに、後継の佐藤武夫は「都市意匠」と呼ぶ概念を提唱し、佐藤功一の都市美の思想を継承した。早稲田大学建築学科に学ぶ者は全てこのキャンパスを教材として建築と都市の関係を体験的に会得したのであった。

大隈講堂

側廊

講義「都市計画」の誕生

東京市区改正条例(明治21年)を経て、大正8年に制定された都市計画法(旧法)を受け、大正11年から早稲田大学では「都市計画」の講義が始められた。同年に京都帝大で「都市計画法」、翌大正12年に東京帝大において「都市計画及建築法規」が開講されているが、わが国最古の「都市計画」の講義は早稲田大学で誕生したことになる。さらに、両帝大とは異なり、講義名称に「法」や「法規」がつけられなかったことも、官僚の養成機関としての帝国大学とは異なる私学としての早稲田大学のスタンスが示されているようで興味深い。

当初は内務省都市計画局の官僚で、のちに日大教授を勤めた笠原敏郎が非常勤講師として「都市計画」を担当した。しかしながら、関東大震災(大正12年)の復興局へ大正13年に笠原が異動したため、大正14年には建築材料を専門とする吉田享二に「都市計画」の講義は引き継がれている。

もう1つの震災「北但大地震」

大正14年5月、マグニチュード7.0の北但大地震によって兵庫県北部は壊滅的な被害を受けた。中でも志賀直哉の小説で有名な城崎町の被害は甚大で、木造旅館の密集する温泉街のほぼ全域が焼け野原と化した。

当時は前々年の関東大震災による帝都復興の時期とも重なり、国からは無利息借入金が支出されたものの、技術者が派遣されることはなかった。復興の陣頭指揮にあたった西村佐兵衛町長は母校である早稲田大学総長の高田早苗に支援を求め、その結果、建築学科教授の岡田信一郎と吉田享二が復興計画に携わることとなった。岡田はわが国の近代建築を代表する建築家のひとりで佐藤功一の東京帝大の3年後輩にあたり、大阪中ノ島公会堂、歌舞伎座、明治生命館などの代表作がある。一方、城崎の近隣の温泉町出身の吉田は、当時最先端の建築材料であった鉄筋コンクリートの研究者であった。

西村町長の「湯の涌き出づる限り、子どもたちの歓声が聞こえる限り、この町は発展する」との強い信念のもと、6棟の外湯と小学校を鉄筋コンクリート造によって再建することを中心とする復興ビジョンが示され、災害に強いまちの再生を目指した防災都市計画が区画整理によってすすめられた。

今日われわれが目にする、玄武岩による大谿川の護岸、太鼓橋、柳や桜の並木などの落ち着いた城崎の佇まいは、大正初期の志賀直哉の目に映ったものではなく、震災復興を機に新たに計画的に創造されたものであり、岡田信一郎の建築・都市デザイン力と吉田享二の建築材料の研究蓄積に基づく実践的な都市デザインの結晶といえるだろう。

早稲田大学建築学科では大正14年より昭和25年までの間、吉田享二によって「都市計画」の講義がつづけられた。吉田の建築の不燃化の夢は、城崎における防災まちづくりの実践を契機に、都市のスケールにまで拡大

今和次郎

秀島乾

石川栄耀

したことは想像に難くない。

民家研究、考現学、生活学

明治43年９月の建築学科開設の後、学年の進行に伴って教員の充実がはかられた。開設間もない明治44年には前掲の岡田信一郎、翌年には吉田享二が招かれている。その中でも明治45年に岡田の推薦を受けて東京美術学校図案科から装飾画の担当として今和次郎が招かれたことはのちに大きな影響を与えた。都市計画研究のみならず、早稲田建築のアイデンティティ形成の中で今和次郎が果たした役割は非常に大きなものがある。特に、今和次郎は、装飾、建築の枠を遥かに超えて人文科学の分野も含めてひろくフィールドワークの礎を構築した。

若き今和次郎は都市計画へ大きな興味を抱き、大正6年に処女論文「都市改造の根本義」を日本建築学会の建築雑誌に発表している。当時の岡田信一郎の紹介文にもあるように、人間の本性や社会組織の根本や経済状態の帰趨から都市問題の根本義を究めようとするスケールの大きな論考であった。

また、同じ大正６年、佐藤功一の民家に対する発言、「これはね、特別古いという建物ではない。けれども昔からの日本人の住まいの型だ。でもだれもこういう家の存在を認めていない。これを研究してみようじゃないか。」[*6]の一声から、今和次郎は柳田国男らと「白茅会」と名付けた研究会を組織し、わが国で初めて民家研究に着手した。その後の民家採集調査には、学生時代の吉阪隆正も同行した。地域に受け継がれた形姿を丹念に描き留めていく方法は早稲田大学において綿々と受け継がれていき、のちの吉阪研究室の「発見的方法」へと展開していった。

一方、関東大震災を契機に今和次郎は焼け野原からバラックが建ち上がっていく様を克明に記録した。これを契機に、今はフィールドを農村から都市へと広げ、風俗を採集し現在を考える学問として「考現学」を提唱し、その実践につとめた。

先に伊東忠太と佐藤功一の外遊での視野について、集中と拡大で対比させたが、今和次郎は自由自在にその対象に対峙する距離を変えることができた。さらに、今は建築という枠組みにとらわれることなく、民俗学、人類学、社会学までをカバーしながら、独自の「生活学」を構築していった。

２人の実践的都市計画家の登用

吉田享二の没後、２人の実践的な都市計画家が「都市計画」の講義のために教壇に立った。その１人は秀島乾である。早稲田大学建築学科出身の秀島は戦前の満州で技師として都市計画にあたり、戦後は当時まだ草分け的な存在であった都市計画コンサルタントとして活躍し、職能の確立に努めた。もう一人は当時早稲田大学土木工学科の教授であった石川栄耀である。石川は帝大の土木出身の内務省技師として名古屋市や東京都の都市計画に携わった。特に戦災復興に尽力し、日本都市計画学会の設立にも多大な貢献をしている。

建築材料を専門とする吉田享二が都市計画を担当していた時代から、これら２人の都市計画家の登用によって早稲田大学の都市計画教育はより実践的なものへ展開していった。

プロフェッサー・アーキテクト

教室外から招かれた秀島乾、石川栄耀とともに「都市計画」の講義を担当したのは若き建築家、武基雄である。当時はわが国の戦後の経済成長がテイクオフしはじめた頃で、武の学生時代からの畏友、丹下健三による都市設計提案「東京1960計画」が発表された時代でもあった。しかしながら、ナショナル・プロジェクトを手がける丹下とは対照的に、武は「市民としての建築家」のスタンスを貫き、自邸のある鎌倉市をはじめ各地で、今日の市民参加のまちづくりの先駆けとなる活動を展開した。また、佐藤功一、佐藤武夫以来の都市美思想を継承し、戦後のわが国の現代建築をリードする公共建築作品を多数発表したプロフェッサー・アーキテクトであった。

一方、アルピニストでもあった吉阪隆正は、先に述べたようにフィールドワークを通じて今和次郎の薫陶を受けるとともに、戦後初の国費留学生としてフランス

武基雄

吉阪隆正

戸沼幸市

に渡りル・コルビュジエのもとで学び、建築家のみならず国際人として後進の教育にあたった。膨大な業績は『吉阪隆正集』としてとりまとめられているが、今和次郎の土着的な世界観とル・コルビュジエの前衛的な宇宙観が渾然一体となって、独特なエスプリを放っている。

吉阪は、建築設計、都市計画、農村計画のみならず文明批評など幅広い活躍をしたが、不連続統一体や発見的方法と呼ぶ集団作業によるフィールドワークを主体に、場所の力を読み解き表現していく早稲田大学の都市計画研究の方法論を確立させた。

そして、1966年に東京大学に都市工学科が設置されるのと時を同じくして、早稲田大学都市計画研究室として、武研究室と吉阪研究室が設置された。

「21世紀の日本国土と国民生活の未来像」

これまで佐藤功一を始祖とする早稲田大学建築学科の実践的な都市計画・都市デザインの誕生とそののちの展開を振り返ったが、それらが集大成された全学的なプロジェクトとして1970年に開催された政府主催のコンペティション「21世紀の日本の国土と国民生活の未来像」が位置づけられる。自由奔放に拡大展開していた早稲田大学の都市計画研究の成果が、これを契機に体系化され、将来を見据えた政策提言として編み直されたことに大きな意味があったといえるだろう。最優秀賞に輝いたこのプロジェクトを実務レベルでとりまとめたのが戸沼幸市だった。コンペの成果は『アニマルから人間へ』『ピラミッドから網の目へ』*7と題した二分冊にまとめられた。その中に、すでに『人間尺度論』と『人口尺度論』の礎が築かれていた。あるいは、佐藤功一、今和次郎、吉阪隆正らによる人間・生活・社会への眼差し、そして、建築から都市・農村、国土、地球までの広領域を興味のむくまま闊達に活動した先人たちの星雲状に広がる研究蓄積を集大成するための座標軸として、戸沼幸市の尺度論が大きな役割を果たしたともいえるだろう。

そののち、戸沼は国土計画から建築設計まで幅広く活動するが、30歳代のコンペに掲げた多種多様な政策提案について、そののちの四半世紀を費やして学問的に検証するとともに、空間像、生活像、社会像としてその具現化をこころみたともいえる。そして、その活動の基盤には戸沼人間居住学の原典として『人間尺度論』(1978)と『人口尺度論』(1980)がある。

人間尺度論の背景

戸沼幸市の提唱した「人間尺度論」、「人口尺度論」は、新制大学制度による早稲田大学建築学科の計画系最初の博士論文「人口集中地区の段階区分とその物的構成」(1966)の成果が基礎となっている。その背景には、20世紀を代表する2人の天才建築家と都市デザイナーである、ル・コルビュジエとC.A.ドクシアデスの「モデュロール」と「エキスティックス・グリッド」の存在があげられる。

戸沼は学生時代に、わが国唯一のル・コルビュジエの作品である上野の国立西洋美術館(1959)の建設にあたり、吉阪隆正のアシスタントとして施工図の作成を担当した。その時の戸沼の仕事とはフランスのル・コルビュジエ事務所より送られてくる寸法の入っていない図面に、吉阪より手渡された小さな正方形の冊子『モデュロール』に掲載された表に従って数値

ル・コルビュジエの「モデュロール」

エキスティックスユニット	コミュニティクラス	単位名		人口(人)
1		人間	(Man)	1
2		部屋	(Room)	2
3		家	(House)	5
4	Ⅰ	近所	(House group)	40
5	Ⅱ	近隣(小)	(Small Neighbourhood)	250
6	Ⅲ	近隣	(Neighbouhood)	1,500
7	Ⅳ	都市(小)	(Small Polis)	10,000
8	Ⅴ	都市	(Polis)	75,000
9	Ⅵ	大都市(小)	(Small Metropolis)	500,000
10	Ⅶ	大都市	(Metropolis)	4(百万)
11	Ⅷ	メガロポリス(小)	(Small Megalopolis)	25(百万)
12	Ⅸ	メガロポリス	(Megalopolis)	150(百万)
13	Ⅹ	エペロポリス(小)	(Small Eperopolis)	1,000(百万)
14	Ⅺ	エペロポリス	(Eperopolis)	7,500(百万)
15	Ⅻ	エクメネポリス	(Ecumenopolis)	50,000(百万)

C.A.ドクシアデスの「エキスティックス・グリッド」

を書き込む作業だったという。建築理論として「モデュロール」を学ぶのではなく、実践の道具として「モデュロール」に直に出会ったことは、戸沼にとってどんなに新鮮な体験であったことだろう。

さらに、戸沼は1972年に助教授に昇任し、戸沼研究室を開設した後、1975年にC.A.ドクシアデスの主宰していたアテネのエキスティックス・センターを拠点とする在外研究に出た。その際に世界各国の研究者とともに「エキスティックス」理論のもとで地球規模的な視野から人間居住についての研究に従事する機会を得た。

このようにル・コルビュジエの「モデュロール」とC.A.ドクシアデスの「エキスティックス・グリッド」についてそれぞれの提唱者の間近で実際に設計、研究に携わった経験に基づき、戸沼による「人間尺度論」と「人口尺度論」は建築・都市空間を発見し、測定し、デザインするための基礎的ツールとしてその可能性を広げていった。

公開シンポジウムの記録

人間尺度と都市のかたち

去る2003年7月12日、「21世紀日本のかたち 網の目社会をデザインする」をテーマとする公開シンポジウムにおいて、分科会「人間尺度と都市のかたち」が開催された。

パネリスト、コメンテーターは発言順に、佐々木葉(早稲田大学理工学部社会環境工学科教授)、鳥越けい子(聖心女子大学文学部教育学科教授)、田辺新一(早稲田大学理工学部建築学科教授)、金賢淑(韓国全北大学校工科大学助教授)、長島孝一(AUR建築都市研究コンサルタント主宰)、石井大五(フューチャースケープ建築設計事務所主宰)、シーポシュ・ラースロー(CM International, Project Coordinator)で、筆者がコーディネーターを務めた。

この分科会では、21世紀の「人間尺度」「人口尺度」とは何か、また、その尺度が生み出す都市のかたちとは何かについて、パネリスト、コメンテーターの議論を通じてパースペクティブを導くことを試みた。

「網の目論」と「尺度論」

『ピラミッドから網の目へ』(1970)以来、戸沼幸市が好んで使う「網の目」とは何なのか。これは非常に難解な表現である。辞書にも「網の目」という言葉は掲載されていない。「網」の中の「目」のことであろうと理解してみても、網の結び目、すなわち、ノットの部分を「網の目」と呼んでいるのか、あるいは網の空隙の部分が「網の目」なのか、様々な理解が可能である。

しかしながら、例えば編物を思い浮かべてみると、「ゲージ」という言葉の使い方がある。それは網の目の数と段数による1つの「尺度」でもある。「網の目」から「ものさし」が生まれてくるところが、戸沼幸市の「網の目論」と「尺度論」の関係に符合してとても興味深い。

あるいは戸沼幸市の描く「ピラミッドから網の目へ」を表現した図では、上意下達の垂直的な権力構造が徐々に崩れ、分権による水平的なネットワーク社会への移行を模式化しているが、ある意味では、網の目の数と段数による「ゲージ」が変化していくような感覚で、これを社会の尺度として捉えることも可能ではないだろうか。

定位とランドスケープ

シンポジウムでは、はじめに、佐々木葉から「人間尺度論」の本質は人間の「定位」に根ざすものではないかとの指摘があった。

『人口尺度論』のあとがきで、戸沼幸市はギリシアのアトス山における巡礼体験に基づき、「定位」について以

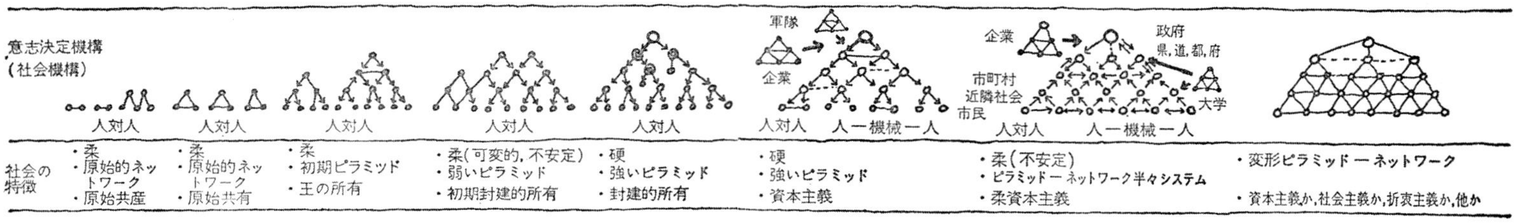

戸沼幸市の「ピラミッドから網の目へ」

佐々木　葉
早稲田大学理工学部社会環境工学科教授

大学セミナーハウス　ユニット群

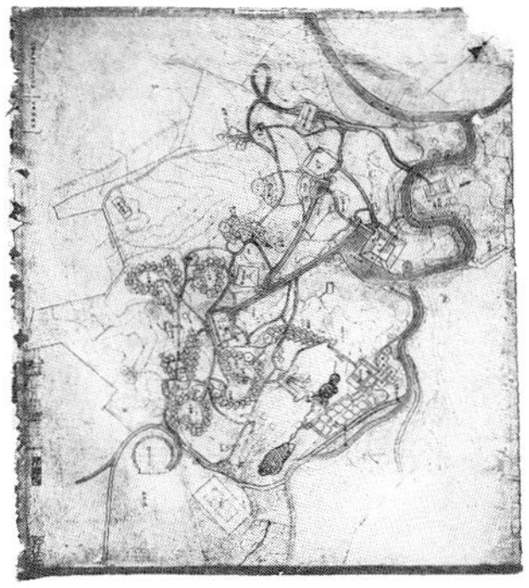

大学セミナーハウス　配置図

下のように記している。
「後から考えると自分の定位が国とか国籍からではなく、天とか宇宙とかからなされるということが中世や古代ではむしろ一般的であった理由がわかるような気がする。情報の発達普及によって、知識的に自分を定位し、それによって自分をまた、がんじがらめにしている機械文明的情報社会の自己定位とまさに対極である。」
前掲の佐々木は視覚的に把握できるわかりやすい「定位」のモードが風景であるとし、場所のアイデンティファイについて論じた。
戸沼の指摘する西欧キリスト教社会の垂直軸による定位のみならず、イスラム社会のメッカへ向かう水平軸による定位もあるだろう。一方、近世以前のわが国の都市では、西欧都市のビスタに代表されるような物理的空間構造と結びついたものではなく、遠方の山や海を風景要素に取り込むなど、「縁付けられる」という言葉で呼ぶのがふさわしいような、はかない結びつきで場所をつくっていたことを佐々木は指摘している。明治以降、西欧都市への憧れから近代東京には、絵画館前の銀杏並木、東京駅前、迎賓館前など、断片的にビスタが挿入されるが、それらは都市全体の骨格を形成するような軸線ではなく、その部分だけスーパーインポーズされた風景による場所のアイデンティファイだったという。このような全体構造の中できちんと定められたものではなくて、ある要素とある要素の縁付けという感覚は、日本人の風景の見方であり、空間演出の１つの特色だと佐々木は述べている。

「私」の位置づけ

戸沼幸市は、人間の根源的な問いかけ「ここはどこ、私はだれ」の重要性をしばしば口にしている。あるいは、C.A.ドクシアデスの掲げる５要素、NATURE—ANTHOROPOS—SOCIETY—SHELLS—NETWORKSに対置させて、人間居住環境の基本要素を自然—人工—人間と呼び、それぞれを三角形の頂点においたダイアグラムの中心に「私」を位置づけている。この図の示すところは、まさに、「私」の「定位」にほかならない。あるいは、「定位」された「私」を取り巻く「自然環境」「人工環境」「社会環境」が戸沼幸市の都市デザインの関心領域であり、「私」と３つの周辺環境を取り結ぶゲージとして、『人間尺度論』『人口尺度論』を編んだとも理解できよう。

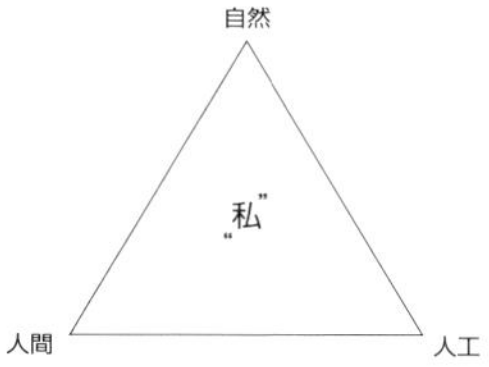

のちに、戸沼幸市は「原面」という不思議な表現を好んだ。モビリティの高まりを背景に、現代では、「私」を取り巻く「自然環境」「人工環境」「社会環境」も地球の表層全域に拡大し、「私」の定位を「点」ではなく「面」で行わねばならない状況にもなってきていることを言い当てている。
『人間尺度論』『人口尺度論』の２つの尺度論に続くシリーズとして、戸沼幸市は『動度論』を著わしたいとつねづね口にしている。「動度」とはまさにモビリティを尺度とするものであるが、おそらくは原点が原面にまで広がった現代における動的な「定位」を論じる著作になることが期待される。

スケールが出てきた

戸沼の指導のもとで筆者はいくつかの建築、都市デザインの実践に携わる貴重な経験を得たことがある。その中で「スケールがでていない」「スケールがでてきた」という表現が多用された。これは戸沼自身が吉阪隆正の主宰する設計事務所「U研究室」において、「大学セミナーハウス」などの設計活動の中で大竹十一らとの議論を通じて身につけてきたものであろう。ここでいう「スケール」とは単に「尺度」と訳されるものというより、新しく生まれ出ずる空間のもつ人間的な親和性の感覚に近いものである。あるいはその空間と人間を媒介するデザイン的操作の熟度とも呼べる。目地一本の引き方の差異によって「スケール」が出たり出なかったりする。佐々木の言う「ある要素とある要素の縁付け」と同様に、ある意味、はかない空間要素と人間の縁付けに近いかもしれない。その「スケール」を求めて、図面上に幾本もの線が描き重ねられる。微妙な差異の中からたった一本だけの線が選りすぐられる。そのために、設計作業は原寸図による検討に近づいていく。そして最後に

「スケール」は「原寸で考えろ」ということになる。
そうした設計過程の中で、「気分」という言葉もよく使われた。たとえば建物と大地の接地性に関する議論では、「気分は…、空から舞い降りたのか？大地の底から突き上げたのか？」が問われる。まさに「縁付け」の「気分」なのである。
「スケール」と「気分」の実現に多くのエネルギーが費やされ、骨太で本質的なものへの追求を大切にする。そのため、多くの建築家や腕のいい職人が気にかけるような建築の仔細な空間の納まりはあまりこだわらないところが、吉阪隆正―U研究室―戸沼幸市のかたちの強さの特徴にある。
戸沼幸市が「U研究室」で設計を担当した「大学セミナーハウス」の分散配置されたユニットハウスの設計においても、個人の定位とコミュニティの単位について多くの時間が費やされたと聞く。

鳥越けい子
聖心女子大学文学部教育学科教授

サウンドスケープを楽しむ家

鳥越けい子も佐々木と同様に、主に聴覚をはじめとする五感を通して身体的に「定位」を考える際の音風景（サウンドスケープ）の必要性について述べている。
そして具体的な事例として、鳥越自身が、「サウンドスケープを楽しむ家」と呼ぶ自宅を最近つくったことに触れている。サウンドスケープの家というと、「家全体が楽器になっているのか」、「音響スタジオみたいになっているのか」と誤解されることが多いが、できあがったものは周囲の気配を音で感じられるようなミクロコスモスを大切にした建物だった。建築が様々な形態を保存するように、鳥越は生まれ育った祖父母の家の音環境の保存を試みた。例えば、古い戸を再利用することにより、引き戸の音が保存された。単なる形態の復元再生以上に、創造性がそこには求められた。外の音を聞くために、天井はたいへん高いものになり、冷房も効かないため夏は開け放しで暮らす家になったという。
最近の家は高気密高断熱仕様で、防音サッシも設えられており、屋根の雨音や外部の音が屋内には聞こえないつくりになっている。一方、鳥越の家のように外の様子が聞こえるということは、自分の音も外に漏れるということで、外への細やかな配慮も必要で、結果的に良好な社会的な関係が自発的に生まれやすい。
鳥越は「私が面白いと思ったのは、自分にとって戸の音を残すというのはまさに自分の定位だということです。ちゃんと自分の感覚に根ざしたものを一生懸命守ろうとすることで、逆にすごく大きな新しいことをしなきゃいけなくなる。クリエイティブにならなきゃいけなかった」と振り返る。さらに、どういうものが気持ちいいと思うか、その感性こそが豊かさの尺度として重要であると鳥越は強調した。

田辺新一
早稲田大学理工学部建築学科教授

シックハウス、シックスクール症候群

田辺新一は、専門の環境工学の分野の尺度には、「序数」「順序」「距離」「比例」などの種類がある中で、現代は「距離」という尺度で見ると大きな変化は見られないが、情報化や技術化の面では、「比例」という尺度で見ると極めて変わっていることを指摘した。
戸沼幸市の『人間尺度論』『人口尺度論』も「距離」のみならず、その多くは「比例」の尺度を扱っている。そのため、描かれた尺度のダイアグラムのほとんどに「０」は記されていないことに気づく。人間尺度によって「私」が定位されるように、尺度の「原点」は「１」なのである。
さらに田辺は、今日深刻な問題となっている、シックハウス、シックスクールの事例を取り上げ、「建築が毒になる」と警鐘をならした。戦後、建築材料として石油化学製品が大量に使われ出したこと、高気密化がもたらす室内空気の汚染、建築廃材から生まれるダイオキシン問題など、建築に携わる者の責任はきわめて重いものがある。
これらは室内環境の問題のみに留まらず、今後、シックタウン、シックシティさえも考える必要に迫られている。すなわち、かつての複合汚染と呼ばれた時代以上に問題は深刻で、原因が個々人の日常の生活に依拠して輻湊しており、なかなか顕在化しにくい。社会の仕組みの変化に起因している複雑な問題で、建築材料の規制などの対応だけでは根本的な解決にはならず、一筋縄ではいかない。
例えば、工期を短縮するために化学的技術に依存した工法がとられ、多くのひずみを生んでいることも指摘されるなど、「時間尺」や「動度」の面からあらたに検討されるべきテーマでもある。技術があたかも時間を短縮したかに見えるが、われわれの思考時間こそが短絡化しているのではないか。その一方で、スローフード、スローライフといった成熟した生活像にも光が当たり始めているようにも思われる。

高さへの欲望

金賢淑は、韓国の高層居住のあゆみを人間尺度から説いた。戦前の韓国は平屋の生活が一般的であり、敷地面積や建物規模ともに中国や日本の町家に比べて小さいものであった。しかし、1962年に初めて6階建てのアパートが近代化の象徴として建設されたのを皮切りに、70年代に入ると12階の建物が建設された。さらに80年の終わりから90年にかけて、ソウルは慢性的な住宅不足に陥り、200万戸の住宅供給が政府によって計画され、ソウル周辺の5か所の新都市に20階建て以上のアパートからなる高層高密団地が開発された。こうした開発手法は瞬く間に地方都市へも伝播し、現在、韓国では高層高密のアパート団地がいたるところに出現している。

金賢淑
韓国全北大学校工科大学助教授

筆者は以前、全州市の金賢淑の自宅アパートを訪問したことがある。ここも床面積は100㎡以上あり、完全空調、ブロードバンド完備、キムチ専用の冷蔵庫まである非常にデラックスなものであったが、驚いたのは床面積の広さや設備以上に、階段室単位で濃密なコミュニティが形成されていることだった。各戸は施錠することなく、子供は家々を自由に出入りしていた。ご主人の帰りが遅ければ主婦が集まり、お茶飲み話が始まったりする状況だった。そうした仲の良い家族は一緒に夏休みに旅行に出かけたりもすることもあるという。昔からの付合いかと疑われるほどの仲の良さであるが、皆、この団地に引っ越してきてからの付合いだという。所得階層が同程度の家族間のみの偏ったコミュニティとも指摘できるが、階段室が垂直な路地空間の役割を果たしているかに見え、わが国には見られないもので興味深かった。

長島孝一
AUR建築都市研究コンサルタント主宰

最近では、商業と住居が複合し、容積率500～1,200%、40～70階建の超高層アパート団地が多数開発されている。様々な先端的な機能をもつ施設が団地内に併設されており、一戸当たりの床面積も50から90坪と大変広く、分譲後の価格も上昇しているという。高額所得者に人気があり、2～3年の短期間のうちに40万人規模の新都市がいくつも建設されるなど、日本のバブル経済期を彷彿させる状況を呈している。現在、韓国人の半分以上が12階建以上のアパートに暮らしているそうだが、今後、こうした大規模高層アパート団地をいかに更新していくか、金は注目している。
また、金によれば韓国でどの程度の高さまでが居住環境として快適と感じているか、住民に対してアンケート調査したところ、10年前には6階程度が人間的なスケールだといわれていたが、現在では10階以上へと上昇している。さらに、高層アパートで生まれて育った子供たちは、14階、15階以上の高さに対しても何の抵抗感もないという。これらが健全な感覚か否かは別にして、高さに対する感覚尺度も社会的に変化していることがみてとれる。さらに、居住の場が「原面」を離れ上方へ向かう動きも「動度」の範疇かもしれない。

グローバリズムとローカリズム

長島孝一は、わが国の地方都市で人間尺度をまったく失った町の姿ができていることを批判し、「高きがゆえに尊し、というのは発展途上的なメンタリティである」と述べた。
さらに、20世紀の後半から台頭したグローバリゼーションは、そのほとんどが欧米スタンダードであることを指摘し、「ある地球の一部から出たものが地球全体を覆ってしまって、それが不可抗力のようになってしまうというのは、好ましい形のグローバリゼーションではない。理想的に言えば、世界の各地から発信された情報なり知恵なりが、世界中に広まっていくというのが好ましいグローバリゼーションだと思う」と述べている。
長島の指摘するように、グローバリゼーションは、地球上のいくつもの地域が、それぞれ自分自身のアイデンティティをもち、その価値観が世界中に発信されて

石井大五
フューチャースケープ建築設計事務所主宰

シーポシュ・ラースロー
CM International,Project Coordinator

いく、多角的、多様的、多重的なものでなければならない。グローバリゼーションと表裏一体の関係としてローカルというものを意識して育てていかなくてはならない。長島はローカルな視点から自身の暮らす神奈川県逗子市のまちづくりにとりくんでいる。
さらに、長島は人間の付合い中には、地縁的、血縁的なものをベースにした「コミュニティ」と、目的的、機能的につくられる「アソシエーション」という２つの人間のつながり方があることを前提に、都市のスケールが大きくなればなるほど「アソシエーション」は増大する一方、「コミュニティ」は小さくなっていくことを指摘している。そして両者がほどよくバランスするような中小規模の都市において人間的な生活が成立するのではないかと論じた。
長島は戸沼幸市と同様に、C.A.ドクシアデスの主宰するエキスティックス・センターに在籍した経験をもつ。C.A.ドクシアデスが提唱し「エキスティックス」と名付けた人間の生活圏についての科学には、15区分の居住環境の基本的階層構造が示されている。その中で７、８段階目が「スモールポリス」、「ポリス」で人口１万から50万未満の規模に相応する。同様に戸沼の人口尺度論に当てはめてみるならば、人口１万から数万の「小都市」。人口10万から30万の「中都市」に当てはまる。これらは「小規模で田園的雰囲気」で「周辺の自然が身近に見え都市的気分をもつ」規模であり、弘前、掛川、中新田など、戸沼幸市が都市デザインの実践にあたった多くの都市はこのサイズに当てはまる。

ノスタルジー／懐かしい未来

石井大五は、スケールとパワーの関係について、かつて大きな影響力をもつものは大きな姿形をもつことが一般的だったが、昨今では小さいスケールでも大きな力をもつことを指摘した。例えば、国家について考えると、かつて大規模な国家は、世界規模の影響力を有していたが、最近ではシンガポールなどの小さな規模の国が国際的に大きな発言力をもち、ノルウエーのような日本と同じ規模の国土面積で人口400万人の低密度な国が中立外交などで大きな力を占め、人口50万人にも満たないルクセンブルクが世界の金融センターとして機能している。その一方で経済大国であっても国際的ビジョンがなくふがいない国もある。
さらに石井は、スケール感覚がとても曖昧になっている現代の尺度の１つに、「ノスタルジー」があるのではないかと提起した。ここで石井が述べる「ノスタルジー」とは、自発的に取捨選択をして次代に何を残していくかを決める積極的な意味を有している。そして選択的な時間価値としての「ノスタルジー」を社会や景観を構築していく戦略として用いることを提案した。
筆者は「懐かしい未来」という表現をする時がある。あるいは、われわれ生命体と同様に、遺伝子のような体系的な伝達情報が地域にあるのではないかと考え、「地域遺伝子」という言い方をよく用いる。それは決して、「昔は良かった」「過去に戻ろう」、ということではなく、遺伝子情報の中に未来の青写真がきちんと描かれているのではないかという問題提起である。さらには遺伝情報の損傷を検証しようという呼びかけでもある。そして住民や学生と一緒に、まちづくりに生かされる遺伝情報を地域の景観や音風景の中から読み解いていくということを勧めている。このことは地域のアイデンティティの確認作業にほかならない。
さらに石井は未来を見据えて「時の景観」をどう形成していくかに興味があるとし、今否定的に扱われていることが、将来、大きな意味をもつ可能性があることについても言及した。

アイデンティティ

シーポシュ・ラースローは、アイデンティティを「自らのあり方の像（イメージ）」であると定義した。すなわち、定位された自己の像、すなわち、人間尺度によって描き出される自画像とも言い換えられるだろう。
現在、知識産業化されている社会生産を戦略的に考える上からも、アイデンティティは重要だとシーポシュ・ラースローは指摘している。
従来の、個人、家族、町、村、地域、国へと続く、ピラミッド型のアイデンティティ像の頂点にはグローバリズムがある。グローバル化が過度に進行すると、アイデンティティを失った地球人だけになる。究極の地球人とは、現在では、アメリカ支援メンバーとテロリストの二種類しか区分できなくなるかもしれない。
その解決のためには、アイデンティティの構造を根本的に考え直し、ピラミッド型から網の目型のストラクチャーに再編する必要がある。
シーポシュ・ラースローの指摘のように、主体と主体がどういう関係をもつか、昨今では「インターサブジェクティビティ(間主体性)」という概念が網の目社会のキーワードとして浮かび上がっている。
そして最後にハンガリー出身のシーポシュ・ラースローはEUのもとで新しい社会単位のあり方が検討されていることに触れ、「どうやってたくさんの元気な個人がこれから生きていくか。彼らがどういう新しい元気なアイデンティティをつくるかが鍵である。そのためには、地域の文化的な財産を使って、新しい人間尺度が生まれてくることを期待している」と結論づけた。

むすび

パネリスト、コメンテーターは、「人間尺度と都市のかたち」というテーマに対し、異口同音に新しい時代における「定位」について語った。「アイデンティティ」「ローカリズム」も同様の問題意識から発せられたと考えられる。現代社会は『人間尺度論』『人口尺度論』が編まれた右肩上がりの経済成長期の日本から、明らかに右肩下がりの社会システムに転換しようという時期に差し掛かっている。ちょうど、ジェットコースターが最高地点に達したところで、やがて自由落下をはじめ奈落の底を覗き込む直前の緊張感が現在の日本の時代の気分のように感じられる。ふわっと浮遊感が襲い、従来の「定位」の感覚から解き放たれた瞬間、戸沼の言うように高流動性社会に対する動的に社会を捉え直す「動度」の研究が必要になってくるに違いない。「原点ではなく原面への定位」「網の目型インターサブジェクティビティ」など、わずかではあるが「人間尺度と都市のかたち」に対して展望が開けたかに思われる。
最後に公開シンポジウムにおける戸沼幸市のコメントで本文を結びたい。
「『人間尺度論』を書いたのは20年前くらいなので、相当、手直ししなければいけないと思っています。でも人間尺度そのものは普遍的な言葉なので、皆さんご自身でまた新しい『人間尺度論』を書いていただくのがよいと思います。視点がそれぞれ少しずつ微妙に異なったいくつもの人間尺度論があることが面白いのではないかと思います。
私どもの身の回りの都市空間には品格とか風格がどんどん欠けてきているという感じがするのです。新しい建物は機能的で使いやすいのだけれど、昔の人たちのつくったものの中にあった品格とか風格がどうしてなくなってきたのか気になるのです。ある種の理想型、典型的な良さを求めるとすれば、スケールがわからなくなっているのではないか、という気もしなくもないですね。
それからもう1つ言えば、人間の体は2つの尺度をもっているような気がするのです。コルビュジエの場合は青列と赤列という言い方をしています。言葉で言えば、吉阪隆正先生は方言と共通語の2つあると言っていたのですが、同様に、グローバルとローカルの2つの尺度をわれわれは運用しているという気もするんですね。
さいごに、今、私は、『生命の網の目』というテーマを追求してみたいと思っています。『生命の網の目』というのは、時間的にも生態的にも自分の人生よりもっと広い網の中で、われわれは生きていることを位置づけなくてはならないという考え方です。」
1つの生命体のDNAレベルから、地球に暮らす全ての人間社会まで、戸沼の「網の目論」と「尺度論」は自由に拡大縮小を繰り広げる。このダイナミズム自体が「動度」であるに違いないし、「原面」における「定位」でもあるのだ。さらに、戸沼幸市はよく「マン イズ モータル」とも口にする。悠久の時間の流れの中での自己の「定位」を表現しているのかもしれない。
戸沼の『人間尺度論』は都市計画の原論であるが、それは決して固定的で静的なものではなく、「いくつもの人間尺度論」があるということが確認された。それぞれの尺度論を各人が上手く育てていくことが戸沼幸市の教えを受けた者たちの使命だと考える。

◎参考文献
＊1 戸沼幸市『人間尺度論』彰国社(1978)
＊2 戸沼幸市『人口尺度論』彰国社(1980)
＊3 R.Unwin“TOWN PLANNING IN PRACTICE”1909
＊4 佐藤功一(早稲田学報2-4p、大正15年8月)
＊5 佐藤功一「都市美論」(中央公論、133-150p、大正13年1月)
＊6 川添登「今和次郎その考現学」(リブロポート108p、1987)
＊7『二十一世紀の日本(上)—アニマルから人間へ』『二十一世紀の日本(下)—ピラミッドから網の目へ』紀伊國屋書店(1972)

佐藤功一「都市美の種々相」(都市問題、79-81p、昭和12年7月)
渡辺保忠「早稲田大学理工学部建築学科の歴史・創世紀編」(12-19p、早稲田建築特別記念号1991.11)
佐藤洋一「都市計画系のあゆみ」(早稲田建築1997)

二十一世紀のコミュニティのかたち——ICTがつむぐ網の目からグローバルへ

若林祥文

はじめに

コミュニティのあり方については時代の状況に応じて様々な議論がこれまでもなされてきた。大都市圏に急激な人口がなだれ込み少し落ち着きを見せ始めたころもそうであった。今、再び議論が盛り上がりつつある。21世紀に入り、これまでの社会が少子高齢化によって、あるいは、グローバル化によって、根本的な変容が起こる予感がする。個に行き着いた末に再び家族や地域の発見に結びつくか、ICT（Information Communication Technology）という情報通信の最新の技術はコミュニティの行方にどう機能するのか。そのような問題意識から企画された分科会における活発な討議をまとめたものである。

ICT利用と国家、個人の行方

ICTは21世紀の重要なインフラの１つである。電車内や雑踏の中で携帯電話を取り出して会話をしている姿が世界中で普通になってきた。技術やソフトはまだまだ発展していくにちがいない。だからこそ国家のあり方が気になっている。特に、わが国においてこうした議論が少ないことを心配している。先の2003年衆議院選挙についてはマニフェストによって政党の違いを鮮明にしようという試みがなされていたが、国家観については言及がなかったと思う。

基調講演の木村忠正早稲田大学助教授は、この点についても言及している。まず、新たな公共性の構築と（ローカル）ガバナンスの創出にインターネットなどの発想や手段が不可欠であることを指摘した。また、ICTの使われ方はそれぞれの国・民族の特徴と結びついて発達していくらしい。それだけICTというコミュニケーション手段が使いやすく、私たちにはその特徴を生かしながら、どういう社会を実現していくかという課題がつきつけられている。そこで、私たちが無批判に受け入れているアメリカモデルとは違う北欧モデルを提示している（詳しくは、『デジタルデバイドとは何か』（岩波書店））。北欧諸国の都市計画は土地の公有化や地区詳細計画で有名だが、少子高齢社会を先取りした住ま

吉村輝彦によるシンポジウム主題解説「ICTによって切り拓く新しい関係性」

近年、持続的なまちづくり、あるいは、地域経済の再生において、コモンズの再生やソーシャル・キャピタルの再構築の重要性が指摘されている。これは、まさに、外部からの開発が地域の内発的なまちづくりの基盤を搾取し、結果として、地域経済が衰退化していくことへの警鐘でもある。一方で、伝統的なコミュニティの機能不全化、分断された人々のコミュニケーション不足あるいは不完全性といった問題も生じており、まちづくりの基盤としての新しい関係性やコミュニティのあり方が模索されている。

ここでは、コミュニティや地域社会が単なるノスタルジーとして語られているのではない。むしろ、多様な価値観が求められている中で、ガバナンスの原理に基づくコミュニティが、まちづくりの主要な担い手（アクター）として期待され、その新しい形が探索されている状況であるといえる。従来のコミュニティは、上位下達の枠組みで形づくられており、命令と統制、予定調和といったガバメントの原理で運営されてきた。しかし、そうした運営方法が一方で閉塞感を生み出し、他方で創造性をもたらさない現状に危機感を感じた人々が、地域の課題を市民が主体となって自らが解決していこうという動きが様々なところで見られてきた。これは、ガバメントの原理に基づくまちづくりが限界を示していると同時に形骸化しつつあるコミュニティを脱構築・再構築していく動きである。まさに、新しい関係性の模索であり、新しい社会の仕組みづくりが求められている。

この動きを進めていくのにあたり、情報通信技術（ICT）は大きな可能性を秘めていると同時に、確かな親和性をもっている。市民が主体となって地域の課題や問題を互いに共有し、問題解決の方向性を見出し、具体的な行動をしていくのにあたって、地域ポータル、メーリングリスト、電子市民会議室などのICTのツールが果たす潜在的な可能性は大きい。

地域情報を共有していく、そして、まちづくりへの行動をもたらすきっかけを与える地域ポータル、地域の情報を共有し、交換し、さらには、問題解決の方向性や新しい価値・アイディアを生み出す可能性をもつメーリング・リストや電子市民会議室は、時間的・地理的制約を超えて市民と市民の間、市民と行政の間での新たなコミュニケ

いや地方自治で分権の実験的な取組みをしたり、ICTを活用している産業・雇用政策を展開していることが最近注目されている。
現在、様々な分野でかつてのセーフティネットがほころびを見せたり、破壊されている。藤沢市の市民電子会議室を運営している片桐の発言からは、新たなセーフティネットの可能性をうかがうことができる。電子会議室の運営をガバメント的な発想で統御していくことは難しく、人々の関心によって会議室が発生消滅していくローカル・ガバナンス的な動きのあやうさも浮かび上がった。そのためには、バーチャルな関係だけでなく、特定な相手や場所が不可欠である。真鍋のカキコまっぷ、樋野の商店街振興、堀の路面電車などの取組みは、それぞれのテーマについてICTを活用しながらもface to faceの関係づくりによって、ネットワークを強くするとともに、新たなコミュニティの可能性を探っているといえると思う。
ICTの中で、対象は操作可能になるが、実は相手を想うことがますます重要になることを、朝倉はリテラシーの側面から基本的な点を確認し、小川明子は日常生活の中で想像力を養うことの大切さを指摘し、新潟と名古屋を結ぶ大学の授業の紹介をした。電子会議室の全国自治体調査をした新開は、匿名性が増幅されやすいICTの利用について個人の責任の所在を強く指摘した。小地が紹介している小さな国際協力においてはまさにこうした想像力が試されていることをほのぼのとしたプロジェクトとして示している。

世間はできるか。

さて、ICTが地域と具体的に結びつくことができるのかという問いに、墨田区から来た小川はICTで世間はできるのかという反論をしてきた。ICT活用の危険性は孤立化する個を加速することである。この点について今回の分科会に参加していただいた方全員はこの危惧を共有していると思う。その、個が強くならざるを得ない、という指摘と、都市計画・まちづくりの分野ではコミュニティであったり、世間であったりする社会的集団なのだろうが、中間組織の重要性を指摘した

ーションを可能にする。こうした情報へのアクセスは、個人のエンパワーメントにつながると同時に、個々の具体的な行動を生み出すきっかけとなる。
まちづくりの基盤となるのは、それぞれのまちがもつ様々な社会的・文化的資源(ソーシャル・リソース)であり、そのまちに住む人々の地域への関心や相互のコミュニケーション、人々の関係性(地域力/ソーシャル・キャピタル)である。その豊かさがまちの活力の源であり、それを無視して、持続的なまちづくりはありえない。ICTは、こうした社会資源の再発見やソーシャル・キャピタルの再構築においても大きな可能性を秘めており、ここにもっと注目していくべきである。
ICTといえば、バーチャルな空間におけるモラルハザード、バーチャルな空間での行動様式をリアルな空間へ持ち込むことによる摩擦といったICTがもたらすネガティブな側面がクローズされる一方で、ユビキタス社会がもたらすであろう利便性あふれた理想的な側面が語られることが多い。もちろん、これらは重要なテーマである。と同時に、個々の人が、地域の中でどのように生活していくのか、そして、どのようにまちづくりに関わっていくのかという観点から、まちづくりへのICTの活用に目を向けていきたい。
少子高齢化社会や人口減少時代を目前に迎える中で、社会経済的活力の減退、都市の活力の喪失などの課題に立ち向かうのに、ICTはいかに貢献できるのであろうか。ICTを活用することによって、人々のコミュニケーションを高め、地域力を育むこと、そして、情報を共有・交流し、幅広く議論が展開し、さらに、ネットワーキングを通して、新しい活動が生まれることが期待される。また、行政情報の公開が進み、地域の情報共有と交流が活発に行われ、市民が様々な地域の意思決定や政策形成の過程に参加することを通して、行政とのコミュニケーションを高め、協働による自治を展開することができる。もちろん、ICTは万能薬ではない。ただし、ICTは、人々の新たな結びつきを可能にし、年齢や社会的な立場を超えた人々の持つみずみずしさを引き出し、そして、新しい社会を生み出していく可能性がある。ここにかけてみたい。

(文責・吉村輝彦)

木村忠正
早稲田大学理工学部複合領域助教授

が、この点は対立点として明らかになった。私はcommunity based planningはある意味では都市計画側の危機感の現れだと思うが、(ローカル)ガバナンスの視点を踏まえながら、発展させていきたいテーマと考えている。個人と社会のあり方について、私は、個人が直接的に国家と対面することは決して幸福なことではないと思っている。それはセーフティネットの不在や過度な自己責任の議論に通じるが、弱い個人がいることを前提に社会システムを構築することが必要だと思う。様々な意味でわれわれ人間は強くなったり、弱くなったりする。そうした多様なあり方に対応していくことがこれからの少子高齢社会を生きやすくするだろうし、グローバル時代におけるわが国のアイデンティティを確立することになるのではないだろうか。そして、都市計画、まちづくりは根源的にそのための思想や技術を内在していると考える。

「21世紀のコミュニティのかたち」の議論を巡って

副題を「ICTがつむぐ網の目からグローバルへ」とつけたが、「・・・から・・・へ」という関係がICTの時代にあってはありえず、同じ空間や時を共有していることがこの議論を通じてわかった。そうした同時多発的で、空間を越える関係をコミュニティと称する考え方もありそうだし、あるいは空間を共有するコミュニティも依然としてある。
今、大きな社会変革の真っ只中にいる。ICTはそうした変革、あるいは変動を増幅する機械でありソフトだと思う。この分科会では、それを巧みに制御している事例やそれを使いこなすマナーであるICTリテラシーについて、そして、リアルとバーチャルの融合について、いくつかの優れた考え方が具体的な取組みを通じて紹介された。私自身、こうした課題についての知見が得られたと思っている。
ICTはコミュニティをつむぐ手編み棒になるのだろうか。それとも際限なく暴走するものになるのだろうか。私は戸沼幸市先生の人間尺度論の講義を大学3年のときに受けたが、小柄な先生が小さな地球儀を手の上にかざしている姿から、グローバルと私の関係にはっとした。そして、目がついた足で世界を歩く先生の姿を思い浮かべた。先生の提唱された「私」から始まる人間尺度論、人口尺度論がますますICT時代において不可欠になると確信している。
以下に、分科会の骨子をまとめた。

基調講演/木村忠正
PACS(ポスト高度消費社会)を目指して
~情報ネットワーク社会としての日本の課題~

ガバナンスとICTの結びつきによる可能性

インターネットがコミュニティに結びつく可能性に関し、今までの日本型システムという中央集権的で拘束力・強制力をもつ法制度に基づくシステムがうまくいかなくなってきているのが現状だ。
他方、環境の変化としては、国を超えた多国籍企業であるとか、国などのガバメント型組織に拘束されないNGOやNPOという自立的なボランタリーな組織も多様に展開している。今恐らく数億台のコンピュータを結ぶという巨大なネットワークを形成しているICTはこれまでの電話の技術と比べて、驚くべきネットワークの性質をもっていることと、自分たちが自らの問題を考えて、意見交換・合意形成・意思決定していくという活動に役立てられる。そこから電子政府、あるいはeデモクラシー、あるいはeシチズンという期待が出てきたと思う。

ガバメントとガバナンス

ガバメントは社会組織の中で選抜された人が意思決定を体現する。その人たちが合意形成をして、それに私たちは従うという、拘束力・強制力がある法制度とその執行に携わるピラミッド型のシステムです。その最上位には、法律の遵守を強制する権威として政府が存在するというかたちです。そこで、ガバメントは通信経路が限られている社会システムの中では、非常に効率的に組織を動かすことができる形態であり、ただ、一番下位にある人たちは、その議論の過程はよくわからないし、そこに自分たちの意見を吸い上げてもらうこともできない。それに対して、ガバナンスという概念は、主体性、自発性、公益性に基づく。その活動に参加したり、退出することは任意である。目的意識を強くもって、ビジョンを共有することで、ある程度活動が離合集散していく。鍵になってくるのは、情報公開性であり、議論の過程からすべて公開されるので、途中で参加する人もこれまでの議論を踏まえて参加すればよい。さらに、合意について、インターネットの規約というのはすべてrequest for comment何番というかたちで定義されており、コメントをさらに求めますというのが規則になっている。つまり改良の余地を残して、何か不都合があったらすぐ変えていきますよという柔軟なシステムを提供していることをガバナンスと呼びたい。

韓国の爆発的なICT社会の背景
：agequake、ICTの韓国における使い方の特徴

私は2002年に韓国に行きましたが、韓国は特にADSLが爆発的に拡大し、いきなりブロードバンド大国になった。そこで韓国と比較すると、日本の持っている情報化の課題というものが２つほど浮かび上がってきた。第１点目は、韓国の発展は、agequakeという、年齢構造によってearthquakeのような、人口によって巨大な社会変動が起きるということだが、朝鮮戦争があったためにベビーブームが遅れ、いまだ50代以上が全人口の２割しか占めていない。だからこそ、一旦IMF危機で韓国の経済が悪くなったときに、ITを起爆剤にしようと。みんながパソコンを買う、ADSLを導入する、高層マンションに光ファイバーを持っていくということで、設備投資や物を買うという行為が行われて、一気に景気浮揚が起きた。ところが、日本の場合、2000年の数値で50歳以上が４割を占める。そういうことで、韓国のIT化というのは、生産―消費ゲームの循環が拡大しやすい状況があった。もう１つは、規制が強い既存メディアがあった。そこでみんながインターネットっておもしろい、自由に自分の言いたいことが言えるということで、広範な利用を獲得できたのではないか。第２点目は、コミュニケーションの仕方で、韓国の場合を見ると、最もよく使われているキラーアプリというコミュニティサイトがある。コミュニティサイトというのは、BBSやメーリングリストやファイル共用などの機能が一緒くたになっていまして、数十人か数百人、数千人の人たちが意見を交換しながら、昨日こんなことがあったよ、などと言ってデジカメの写真をアップするというようなものです。韓国人の４人に３人ぐらいはdaumのアカウントを持っている。そのときに、韓国の学生と日本の学生を調査すると、日本の場合、サイバーの人間関係と実際のリアルな人間関係が断絶している感じがする。特に若い女性の場合は、余り積極的に参加しない。韓国の学生たちの場合には、ある意味ではリアルな関係とサイバーの関係と両方が相乗効果になっている。それによって、社会的ネットワークは広がるということになっていると思う。

成熟社会の中で、わが国の進む方向

この２つの問題、つまり人口構成を踏まえて、産業社会であって、私たちは韓国の場合にも、別にデジタル経済が増えたというよりは、これまでの工業化と同じで、パソコンなりADSLなりで、多くの人が利用するようになれば単価が下がる。単価が下がるから、また利用者が増えるという循環を続けた構造だという点と、そのときに日本の場合には、ある意味では消費文化が成熟しているので、次の一手が見えないという問題と、もう１つは、ネットコミュニケーションの仕方というものが日本の場合、どうも十分展開できない。
そうすると、消費文化もこれから成熟する社会なので、韓国自体はモデルにはならなくて、私たちはむしろ高度に消費した社会の次の段階でいったい何を求めるのか、そこでどのように情報ネットワークの力を使おうとするのかということが問題になると思う。基本的認識としては、モノ、サービスは多様化して、消費は成熟化している。生産―消費ゲームの元手になる雇用はサービス業に依存せざるを得なくなっています。
どうしてもサービス業は垂直方向に広がって、なおか

つ固定化する傾向をもつ。サービスによって社会的な階層が垂直方向に分かれていくのは仕方ないとしても、その後で社会全体が、貧しい人たちや経済格差を生み出さないようにする、あるいは雇用を創出する、あるいは財政負担を大きくしないようにしなくてはならない。社会ごとに特性があって、アメリカの場合のように市場原理主義に基づく社会においては、確かに貧富の差は広がるものの、その代わりいろいろな雇用が生まれるので、失業率はそこそこでとどまるということはあるわけですが、もしかすると、私たちの日本社会の場合には、少子高齢化等を含めると、何か別なかたちはないのか。結局やはり地域は、自分たちが自分たちのことを決めていくのだと。そのときにICTを使えるような人たちで、社会的な問題に意識をもつ人たちをどう育成していけるか、そこが今日のディスカッションの大きなテーマになるのではないかと私自身は考えております。

第1ラウンド／ICTの使い方、使われ方

藤沢市市民電子会議室の実態

2チャンネルのようなものか？

片桐　私は、藤沢市で市民電子会議室をやっています。一言で説明すると、藤沢市がやっている公設の「2ちゃんねる」みたいなものです。

藤沢市の市民参加の制度は、昭和56年から平成8年ぐらいまで、市長たちが市民の方から意見を聞く市民集会制度をやってきた。これを見直し平成9年に暮らしまちづくり会議というものを地区ごとにつくった。電子会議室は、この暮らしまちづくり会議が大元にあって、それをインターネットでもやってみようじゃないかということから始まった。

私は振り返ってみて、2000年に大きな変化があったと思う。電子会議室では、計画への参加、マスタープランへの参加もやっているし、提案制度も使ったりしているけれども、市民の人なら何でも好きなテーマの会議室をつくれる。例えば市民エリアと呼んでいるところに「バリアフリーを考える」会議室、「ふじさわ自然通信」会議室、「べびーずかふぇ」、これは子育て支援をやっているような会議室ができてきた。これがちょうど2000年ぐらい。2000年3月に引地川でダイオキシンが流出する事故が起きて、会議室をやったりしました。そのころブロードバンドの環境が整った時期で、非常に充実して動き出すようになった。市民エリアで、特に提案したり市民参加をやらない会議室の活動が爆発的にずっと伸びていった。

変わったものというと、最初は、選ばれた運営員がテーマを決めて、参加者にインターネットで意見を求める。出てきた意見をまとめて、提案書として市に送る。ところが、運営委員がまじめにテーマをつくると、参加者はしらける。参加者が問題提起をするように変わった。さっきの引地川の問題、ダイオキシンの問題もワッと盛り上がったりもした。その結果、今まではじゃあ提案だと言ったんだけれども、運営委員は違うアプローチを取り始めた。そこから専用の会議室をもう1回つくろうではないかと。もう1回議論しようというふうに変わってきた。

参加者が増えた中身をみると、毎週の曜日別のアクセス数、発言数は土日が減って、平日が多い。24時間の集計では、9時が多くて、12時が多くて、6時が多い。現場の市民参加と違って、藤沢は東京から1時間なので、参加者は実のところ会社からアクセスしているらしい。では、週単位で発言をみると、大体9週目ぐらいからがた落ちし、飽きっぽい。これはレス（応答）のつけ方なんだけれども、親の発言があると誰かがレスをつける。孫にレスがつく、4回目、5回目ぐらいになると、最初の10%から20%ぐらい、そういうコミュニケーションが市民参加の合意形成としていいんだろうか、あるいはそれでいいんじゃないのという話も問題点、あるいはメリットとしてある。

最初は私たちも市民参加、電子会議室、市民提案システム、市役所エリアという提案できるところが頭にあって、その下に市民エリアがあると思っていた。ところが、参加者の気持ちはそうではなくて、自分が入っている会議室が一番だと。その下にほかの市民エリアがあったり、市民参加ができる市役所エリアがある。全体の構造は、全部がネットワークでつながっていて、

片桐常雄
藤沢市市民電子会議室運営委員、マチヅクラー、NPO法人まちしゅう

たまたま問題があると市役所エリアに声をかける。たまたまほかの問題があると、ほかの市民エリアに声をかけるという構造になってきた。
そうだとすると、「公共」と言ったときに、ネットワーカーみたいなものがむしろ「公共」ということであって、市民参加も「バリアフリー」も「飛行機うるさ〜い」も、こういう「公共」にぶら下がっている一つのコンテンツだと考えたらどうだろうかということである。
昨日、市民電子会議室の人と藤沢市の職員にこの話をしたら、「そんな、アホな」と言われました。以上です。

> 藤沢市の電子会議室は大和市のそれと並んで有名だが、大変な社会実験をしていると改めて感じた。マチヅクラー片桐は自ら様々な社会実験をしている。その独特の語り口とTシャツや名刺を使ったパフォーマンスは意表をつく。
> 次に、ICTの特徴を生かす取り組みを紹介したい。

「カキコまっぷ」端的に言えば、ネットワークの地図上にポストイットを貼ること。

真鍋　インターネット掲示板と地図を関連づけたものとして「カキコまっぷ」を開発して、それを研究的に実験運用している。
「カキコまっぷ」とは何か。基本的にはウェブブラウザ内で、画面上のそれぞれの付箋をクリックすると、画面に何が書いてあるか出てきて、付箋に書かれた内容をそれぞれの人が読んでいるという感じです。メリットは何か。インターネット化することと電子化することで分けて考えているが、１つ目は、インターネット化で時間や空間の制約から開放され、昼間、職場からやることもできる。２つ目は、熟考したうえでの意見が発信できる。３つ目は、継続的な開催について、まちづくりワークショップを３か月間継続して公民館を借り切ってやることは難しいだろが、インターネット上でやることで可能になる。４つ目は電子化することで、データは再利用が容易になる。５つ目は、ガリバー地図を開催するにはかなりの空間が必要だが、「カキコまっぷ」だとコンピュータがあればできる。
デメリットもたくさんある。ガリバー地図みたいにみんなで議論してまとめる臨場感や一体感が失われてしまう点がある。また、パソコン操作に関してのバリア、コンピュータ画面の物理的制約、あとは、プログラミングしないといけないので、操作が面倒だからといって機能が削られたり、実現しなかったりするようなこともある。
世田谷区内での２つの取り組みを紹介する。１つ目は、NPOの老舗的存在である「玉川まちづくりハウス」の主要メンバーが使って、地域の季節ごと、特徴的な履歴などの情報や意見が交換されている。彼らは、高齢者の人がどこに住んでいるかとか、障害者の人がどこにいるかとか、そういうものもデータベース化して、非常時に備えたいという話もしていた。将来的にはエンパワメントにつながるような利用だと思う。
２つ目は、子育て世代の情報交流活動の「ママパパぶりっじ」だ。区内に住むママ、パパ、子育て世代の人たちが授乳室の場所であるとか、ベビーカー乗入れ可能の喫茶店や散歩に気持ちのよい緑道など情報が交流されている。また、地図を使うことで授乳室が高島屋にあるというときに、高島屋のところに付箋を貼って「ここには授乳室がありますよ」と書くことができる。
まとめですけれども、１つ目は地区の人たちによる地区管理という視点だ。「ママパパぶりっじ」の場合だと、子育て世代が欲しい情報というのは、実は高齢者の人たちが持っている道の段差の情報だったりするが、それをインターネットで一般に公開すると新しい情報交換が発生する。例えば世田谷区で子育て世代の人たちを集めた会議をやったとしても、高齢者は参加しないが、インターネット上では参加できるといったメリットがあると思う。２つ目は、より深い議論ができる。地図上でいろいろな情報を熟考して投稿して、それにスレッドがつけられるようになっているので、深い議論に発展して、より高度な問題解決に結びつく期待がある。３つ目は、継続することで情報がずっと蓄積されていったり、更新されていったり、議論が発展していく可能性がある。
以上、「カキコまっぷ」の事例紹介をしたが、２つとも

真鍋陸太郎
東京大学大学院工学系研究科都市工学専攻
助手

現場でのワークショップを手がけたり、いろいろな人たちにこういうものがありますよと宣伝をしていって、インターネットとは別の現場の活動も合わせて行っている。その効果が実は大きい。

> 「カキコまっぷ」を説明する真鍋は1つ1つ丁寧に話をする。ICTそのものは機械だが、使っている人は無表情ではない。他人を想像して情報をつくり、思いを共有化する手段としてもICTは活用できる。ただし、意思伝達の手段である以上、作法がある。

メディアリテラシー、ICTリテラシーって何？

朝倉　リテラシー、よく読み書き能力というふうに訳されますが、情報リテラシーというと操作能力と読み解き能力ということですが、今、ICTリテラシーとして、それに加えて何が求められているのだろうかというのが私の問題意識です。

結局、情報の受信者にしても発信者にしても、ICTという道具も、不完全であることを確認して、その不完全性を埋める努力をしましょうということがICTリテラシーの根本にあるのではないか。このICTリテラシーを高めるための幾つかの事例がありますので、そちらの紹介をしたい。

私が関わったものとして、Act for the Earthによる演劇ワークショップと総合的な学習の時間を見据えた教材制作がある。2003年8月に市民団体、東大や早大の学生と文京区にある京華女子高校の全国規模の演劇部とのコラボレーションにより、多様な役を演じて、いろいろな立場や価値観を知りましょうということで、演劇を題材にしてワークショップをやりました。それを元に総合的な学習の時間に使えるようなビデオ教材を提供するプロジェクトです。一番おもしろかったところは、教材をつくっていく、あるいはワークショップをつくっていく過程そのものがワークショップでして、実行委員のメンバーが一番楽しかったと思う。京華学園がつくった演劇の中に、これは環境問題を題材にしたビデオで、環境ボランティアの母親が環境に熱心になる余り、娘のことを忘れてしまうというシーンがあって、最初、担い手になった市民の方々は環境ボランティアをこれまでやってきた方々だったので、そういう描写は気に入らなかったけれども、だんだん深く関わっていけばいくほど、なるほど、そういう見方もありなんだよねと気がついていく。そういったものが非常に重要だろうと思う。

朝倉暁生
江戸川大学マスコミュニケーション学科
助教授

次は、最近オルタナティブ・メディアいうことで、たとえば市民がつくる新聞としてインターネット新聞の「JANJAN」などはコンテンツとしてはマスメディアに出てこないような情報が出ている。こういった場をいろいろやっていくことによって、多様な立場や価値観を理解でき、発信者と受信者の対等性や循環性を確保しましょうということがICTリテラシーの中身だ。

ICTリテラシーにおいては、情報リテラシーというと操作能力、メディアリテラシーというと情報を読み解く能力ということだが、結局、己を理解するというICT以前の能力が今非常に求められている。その中には、セルフカウンセリング能力であるとか、自己分析力もある。それから、異なる立場であるとか、価値観を理解して、相手に共感していくような力が求められる。

> 次は、eジャパンを民間側で推進している新開からはこれまでの発言を受けながら、全国の自治体の電子会議室の取組みと現状について、また、ICTのもつ特性などを発言してもらおう。

全国自治体の電子会議室の取組みはどうだろう。

新開　2001年にできたeジャパンのときは、あの中の一つに電子政府というものがあって、行政サービスの向上と効率の向上が目的として挙げられていたが、2003年7月2日に決定したeジャパンパート2においては、ここに国民の参画を求めるということが電子政府の項目に掲げられている。したがって、ICTを電子政府と国民もしくは住民とをつないでいくツールとして使っていくという問題意識は大分定着してきた。

2002年末に全国の自治体で730強の電子市民会議があ

新開伊知郎
NTTデータ技術開発本部システム科学研究所主任研究員

った。全自治体が 3,200ぐらいだから、予想よりはかなり多いなと思った。しかしながら、幾つかの市においては、いわゆる誹謗中傷があったり、個人情報が流れたりとか、先ほど片桐さんから公設「２ちゃんねる」だというお話がありましたけれども、それがジョークではなくなってしまって、本当にそうなってしまって閉鎖に追い込まれた例がある。
ネットの世界に入ったときに、今までの束縛から自由になって、普段だったら言わないようなことを言ってみる、やってみる、というバイアスのかかるツールなのかもしれない。藤沢市の電子市民会議室においては、そういったところがうまくコントロールされている。それは、つまり責任感だろうなという気がする。自分の行動、発言に対して責任をもち、一種の規律性が生まれてくる、これがガバナンスに求められている１つのあり方でしょう。これからますます地方分権が進んでいくと、上からの指示ではなく自分たちの場をどういうつくっていくのかをディスカッションするガバナンスも問題になる。この２つをわれわれはどういうふうに身につけていくべきなのかと思う。

小川明子
愛知淑徳大学現代社会学部メディアプロデュースコース専任講師

> 電子政府、eジャパンは単なる各種行政手続きの効率化、行政の簡素化だけではなく、私たちの生活そのものを変質させていく要素がある。さて、私たちは知らず知らずのうちに一方的なものの見方をしている。あたりまえのことだが、メディアは大きなパワーを発信しているところに有利に働く。具体的には東京だ。知るという基本的なことがいかにバイアスのかかりやすいものであるか、その点を名古屋の小川明子が報告し、克服する試みについて提起する。

東京発の目で地域を見てしまうことから抜け出そう。

小川明子　私がアナウンサー時代に、ドラゴンズと地域のニュースをやる深夜の番組を初めて立ち上げた。担当した次の日に、視聴者センターに苦情が相次いだ。それは、何でそんなローカルなことをやるんだ、「私は東京の深夜のバラエティが見たい」という意見がものすごい数で殺到し、私はそれにすごいショックを受けた。私たちはテレビを見ているときも、無意識のうちに東京の視点で見ている。自分がどれだけ田舎に住んでいても、田舎は田舎というふうに切り離して、何となく東京に立って、ナショナルなレベルで物を考えている。私たちは、地域のことを言われても何となくリアリティがないのではないだろうか、地域に関する無関心というものを何とかしなければいけないのではないか、そして、無関心な人たちをどう地域に巻き込んでいくかということが一番大切なことなのではないかと感じる。そのとき問題だと思うことに、地理学的な想像力みたいなものが私たちに欠けていて、たとえばグローバリズムの中で、私のとる１つ１つの選択が全然知らない地域に影響を与えるということに関して無関心であり過ぎることと、別の視点では、何とはなしに東京からのイメージとか、そういうもので自分たちの地域のことをただぼんやりと考えていて、私たちが置かれているところがひどい状況に入っていくかもしれないという地方における地域の問題に関して、余りにも無関心過ぎるのではないだろうか。
そういうことは気づけと言われても、このコマーシャリズムの中ではどうしても自発的に気づけない、それがメディアリテラシーとリンクする部分だと思う。私は授業で、今度、新潟大学と遠隔授業をする。それは１枚の大きな紙に、相手の地域のイメージ、あるいは知っていることを書き込んでもらう。そうすると、新潟のことは万景望号とか、コシヒカリだっけ、ササニシキだっけとか、お酒とか、本当にステレオタイプ化されたイメージしかない。名古屋に関しても、やっぱり金シャチかな、名古屋弁かなと言って、みんなシーンとして悲しくなって終わってしまうが、交換することを前提に、全然違う地域の相手を想定して、自分たちの発信したい文化、自分たちの発信したい問題を映像にすることをやる。そうやって具体的になってくると、自分たちが本当に抱えている問題が何か、ほかの地域との関わりはどうか、そういう点について自覚してくれることが感じられ、おもしろいなと思っているところである。

第2ラウンド／ICTってリアルか

墨田区からやってきた小川は、他のパネラーよりも2世代くらい上のお父さんやおじさんの年代だ。小川からどんな発言が出るか楽しみである。

「世間」をないがしろにしてはいけません。

小川幸男　今日はICTのオタクの会議に乗り込んでみたということで場の設定をしたい。これまで聞いていて、地域と乖離しているなという印象を受けました。
墨田区は、下町の住商工、工場と産業のまちでございまして、モノづくりの原点です。朝起きて夜寝るまで、どちらかというと石けんだとか歯ブラシだとか歯磨きだとか衣類だとか、そういう産業です。都市の本来のあり方としては、原型としてそういう多種多様なモザイク都市が必要だろうと思っております。それから、これまで育ってきた環境の中で「世間」と言われてきた言葉は今日の会議の中で一切出てきておりません。では、皆さんの生活の中に世間というのはないのでしょうか。多分、あると思います。なぜ、世間というものをもっと大事にしないのか、これからもしていかないのか。ガバナンスという言葉も、本当にそういうことがあるのかいな、という疑問さえ持つようになりました。
これまで高度経済成長を支えてきたのは何なのかということも考えている。これは地域社会、狭い意味での地域社会でございまして、墨田区というローカルなエリアの中で、モノづくりを支えた社会です。この社会では、みんなが地べたに這いつくばっている。それは町会とか、あるいは学校の子供会、あるいは業界のつながり、そういうものが網の目のように地域の中をめぐっているわけです。それが一番集約するのは祭りです。地域の網の目の動きが全部祭りの日の3日間に集中され集約されます。それがハレの場としての地域のイベントになり、次のネットワークが生まれてくる、あるいはつながっているという状況です。
そこで、私が言いたいのは、人は1人では生きられないといった時に、個人からいきなり社会になるのかということを言いたいのです。地域があるとすれば、地域社会がある。その中は地域の世間だろう。しかし、それがまったくなくなってしまったところがあるとすれば、それはまったく不幸なことだろうと思う。
地域だけの問題ではなく、会社でもそうでしょう。会社の機構の中でピラミッドを築いていても、何々事業部という部の文化がある。それがそこの部での「世間」だろうと思う。要は、世間はタブーと掟。社会は罪と罰だ。何でタブーと掟をもっとみんながしっかり考えないかということを言っておきたい。それはローカルのエリアだけではなくて、社会機構の中でもタブーと掟があるのだろうと思っている。

小川幸男
墨田区商工担当部長

墨田の小川の発言に会場は熱を帯びてきた。バーチャルとリアル、この境界を統合することに本日の各パネラーは様々に取り組んできたが、ふくすけの別名をもってICT上に出没している小川はあえて「世間」からの指摘をした。下町という圧倒的な地域性をもつところを背景にした肉声は迫力があった。さて、全国危機的な状況にある商店街の振興を考え、板橋区で実践している樋野が商店街振興メーリングリストの活動を踏まえて発言する。

商店街の活動支援を例として
リアルとバーチャルをつなぐことが大事。

樋野　ICTとまちづくりに関して言うと、私たちのNPOでは、商業者や専門家、行政の職員などの方たちが全国的に情報交流したりするためメーリングリストをつくっている。この特徴は、参加者にはウェブ上で氏名と所属を公開することを義務づけ、私たちのNPOの準会員として位置づけている。無責任な発言は今のところ起こっていない。参加者は、今120名ぐらい、投稿数は月に60～80件程度となっている。このメーリングリストを立ち上げて3年になるが、そんな情報をただで与えていいのか、そんなアドバイスをただでやっていいのというような情報が割と流れている。アドバイスを送っている専門家たちも片手間ですが、参加者

樋野公宏
NPO法人商店街とまちづくり研究所理事長。NPO法人まちしゅう

が持っている余暇を時間帯や時間量を問わず発言することに価値をもっている、その点がメーリングリストの可能性だと思う。
ただ、メーリングリストが合意形成とか意思決定の仕組みとして機能するかと言われると、私は否定的だ。私たちのメーリングリストの中でも、情報交換は割とされているし、時々議論もされる。みんな好きなことや言いたいことを言って、結局そのうち冷めていくという感じであって、最終的に落としどころを決める必要もないので、メーリングリストとしては成立しているのだと思う。私たちのメーリングリストでは、トピックについてオフ会を開いて、そこで議論するようなこともやって、意見の集約をはかったりすることもある。そういうふうにバーチャルなメーリングリストとリアルなオフ会を組み合わせることで私たちのメーリングリストは機能しているのだと思う。
今、サラリーマンの人たちも地域に関わりたいと思っている人はたくさんいるわけで、そのときにICTは大きな役割をもっている。会社から地域情報を書き込んだり、地域情報を閲覧したり、そういう意味ではICTは大きな役割を果たすのではないかと考えている。

ラオスのモンクプロジェクトから見えること、何が豊かなのか。

小池　ラオスの北部、ルアンプラバンというまちで、ユネスコ・バンコクとASEANと一緒にモンクスプロジェクトという修復プロジェクトとして認証されているものにかかわっている。地元にいる９～18歳ぐらいの少年僧たちと向こうで教えている先生がいるのですけれども、朝は托鉢やって、午前中にお経を読むと、もう何もやることがないという社会で、彼らを使って、寺の修復をやっている。教えている修復学校の先生たちは正規の美術教育とか建築教育を受けていない。この人たちから、ネットを通じて掲示板とメールで、直し方はどうすればいいのかとか、こんな接着剤を使いたいのだけれども本当にいいのかとか、そういう質問を受けて、われわれが答えて、場合によっては技術供与をしたり、現地に行って教えたりしている。ｅラーニングといっても、まだまだですけれども、この国には、ICTに関する技術が全然なくて、国にプロバイダが１件しかない。しかも、電話回線しかなくて、ときどきメコン川の電力不足で電気も落ちてしまう。それでも、少年僧たちはむさぼりつくように、食いつきがすごくいい。１日に何十件とメールが来て、そういうことを聞いてきます。
ネットワークを使うことに関してまだまだ初歩的だが、非常によく使われているし、現地のお寺とか場所と情報との乖離は全然起きていないわけです。それをつないでいるのは、もしかしたらリアリティと手仕事のリアリティというものではないかとわれわれは考えている。われわれが考えているのは、あそこでやることがなくている人たちにも何か生きがいを与え、それがひいては文化遺産の保存につながるといいなというのが発想の一つです。うまく情報化社会が動くのは、もしかしたら情報量がしょぼいからかもしれないというのが１つ。もう１つは、この人たちは長らく先進国から隔離されてしまって、いまだペプシもコカ・コーラも知らない。そういうところだと、優しさとか思いやりとか愛情とか真摯さとか、１日１回は仏様にお参りしようとか、われわれが忙しさの中で忘れているものが基本にあって、それに則ってテクノロジーを使っていくことが初めて適用されている国のような気がします。そのあたりに、日本がIT化していく、産業が非常に衰退化していく中で、実は手本にすべき何かがあるのではないかと思っています。

小池公二
早稲田大学文化遺産デジタルアーカイブ研究所主幹研究員。NPO法人まちしゅう

次に発言する堀は、話題の路面電車LRTをテーマに岐阜で活動して、東海道を東奔西走している。何が彼を駆り立てているのかと私は彼からみえけんぞうの名で配信されてくるMLを読んで思う。その内容から、次第に彼らの取組みが日本中に広がっていくと同時に、地域の方々とのユニークな活動がうかがえる。私はテーマ性、複数の活動地域、市民や既存の団体への働きかけなど、ICTの可能性に挑戦しているように思える。ここでの発言はこれまでとは異なるICTの使い方だ。

岐阜で路面電車を守る運動から考えること。
ICTは抜け駆けを防ぐ道具だ。

堀　私は岐阜で路面電車を守る活動を７年ぐらいやっている。バスや電車の事業者は参入の自由化、実際は撤退の自由化という状況になり、地域の交通を地域が考えないと維持できない状況がでてきている。
ところが、市町村に財源が下りてきていないので、市町村が手当して維持させようとしても、動き出せないという恨みがあります。このときに、財源はないのだけれども、人の知恵をそこへ張りつけていくことで、何とか地域の質の低下を防ぐ、あるいは交通というものを手がかりにした、いろいろなアクティビティがあるわけですから、これを守っていくこと、具体的には交通支援協会、交通支援集団というものが地域で立ち上がってくればと思う。
例えば、バスに乗って通勤してもいいと思っている人が、なぜ車で通勤するのか、うまくバスが使えるかという不安を放置していたからということがいろいろな場面で言われています。これを防ぐために、バスに乗りかえる情報やバスを降りた後にまちにどんなものがあるという情報を一つのパッケージにして示していく活動に取りかかっている。
こういったものが各地で起きていて、そういった三者の共同、コラボレーションで地域における交通の面での質的な低下を防ごうとしている。
ICTでは、粘り強くいろいろなツールがいろいろなかたちで使える、いろいろな人たちが参加できるようなかたちがあることそのものが、活動に参加する様々な人の立場の安全保障になっていくのだろうと思う。
僕らとしても、オープンな状況があって、公というものがうまく形になっていくというか、広がりがもてたときには、特定の個人が目立って稼ぐのではなくて、みんなのためにその行為がある、その中で特定の個人が稼ぐことが位置づけられるとかといったことが話し合えると思う。
ＭＬが意思決定できないかもという話があったが、僕は抜けがけを防ぐだけでも随分価値があるのではないかと思っている。

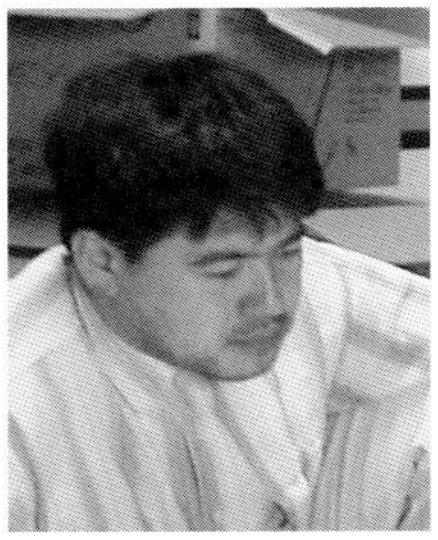
堀　達哉
NPO法人まちづくり千葉。岐阜未来研究団代表。NPO法人まちしゅう

第３ラウンド／世間とICTは受け入れられないのか。

世間、中間組織のあり方、個人の置かれている状況

木村　私たちは少子高齢化という大きな状況の中で、ある意味では高度消費社会が行き詰まっていて、次に何の価値を見出すのかということを問われている。私自身の個人的な見解としては、やはり社会的なケアという、人々に対するお互いの気配りとか気遣いというものが本当は大きな産業セクターの柱になるべきだろうと思っており、それが北欧型というテーマになるのだが、ICTはそういう社会的ケアを１つの大きな産業セクターにしていくときに鍵になる。社会的ケアセクターは労働集約的で、過剰な供給能力が必要とされてしまう中で、遠隔的に操作ができたり、人々をモニタできたり、あるいは足が必要、車が必要、モビリティが必要な人に対して、どの車をどの人にマッチングしたらいいかなどというときには、情報技術は非常に大きな力を発揮する、そういう意味でのICT社会をめざすべきだと思う。
そのときに、自分たちの社会を自分たちで考えていく力をもつ人たちが必要だと思う。社会的な問題に参画、実際に活動している人は１割ぐらい。参画できないけれども、関心はあるという人は３割。残り６割の人は関心をもっていない。まずは、３割の関心をもっている人たち、先ほどサラリーマンで電子会議室に入る方がいるとあったが、その人たちの力をどうエンパワーできるかということと、残りの６割の方々を少しでも関心のある層に引っ張っていくことが必要だろうと思う。
もう１点、家族にしろ、企業にしろ、中間組織にリスクを負わせることは難しくて、北欧では、ある意味では個人と社会を直接つないでしまう。自分たちは高い所得税を払いますけれども、育児から大学卒業まで授業料も払わなくていい、社会で負担しますよと。そうなってくると、私たちは相当社会に出費する覚悟は必要で、これから私たちがどうしたいのかということになると思う。

【コーディネーター】

吉村輝彦
国際連合地域開発センター研究員。NPO法人まちしゅう

【ファシリテーター】

三矢勝司
チームネット。NPO法人まちしゅう

佐久間康富
早稲田大学教育学部助手。地域づくりインターンの会。NPO法人まちしゅう

新開　リアルとネットの組み合わせがうまく設計できるのだろうか、実現できるだろうかということが今後大きな課題になる。私自身は解決しなければいけないという立場です。小川幸男さんのおっしゃられた個人とか世間、中間層も含めた社会の件、あそこから怒られているような気分がしていたのだけれども、小川さんがハッピーなんだということを認識されるべきではないだろうかというのが正直な感想です。まちの中でみんなで昔からの伝統を守っていっている、顔の見える地域。こういうところで暮らしていける、それがまた、変な意味でのプライバシーを制限されるとか、そういう意味に感じない、ごく自然に感じられる、そういう感覚で生活ができるのは非常にハッピーなわけです。ところが、われわれと言っていいのかわかりませんけれども、多くのところで、それがなくなってしまったところからスタートしなければならない。失ってしまったことにはそれなりの原因があり、また必然があるのだろうし、昔に戻れない。今の時代に生きている中で、どういうふうにしていきましょうかということを考えなければいけない。
ここからが私と木村さんは若干違ってきて、私はまだ覚悟が揺らいでいるのですけれども、個人が強くならなければならないだろうなと思う。非常につらいことだと思う、個人が直接社会と向き合うことに迫られている。この社会に耐えられていく個人とはどういうふうになっていくのかということに私は関心がある。

コミュニティの行方とICTの使い方

吉村　新開さんがおっしゃられた、小川さんのところはまだちゃんと地域社会が残っている、残してきたと。一方で、そういうところがなくなってきているところがあるが、どういうふうに回復、再生させていくかというときに、場合によってはICTが新しいかたちの何かを生み出す原動力になるのかどうか。個人に帰着させるのか、社会なのか、あるいはやはり中間領域、地域社会なのか。まちづくりをやっている人たちには、何らかのかたちの中間的な地域社会というものが大事になってくるのかなと僕自身は思っている。

オイコスのかたち——地球環境時代の家・コミュニティを考える

相羽康郎

はじめに

オイコスとは、ギリシア語で家の意味で、エコロジーとエコノミーを意味する含蓄ある言葉である。故吉阪隆正先生から授業でお聞きし、それからずっと耳に残っていた。ここでは、国・社会と個人の中間に位置するコミュニティ・家族のレベルで、これまた意思決定のトップとボトムの中間に位置する技術者や専門家集団の立場で、諸々の意思決定に加わることを企図して論を展開したい。

技術者や専門家集団の存在目的

将来を見通して、現在から取り組む必要のある手段を準備しておくことは理想とされる態度である。虚心坦懐に将来を見通し、少なくとも誤った方向に進まないよう舵取りを行うこと、将来の困難に対して警告を発し、その対応策を提示すること、さらには、先進的な取組みを行って見通しの正しさを証明すること、将来に対する多様な選択肢を用意しておくこと、これらは技術者や専門家集団の大きな責務といえる。

生活のかたち

家・コミュニティに立脚点を置いた時に、家の設計と異なり、コミュニティの設計はそんなに単純ではない。網の目のネットワークが互いに作用し合う複雑性の世界であり、ほんのわずかなきっかけでも、予想をはるかに上回る結果の違いをもたらす。従って、20年後になって、こんな物が出現するとは思いもつかなかったとか、こんな生活が実現するとはといったことが起こることはほぼ確かである。しかし、世の中の大きな潮流はそんなにはぶれない。例えば少子高齢化、情報化、国際化、通信の放送化、水素社会化などはそれらの潮流を示している。日本の人口が減少することは確定的であり、京都議定書により二酸化炭素削減の要請が強まり、地球温暖化の進行を食い止めることが、計画目標となる社会を迎える。

一方生活のかたち・パターンは数十年で激変はしない。例えば毎日通勤通学の移動を行うパターン、靴脱ぎ、畳の間、一戸建て住宅を主体とする地方都市、などである。しかしゆったりと、世代交代の周期によって、生活のかたち・生活文化は変容していくのも確かである。われわれの世代より前の生活は座式であり、布団の上げ下ろしをしたが、現在は椅子やベッドで生活する。

生活のかたちをイメージするときに、家から発想することは当然と考えられる。家の運営を成立させているのは、経済的にはその地方の産業であり、電気をはじめとするエネルギーの供給とその廃棄物の処理システムなどがある。こうした一連の生活基盤条件にとって、今、最も影響力のある潮流が動き始めている。それは集中方式から分散方式へのシフトないしは従来効率的と考えられてきた生産方式の見直しである。

大規模集約型の効率神話の限界

効率性を追求するなかで、大規模集約型が当然のこととされてきたが、個人が部品化する流れ作業の効率性神話や、個人が埋没する巨大集団主義が見直され始めている。例を挙げると、ベルトコンベヤーに代表される流れ作業は、分業のパートのうち最低の効率によって制約され、その結果未完成品が毎日取り残されることが明らかとなった。むしろすべての工程を一人の責任で遂行するほうが、個人の満足感も高いし、個々の生産性に差があっても、未完成品はわずかで、合計すると効率的なことが証明されつつある。

また、情報通信手段の飛躍的な進歩によって、遠隔地にいながらチームとして仕事を遂行することも可能となってきている。図面のやりとりまでを含む仕事情報の共有までほぼ可能になりつつある。

そして今後特に注目すべき潮流として、エネルギーの分散型生産手段の進化が挙げられる。シューマッハー[*1]は「小さいことは美しい」と述べた。その根本には自然エネルギーに基づいた生活・経済イメージがあり、太陽光・風力・バイオマスなどの再生可能エネルギーを分散型システムで生産・リサイクル・消費していくイメージがある。もうすぐ実用化されようとしている水素エネルギー燃料電池は、始まりこそ化石エネルギー

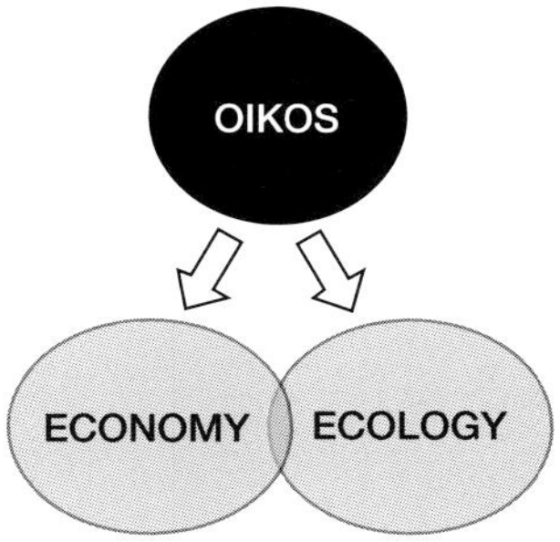

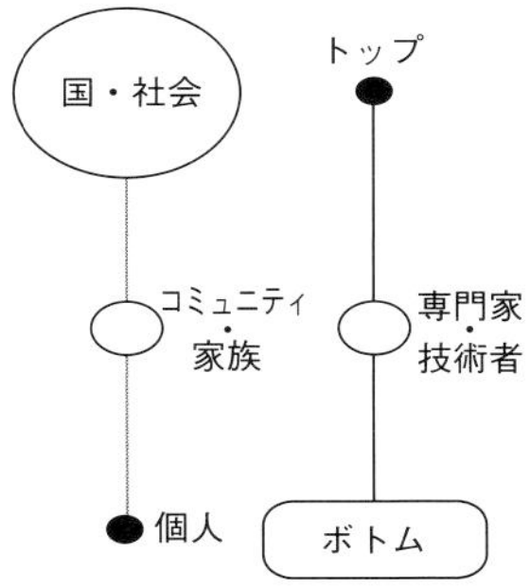

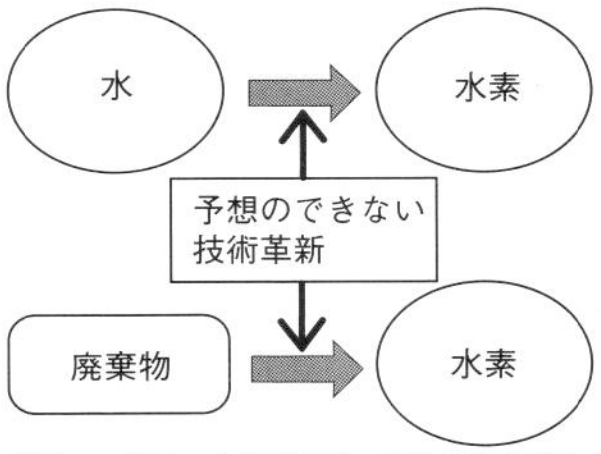

桁違いの効率、小規模分散、公共投資を増やす

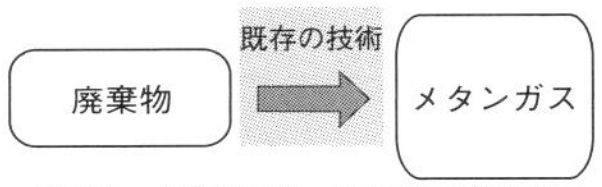

非効率、大規模集中、公共投資を控える

から生産されるものの、最終的には再生可能なエネルギーを分散型で生産・貯蔵・リサイクル・消費する道の先鞭をつけると考えられる。水素は宇宙開闢時から存在する元素であり、地球上で平等に与えられている水から生成できることから[*2]、技術的な進歩によって、予想もしない展開が待ち受けていると期待されるのである。例えば、廃棄物からメタンガスを生成するのに比べて、規模が小さくてもはるかに効率的に水素を直接精製する技術などが見込まれている[*3]。

廃棄物処理の方式にしても、市町村合併で大規模な焼却場をつくるようなことではなく、小規模分散処理方式が可能となる。例えばコミュニティの単位でエネルギーの生産から廃棄物の処理までを、現在よりもはるかに効率的に行う生活が可能となる。このような前提に立って、将来の方向性を見極め、将来性に疑問のある公共投資を控え、将来的に有望な方策に早く進めるように、政策・戦略づくりを行うことが望まれる。

ライフサイクルとライフスタイル

家族に対して個族ないしは単身世帯が増大している。ライフサイクルの中で個族状態が長期に及ぶ人が増え、この傾向が近未来で減少することは見込まれない。家族の大きな役割として子供の扶養があるが、個族にとってはとりあえず無関係であり、家族と個族では、生活のかたちは異なってくる。外部サービスへの依存は個族で高くなる傾向がある。

社会全体の目標として、個族から家族になる人が増え、人口が下げ止って安定水準で推移する時代へと速やかに移行することが挙げられる。既成事実化した人口減少は致し方ないが、その先の人口は現在の若い世代の選択にかかっている。女性が出産しても働きやすい環境が整備されていないために、未婚ないしは未出産が起きていると考えられなくもない。スペイン、イタリアなどマッチョ型の、女性に比べて男性優位な国で、女性の出生率が低いという説もあるし、最近では日本より出生率が低い韓国のように、教育費が極めて高いためという説もある。また北欧では高福祉社会のもと、女性が働きながら育児を行えるシステムを採ることにより、出生率の低下を防ぐことに成功しているとの見解も成り立つ。

将来の見通しとまちづくり政策・基本方針

現在から将来にかけてのまちづくり政策・基本方針を改めて見直し、方向を見据えるときに、大潮流の方向を見誤らず、特に急速に展開する技術革新をある程度織り込んだうえで、備えることが肝要である。

道路や情報のインフラ、エネルギーのつくり方・使い方、廃棄物の処理、仕事の仕方、家族の生活、コミュニティの運営方策、まちづくりの内容の決定についてのより適切な方法、福祉政策の方針、政策金融の運営など、コミュニティレベルでも多くのテーマが見通される。

廃棄物リサイクルへの戦略

容器・包装は、拡大生産者負担の原則で、その処理・リサイクル費用は内容物を生産するメーカーや容器・包装製品製造業者が応分に負担する。すなわち現在公共で行っているこれらの回収・処理体制を事業者の費用負担によって実施する。また、公共だけでなくコミュニティビジネスとして民間会社CBC（Community Business Company）などが回収事業まで行うことも考えられる。当然これらの負担費用を捻出するために、商品には費用を上乗せした価格が設定されるが、より多く売るためにはその上乗せ分をなるべく小さくて済むように努力するインセンティヴが働くので、公共側が税金を投入して実施する場合に比べて、効率的な処理・リサイクル事業となる[*4]。

一方、資源ゴミのリサイクルはコミュニティの年中行事として、付合いの幅を広げまた、CBCが事業として行うなど、コミュニティごとに多様な展開が展望される。台所ゴミについては、家畜飼料、農作物の肥料として活用する可能性は十分に実証されており、CBCの有望な分野といえる。可燃ゴミについても、今後の技術革新によって新たな処理方法が実現する可能性もある。とりあえずは燃焼して熱や電気エネルギーとして再利用する。

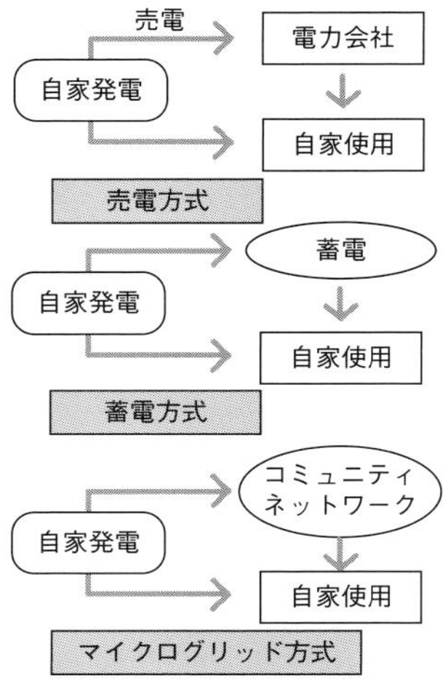

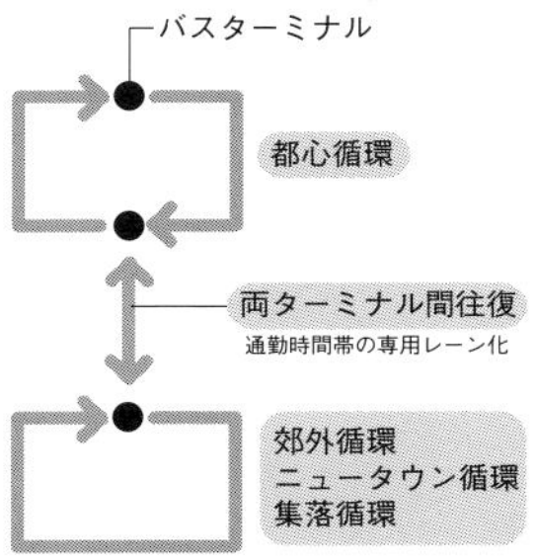

公共バスシステムの再編

分流式の下水管の整備されているコミュニティでは、管路を借りて汚水をコミュニティ内で処理し、技術革新で可能となるシステムを使って水素エネルギーを取り出すことも考えられる。

里山の間伐材なども技術革新により、バイオマスエネルギーとして水素やその他のエネルギー資源として活用することが期待できる。当然その場合には、木造家屋の廃材なども様々に再利用される。

一般と産業の廃棄物という差をつけないで、コミュニティ内の事業所からも、一般家庭からも材質別の収集を行う方法で実施する*5。

これらの実施のためには、経済的な合理性を含め、起業家が現れて運営実績を上げていくことが見込まれるので、技術革新の基礎的研究は地方政府などの上位機関で進めて、その成果を起業家に還元できる特別な措置や、既存制度枠の撤廃など柔軟な助成策を、コミュニティより上位の機関で推進する必要がある。

電気エネルギーの多様な供給

太陽光発電パネル、水素型燃料電池等はその製品や水素製造過程で化石燃料等を使用しているが、水素は次第に自然エネルギーから製造されるように移行するはずである。またコミュニティに立地し使われる段階では、太陽光と水素という維持可能な自然エネルギーによって稼働する。これらの電気供給方式をコミュニティに行き渡らせることが、重要な目標となる。

また蓄電技術の進化(キャパシター従来型の10倍の性能向上)が2003年10月にテレビ朝日ニュースステーションで報道された。キャパシターは炭素を使って電子を溜め込むので、化学反応方式と異なり耐久性が大きく気候にも左右されない。常温超伝導を利用した蓄電技術よりも優れた経済性・現実性をもつかも知れない。蓄電技術の革新が進めば、余剰電力を家庭内で蓄電しておき、蓄熱方式と蓄電方式を組み込んだ、太陽光システムなどを実現しやすくなる。

むろん制度改革が進み、既存の電線を活用した電気の自由な売買が可能となることを前提に、コミュニティのレベルで電気をネットワークさせること、さらには熱と電気を効率的に生産・流通させるマイクログリッドと呼称される単位生活圏の誕生も期待される*6。

自家用乗用車に代わる多様な移動モードの実現

ボールベアリングでスムースに移動できる自転車も、人力に電動力が付加されるなど進化してきたし、セグウェイと呼ばれる立ち型2輪車(手が自由に使える)の出現もあり、今後も新たな中速移動手段の出現が想定される。小規模人口でも成立可能な公的ないし共用移動手段が出現すれば、自家用乗用車を減少させることが可能である。市民の意識次第で、ドイツのように会員制のレンタカーシステムも成立する。公共バスにしても盛岡市をはじめとして導入されているように、市街地中心部の循環ルートでの頻繁な通行と郊外住宅地の循環ルートを基本に、両循環ルート(ループ)を往復バスでつなぐシステムは、かなりの人々を自家用車から公共バスに乗り換えさせることを可能とする。通勤通学の渋滞をこの時間帯の専用レーン化で、公共交通のほうが迅速化できれば、ますます利用者が増え、全体として交通渋滞を減少させるフィードバックループができるので、良い方向へと進化することができる。

また高速バス利用による都市間移動は明らかに経済的優位性をもっており、自家用車の高速代金未満の料金で、移動することが可能となっている。

さらには、高速道路上の自動操縦システムが一般化し、連結状態の10台程度が隊列となって走行する方法が普及すれば、車間距離を詰めての安全走行により道路の容量が総量として増大するので、新たな道路建設よりもスマートに交通量の増大に対処できる。

これらは渋滞の解消をもたらしはするが、それだけでは十分ではなく、燃料電池自動車の普及により、二酸化炭素の排出をなくすことで、クリーンで渋滞もないオイコスの生活イメージに近づくことになる。

情報ネットワークと仕事・文化

情報ネットワークの発達により、集約されたビジネス街でのフェイス・トゥ・フェイス型仕事形態から、イ

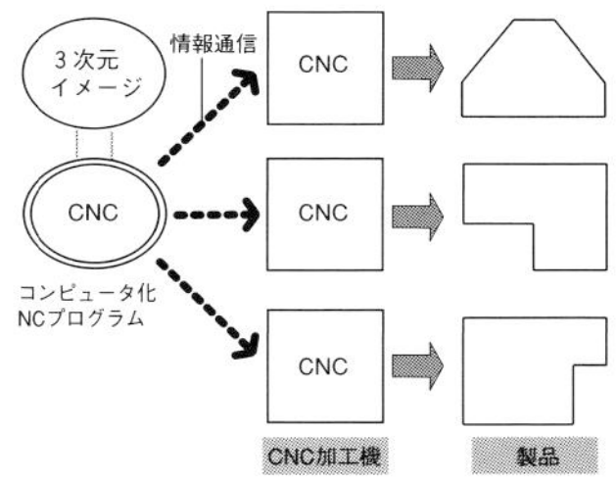

ンターネットビジネスを何割か組み込んだ仕事形態へと変化していこう。それに伴って、事業所の立地もより自由に分散化していくこと、優れた住宅地とセットになってリゾート地などに立地する可能性も高まること、都市計画やまちづくりでも土地利用計画でこのような可能性を意識することが必要になる。
精密な画像や、情報空間内の３次元デザインがそのままネット上で情報交換され、これと組み合わされたCNC加工機で実体模型として現前させることもできる。すなわち物体をほとんど瞬間移動することができるに等しい。海外との間でも、こうした作業条件を、民間と国際的な調整機関で整備することが求められる。こうした条件下では、多くの主体がインターネットを通じて協同してビッグプロジェクトを遂行できる。大規模な集団作業を一か所に集まって行わなくても、ネットワークで調整しながら、それぞれの住所で関連する専門家が情報を共有しながら、大規模な事業を完遂できる。
一方、インターネット上でのアミューズメントも高度化し、情報空間上に様々なサブカルチュアを展開し始めている。これらは放送とは異なり、通信領域での個人的なやり取りで、いわば噂話のような展開を見せるのだろうがネットの力で、一部の年齢層や共通な属性をもった集団に共通の文化として広汎に流通する可能性がある。伝統文化への影響はないだろうが、現代文化は、これらのサブカルチュアを組み込んで展開していくものと考えられる。

ライフサイクルとライフスタイル

誕生から死亡までのライフサイクルが長寿化し、またライフスタイルが多様化しており、非婚化や晩婚化が進行している。子供を産み育てることを前提としない、個族のライフスタイルも増加している。近所付合いや地縁の付合いは、子供を介しての性質が強く、自由な趣味やその他の付合いとは別の側面をもつ。個族は、自由な趣味の付合いは得意でも、地縁の付合いの必要性は小さい。住まいも子供のいる家族を対象とした標準が一般的で、多様なライフスタイルに応じた住まいの標準は見当たらない。おそらくは、多様な家族形態（個族を含む）を前提とし、食事当番を核としたコレクティヴハウジングが、これからの標準の１つになるのではないか。その他、グループホームや、血縁だけでない家族的なコミュニティに基づいた住まいのパターンが出現しやすいよう、公的助成措置を充実することが求められる。
また、個族があまり増大していかない社会にしていくこともこれからの社会の重要な目標の１つといえる。女性が働きやすい環境を整備し、良きパートナーに出会う機会を広く提供するコミュニティが、社会の様々な場面に存在することが大切と考えられる。

ライフサイクル・ライフスタイルに応じた住宅

フリーターなどのライフスタイルが増加しつつある潮流があり、最低賃金でも可能な住宅負担の低コスト化が改めて社会的な要請として強まる可能性もある。PFIによる公営住宅の建替えや、公営住宅に替わる社会政策住宅、コミュニティビジネスの一環として、NPOによる民間の空き家を活用した貸し家運営等が求められる。本格的な就業に先立つ一定期間やつなぎの就業先を創出しつつ、独自の基準で特定期間の就業者や、非常勤の就業者を選択し、併せてこうした住宅に居住できるシステムとすることも考えられる。
また、高齢者の住まいと住まい方を、コミュニティの中で調整運用するNPOが、多様な住まい方の選択肢を提供することが求められる。
貸し家アパートと持ち家一戸建て・マンションが街並みを形成せずばらばらに建っているのを、街並みを形成できるように、建築確認申請の前に調整する場を設定することが不可欠である。また、持ち家と貸し家の性能格差が大きく、持ち家共同住宅（マンション）の建替え問題なども考えると、定期借地権方式の持ち家共同住宅は、これらの問題を解決し得る形式といえる。賃貸住宅では実現しにくい充実した住空間を、賃貸住宅家賃並みの負担で確保でき、取壊しが予定され権利関係が整理されるので、建替え問題も合理的に解決で

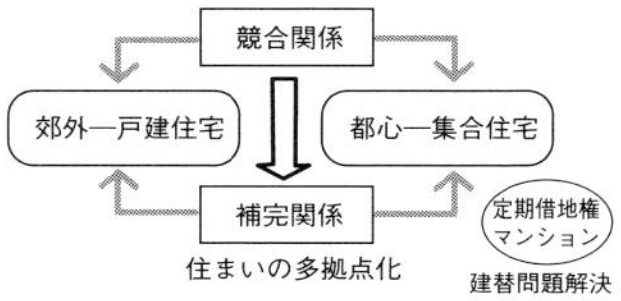

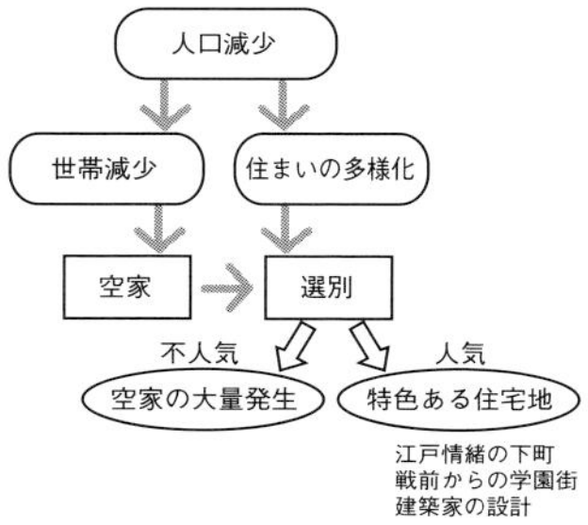

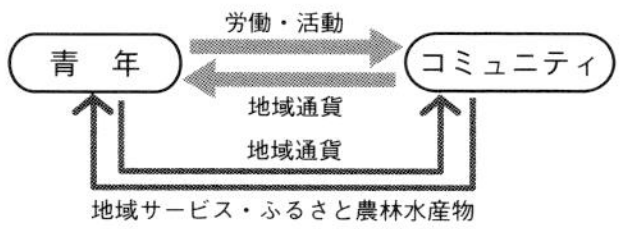

きる。今後の供給増加が望まれる。

住まいの多拠点化

都心の集合住宅と、郊外ないしは首都近郊や地方都市の拠点住宅は、競合財というよりも補完財となりつつある。つまり、親の世代と子の世代が相続関係を持続する限り、孫の世代は最初からこれらのストックを前提とした多様な居住地選択および住宅形式選択が可能となる。また前述した定期借地権方式の持ち家共同住宅は、子供を抱えた家族を中心に本拠住宅に対する補完財としての重要性は高い。

夫婦は基本的には１つの住まいに居住し、１つの拠点で生活する。もっとも単身赴任が父親の住まいを遠く離れた場所に確保させることもある。子供が高等教育を受けるようになると、自立して生活するための住まいが必要になるが、それまでの間子供は親との生活を１つの住まいで体験する。その期間は15〜18年間であり、複数の子供を養育するためにはさらに２〜10年間が付加される。父親や生計を一にする子供の別居のために、複数の住まいを保有したり、賃借したりすることも何割かの家族で必要となる。さらに別荘を確保する家族もいる。

このような複数の住まいがこれからの住まい方でより一般化する可能性が高い。一方、人口が減少する局面が始まると、複数の住まいを保有し賃借しやすくなるが、住宅供給数は徐々に減少するであろう。人口減少局面で空家発生が見込まれる中で、住宅を複数所有する世帯の需要に適う選別された良好物件とは別に、狭小敷地や条件の悪い住宅では大量の空家を発生する可能性がある。また特色のある住宅地の物件が選考され、例えば、江戸情緒を残す下町、戦前からの学園街、建築家の設計による計画住宅地など、その価値は今後とも高まる可能性が高い。

コミュニティの展望と将来への戦略

政策としてコミュニティに計画作成・運用・評価の自主性を付与する仕組みづくりが、分散型エネルギー・リサイクル社会の進展とともに、強く要請されることになろう。そのための専門家ネットワークによるサポートが可能な体制づくり、CBCの設立やコミュニティ事業の財源確保方策が必要不可欠である。

何を税で賄い何を民間投資で行うべきか。その基準についての基本方針が必要である。雇用や福祉などは国家レベルで最低保証したうえ、コミュニティレベルで独自に保証することが可能ではないか。その場合、すべてを金銭で行う必要はなく、労働奉仕やボランティア活動やNPO活動を相当程度織り込んだコミュニティプログラムが考えられる。青野[*7]が提唱する青年の労役を国家義務とするのも１つの方法であるし、コミュニティレベルで、労働奉仕を義務とする方法もある。地域通貨制度でコミュニティの労役を合理的に運用する方法は可能性に満ちている。つまりそのコミュニティのある地域で成長した者は、青年期にその地域で労役を行うことを義務付けられ、その対価が地域通貨としてその青年に与えられる。仮に故郷を離れて生活する場合、その地域に来た際に利用できるし、その地域から必要な品物例えば間伐材や材木、お米その他の農水産物などを購入できる。地域の農家にとっても、おそらくは商品として市場には出せないけれども知合いには出せるような農産物を、地域通貨用に振り向け得ると考えられる。地域通貨当局は、こうした品物が十分な水準に保たれるようにそれぞれの意見をモニターするなどフォローする必要がある。

租税の支払い、使い道についても権限の分散化、競争化が必要と考える。具体的に一例を挙げれば、公務員の人件費を効率的に利用するために、雇用形態の多様化(専門職の有期雇用など民間からの中途採用の活用)をはかり、選定方法のオープン化、情報開示をルールとする。また例えばコミュニティで事業を実施するに当たって寄付を募り、各人は寄付総額の何割かを租税総額から控除できる制度を設けることにより、目的のはっきりした使い道が選択できる。国の事業や、地方の事業については、目的を明確にした事業に対して公募債で賄う割合をさらに拡大していく。コミュニティの事業でも事業債を発行できるようにして、資金を集められるようにする。

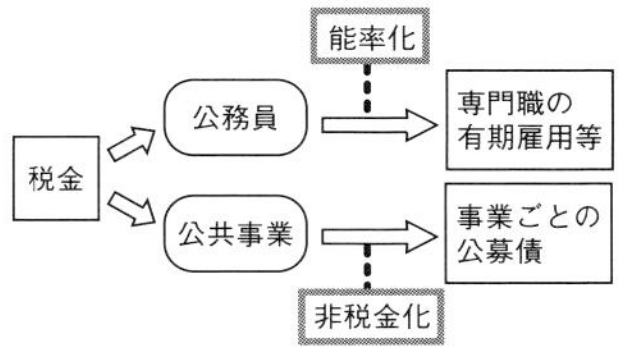

税金で賄う最低限度の公共事業とは何かが問われることになり、この部分を租税歳入と歳出で賄うこととし、その部分をできるだけ少なくしていく政策が必要である。他の事業資金については、事業目的に沿っていくつかの事業を束ね優先順位を明らかにしたうえで、寄付や公募債などの集金額に応じて、優先順位の高い事業から実施する。また、租税の使い道についての情報開示を行って、一部の歳出に関しては、ネット上で優先度の直接的な決定を行う可能性もあり得る。

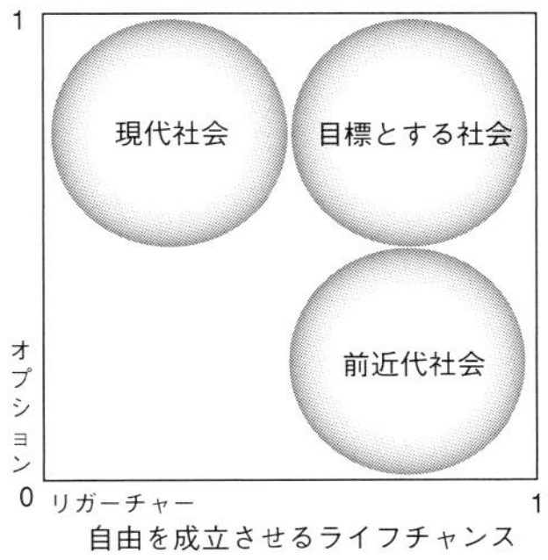

コミュニティを機能的なものと、地縁的なものに分けて考える必要がある。1時間圏域で直接顔を合わせられる距離ならば、選択的な機能集団が可能である。スポーツ活動や、芸術活動やその他個人の能力が反映されたつながりで、自発的で強いつながりになる可能性がある。これに対して地縁がほぼ唯一の理由となるつながりは義務的な強制を意識するものとなる。町内会などがその例である。小学校や中学校など児童の通学範囲におけるつながりは、きっかけは地縁的としても、スポーツやブラスバンドやその他の機能的なつながりの色合いも帯びている。

ラルフ・ダーレンドルフ*8の主張する自由は、オプション（選択肢）とリガーチャー（緊密なつながり）のバランスの取れた状態であって、決してオプションだけが大きい状態ではない。彼によれば自由とは、知己がいないと成立の困難な何かであって、自己決定を支える知己、コミュニティのネットワークが存在して初めて自由を獲得できるというものである。

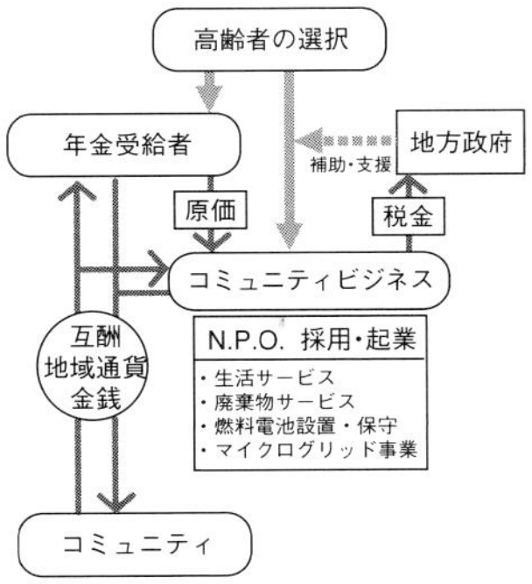

コミュニティはそのような意味で、個人の自由を支えてくれるものといえる。

年金・介護など福祉において、税方式か保険方式以外に第3の方式を見出す可能性もある。講の現代版だけでなく、コミュニティで複合的な方式を活用する方向が考えられる。土地処分方式にしても、コミュニティの意図を汲んだ処理方式とすることも考えられる。

さらには、定年を迎える人に仕事を見つけて働く機会を提供し、第3の人生を可能とすることが、同時にコミュニティビジネスの可能性を広げる。もし本人の働く意思と能力を尊重して、働く場が与えられるなら、その人々は年金を前提とする必要はない。そうしたコミュニティに貢献できる人々が集まって起業し、コミュニティビジネスを起こすことを選択できるように、制度を整えておく必要がある。例えばその地域の法人税の一定割合を積み立てるなどして、コミュニティビジネスへの投資を行いやすい環境を整備することが考えられる。

さらにいえば、シャドウワークの存在にも突き当たる。自分自身のためでなく、他の家族のために料理や洗濯や掃除をすることは、立派な仕事であっても金銭を伴わない。いわば影の仕事として互酬システムで運用されていると考えられる。いちいち金銭のやり取りを行うよりも、合理的だからである。

これに類した共同住宅のシステムがコレクティヴハウジングである。この住まい方は、単身世帯と子供のいる家族などが1つ屋根のもとに、信頼を前提とし、共同作業の食事当番を通じて、擬制拡大家族というコミュニティとなる。食事当番は金銭を伴わない互酬制であり、この考え方がさらに進化していけば、家事や育児のある程度のサービスを当番とするシステムや、コレクティヴハウジングで通用する地域通貨を伴うその他のサービス提供が見込まれる。

現金がなくても可能なサービスの交換は、現金の創造を伴わずに新たな経済の活性化を実現できるので、コミュニティにとっても好都合である。つまり銀行やその他の貸付け制度に乗らなくても済む分、独自のユニークな活動が可能であるし、利子を不可欠としない経済が成立するなど、オイコス的な経済が実現可能である。

その他コミュニティビジネスの展開は、地域通貨制、互酬制、および金銭制のミックスによると考えられる。その離陸イメージは、コミュニティ内の複数のコレクティヴハウジングなど、食事をはじめとする生活サービスの提供、すなわち調理、掃除、買い物、介護などの提供から始まり、廃棄物の処理および廃棄物からの水素製造・燃料電池製造や飼料・肥料製造、各家庭の燃料電池設置および維持保守サービスへと展開する道筋である。さらには燃料電池社会の第2フェイズに位置づけられるネットワーク化事業へと発展する道筋である[*9]。
これらの事業展開は、大規模の経済ではなく、限定された規模のなかで、一定のルールを顔の見える範囲で実行することが可能なゆえに成立する。例えば現在でもホテルなど大口の食料ゴミの回収で、良質な飼料の製造が民間事業として成り立っているし、また山形県長井市のレインボープランは、各家庭の台所からのゴミを分別回収して、やはり良質な肥料の製造に成功している。
これらは分別の精度が重要で、コミュニティ規模で意識の高い家庭が揃うようになるためには、顔の見えるコミュニティビジネス組織が運営するのに適していると考えられる。台所ゴミに限らず、コミュニティ内の事業所から排出されるゴミは、現在のような産業廃棄物とする必要もなく、材料別に回収して、資源リサイクルする。さらに進展した段階では、汚水についても公共が敷設した分流式の下水管を最下流まで行く途中で、民間が運営する処理施設で買い取って、有効に再資源化することだって夢ではない。
こうしたコミュニティビジネスがオイコスのかたちを形成していく。ゴミの再資源化が進めば、負の財ではなく、正の財として流通することが可能となり[*10]、そうなれば、良い廃棄物を提供する家庭が増える方向に向いていく。
このようなビジネスがうまく離陸するためには、既存のシステムで優遇されている分を補うかたちの措置が必要であるが、そのための金融上の仕組みについても、特定目的の債券発行により、例えば自然エネルギー活用およびその事業化のための債券などのように、県などの単位で、いくつかのリスクも含めた事業債投資を束ねて、長期的に見て全体としてかなり有望な分野を早く開拓するような仕組みが考えられる。
反対にコミュニティビジネス組織側でも、金融を受けやすくするために、企業組織が複数集まって、その中で資金の必要ないくつかの企業をグループとして保証する方法や[*11]、地域通貨で必要な資金を賄うなど、さらには、公共団体が助成するにあたっての審査を、コミュニティの地域通貨による一般からの投資で、自動的に選別実施するなど多様な資金調達の方途が構築される必要がある。
また、大企業から独立するコミュニティ企業や、ベンチャー企業の叢生によって、社会のニーズに適った産業構成へと転換するには、民間の事業資金を賄う金融上のシステムを今後どう転換していけばよいのかについて展望することが不可欠である。地方の預金が中央で投資に回り、地方から流出している現状は、民間事業でも公共事業の特定目的型事業債券のように、有望な分野の企業を束ねて、全体的には将来性のある分野に早く投資しやすい制度を、地方銀行や信用金庫が手作りで作り上げていくことが望まれる。
最後に、まちづくりの領域では、地方文化の歴史を街並みに活かすまちづくりが進められる必要がある。地域で活躍している建築家を、街並みづくりの際に活用することが重要である。現在個々バラバラな建築行為に対して、街並みづくりという目的のもとに、事前調整する場を設けることが必要不可欠で、この部分が地域の建築家の協力の下で活性化するならば、街並みづくりは可能となる。さらに、ランドスケープデザインの専門家も街並みづくりで欠かせない。都市計画の専門家もしかりである。
これらに関わる情報自体が、一般の人々にはまだ馴染みが薄く、しかし関心は極めて高くなっている。小中学校の総合学習でも「地域」という分野で、まちづくりについて情報収集・整理・提案の能力を伸ばそうとしている。マスコミにおいても、多チャンネル時代にあっては、まちづくりの専門チャンネルも可能である。一般住民に都市計画・まちづくりの議論の過程を公開し、意見を求めることは重要である。マスコミやネットによる情報交換が、地域のまちづくり能力をさらに高次のレベルに向かわせることを可能にする。
街並みなどのデザインに関わる市民参加は、「か」「かた」「かたち」の理論[*12]における、「かた」の段階での議論の豊富化であり、「かたち」のデザインは専門家を適切に選び、「かた」の実現を委任することが相応しいことは、権限のあり方に関わる重要なポイントである。

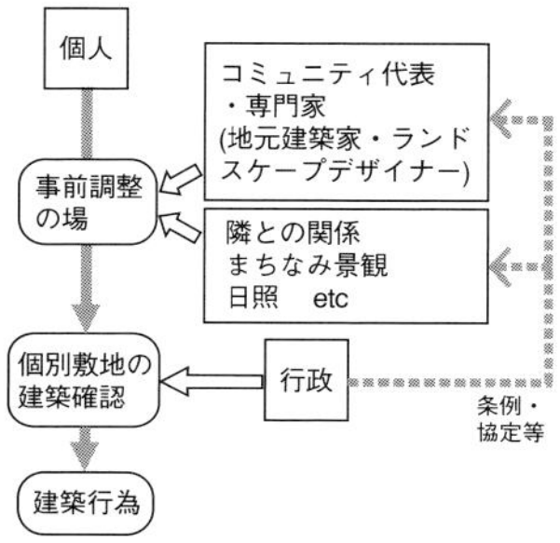

分科会での発言要旨

以上の考察は筆者がコーディネーターを務めた分科会を組み立てるに当たって、考えをまとめる必要に迫られて行ったといってよい。またその発表者との事前の意見交換や当日の発言から、多くの示唆を得られた。そこで当日の発言要旨を以下にとりまとめた。

柏木孝夫
東京農工大学大学院教授

金谷年展
慶應義塾大学大学院政策メディア研究科助教授

全員参加型エネルギー確保時代へ

柏木孝夫

現在は20%の人間が80%のエネルギーを、残りの80%の人間が20%のエネルギーを使用するが、今後発展途上国でもエネルギーをより多く使うようになる。国際機関 IPPC最新のレポートのキーワードは、DES、すなわちDevelopment、Equity、Sustainabilityであり、持続可能な開発発展で人類平等な技術開発政策となる。石油は偏在しているので国際社会で緊張を生む。ブッシュ大統領は戦略的にフューエル21を標榜し、脱石油の水素時代を打ち出した。アイスランド、イギリス、EUでも水素の時代という政策は同じである。風力、水力、ソーラーで水から水素、バイオマスで水素、あるいは賛否両論あるが原子力の核熱で水素を作る方法もある。

なぜ水素かというと、ビッグバンで最初に水素が発生しているし、地球として平等に与えられているのは水と太陽で、水を媒介として水素を得ることができる。

究極的には昼間、太陽電池で電気と熱を供給し、余った電力で水を分解して水素を燃料電池に蓄え、夜そこから電気と熱を使うゼロエネルギーハウスがある。

太陽電池製造などに化石エネルギー等を使うが、太陽電池製品は投入エネルギーの10～12倍のエネルギーを発生するので、化石燃料をより長く使うことになる。水素は水から製造でき、水はどこにも存在するというのは原理原則に則っている。2010年頃にゼロエネルギーハウスが出現する。もっともインフラが必要なので、長期的なビジョンのもと徐々に技術開発が進みマーケットが出現する。

電力の一方的供給社会から全員参加型のネットワーク社会へと変わる。起動力は経済スキームであり、自由化である。コスト低減にもつながる。顧客が自分の好みに最も適った選択をする。例えばソーラー電力会社などを消費者が選ぶというように。2005年には電力の取引市場開設の予定となっており、マンションなどで余剰の電力を売りながら参加することも可能となる。

燃料電池・水素エネルギー社会の家とコミュニティ

金谷年展

2005年度中には家庭用の燃料電池が基本的には全国で販売される。化石燃料(天然、LPの都市ガスタイプ)型燃料電池で、国の試算では、2010年に210万kW、2020年には1000万kWの規模である。エンジンやタービンは容積が大きいほど効率が良かったが、燃料電池は容積が小さくても効率が落ちない。固体高分子型燃料電池では家庭用スタックそのものは45%の効率であり、これが改質装置などのため効率が落ちても34%程度は可能である。

家庭に各々設置される場合、冬は暖房・給湯があるが、夏の廃熱利用が問題で除湿・乾燥機など住宅そのものが、熱をうまく活用する形を必要とする。現在住宅メーカーがガスエンジン型の住宅を販売しているが、新たな家のかたちが必要である。これは第1フェイズに位置づけ得る。

青森県でエネルギー特区の実験を行っているが、現在の法では余剰電力は電力会社に売るしかなく、価格が低く設定されて有利性がない。今のままの価格体系ではコミュニティで融通し合うほうがよい。個別燃料電池では20%の効率が、ネットワーク化では34%に上がる。これが第2フェイズである。

第3フェイズは、化石燃料ベースの燃料電池から非化石燃料ベースに変わる。バイオマスのメタン発酵や、ゴミ発電も現在は燃焼タイプで大型のものが主流だが、注目は炭化熱分解や水素発酵などの小型分散化できるタイプである。その他に超臨界水分解技術も分散型水素貯蔵として注目される。

エネルギーは、現在は点のソリューションであるが、ネットワーク化による面、すなわちコミュニティのソ

熊本一規
明治学院大学教授

佐藤賢一
なりわい文化都市研究室代表
Ⓒ岩手日報社

リューションが望ましい。

ごみ・リサイクル問題の展望
熊本一規

現在、一般廃棄物は、税金によって処理されており、生産者は処理のことを考慮しないで野放しの生産を行なっている。有料化しても野放しの生産はやまず、そのツケの押し付け先を税金から指定袋に変えるだけである。正の財(品物と金が反対方向)では不法投棄は起こりようがないが、負の財(品物と金が同一方向)は不法投棄すればするほど支払う料金は少なくなるので、排出量に応じて料金を取ろうとすると不法投棄が避けられない。ヨーロッパでは拡大生産者責任(EPR)により、処理・リサイクル費用を生産者に負担させ、生産者は負担した処理費用を製品価格に含めることになる。そうすると売れゆきが落ちるので、生産者は処理費用を少なくするよう努力することになる。EPRは、OECDで研究されてきたが、EPR研究プロジェクトの費用は日本政府が負担している。日本では、容器包装リサイクル法や家電リサイクル法でEPRが実現したと喧伝されているが、EPRはほとんど実現できていない。回収・リサイクル費用を生産者が負担するのがEPRであるが、容器包装リサイクル法は、回収・圧縮・梱包・洗浄・保管などは自治体費用で、その後生産者が引き取る方法であり、ほとんど自治体負担の制度である。家電リサイクル法は、排出時に消費者が負担するからEPRが全く実現していない。

産廃は、PPP(汚染者負担の原則)で事業者が処理することになっている。事業者責任を問うのはいいが、処理を事業者任せにするのは問題である。正の財では、お金とものの流れが逆方向を向いており、お金を負担した者に財が来るので、その質が価格に見合ったものかがチェックされる。しかし、負の財では、お金の流れとものの流れが同じ方向なので、ものがお金の負担者に来ることがなく、チェックされることがない。したがって、産廃は易きにつき、不法投棄や不適正処理が横行する。それらをなくすには、中間処理施設を指定して、そこへの搬入を企業に強制することが必要である。もちろん、処理の費用負担は事業者である。

従って、一般廃棄物はEPRにもとづき生産者による処理、産廃は公共を中心とした中間処理施設で処理という、今(一廃は公共による処理、産廃は事業者による処理)とは逆の方法が適切である。

人・生業を育む壁のないオイコス—東京とソウルから
佐藤賢一

新しいライフスタイルの１つであるSOHO等ベンチャーの創業率がそれほど増えていない。戦後日本ではソニー、ホンダが1946年に設立され、アメリカでは、シリコンバレーを中心にインテル(1968)、アップル(1974)、マイクロソフト(1975)などが設立された。

現代社会になじめずフリーターを決め込む若者達が創業者になり得るか。ものづくりコミュニティを育むために、「タウンマネージャー」が必要ではないか。千代田区では空きオフィスをSOHOにコンバージョンし、起業家を育てる現代版「家守」を考えている。

韓国ソウル市内にテヘランバレーというIT企業の集積地で、経済危機後ソウル市が、公団の高度化資金で空きビルを借り、ベンチャー企業を募集し選び育成する仕組みのインキュベーションセンターを立ち上げた。

産業構造もピラミッド型からものづくりネットワークによるフラット型に変化している。葛飾のおもちゃ産業の例では、アイディアが本社、生産はアジアである。また、ＮＣネットワークは、全国の製造業約12,000社が登録するインターネットの受発注サイトを運営している。安原製作所は、京セラからスピンアウトした社長と幼い頃からの友人の２人のカメラメーカーで、社長自ら設計し、中国の国営工場で生産し、ネットで販売する。これらのベンチャー企業はネットワーク化で企業間提携により成立する。

SOHOをはじめスタートアップするIT企業は、職住近接で家賃の安い場所を求める傾向があり、結果的に用途が混在する地域に棲息する。こうした場所を「生業文化都市」と呼んでいるが、いまだ誰も計画したことのない都市(創造的都市)である。

テヘランバレーの裏側・奥に、アート系ベンチャー企業のシーズベットとなる浦二洞がある。墨田区や千代田区神田に似た生活臭あふれるこの町は、クライアントとフェイス・トゥ・フェイスの距離にある。ここで成長した企業は表のテヘランバレーに事務所を構える。高度情報化時代は企業境界だけではなく国境をも溶解し、フラットな社会を出現させる。
ソウルは東京から２時間で行ける。日帰り出張の可能な国や時差のない国どうし、北東アジア経済圏の中心、さらには環日本海で一番太い軸状ネットワークとして、より活発な交流が行われてよい。

前田正尚
日本政策投資銀行政策企画部長

持続可能性・多様性・関係性の満ちる社会へ
前田正尚
社会全体を図式化すると市場と非市場があり、市場の圧力が非市場分野にかかり、反対方向には環境面の圧力が市場の世界にかかっている。個族に関しては、３人以上世帯数は減少し、一人世帯は増加している。個族の増加が環境エネルギー負荷を増大させる面もあり、「モノ」を所有しないで「機能を売る」サービスが今後重要になる。事業主体となる企業やNPOは組織・資金面の課題は類似しているが、企業は配当が目的、NPOはミッションが目的であることが異なる。
地方でお金が回っていない状況は、地方圏での預金のうち貸付には65%しか回っていない一方、３大都市圏で100%、東京圏では140%回っている。コミュニティビジネスにお金を回すためには金融機関側がNPOやCBにテクニカルアシスタンスを行えるよう両者の共通言語が必要である。金融側もアンバンドリングで専門分化しつつあるが、プロジェクトを組み直すリバンドリングが必要である。
当行ではコミュニティクレジットという仕組みに取り組んでいる。融資の困難な個々の中小企業が信頼を基盤にネットワークして、例えば震災のあった神戸の例では15社のうち６社が事業をするときに、他の企業が出資・保証して信頼を高め融資を行いやすくしている。
地域通貨も地域の活性化の有力な手段となる。もともと疲弊したお金のない地域でどう仕事を回していくかという問題意識で、カナダなどで起こった。自発的に発行し、一定の地域に流通、利子はつかない。非市場分野の媒介評価、環境やコミュニティの価値観を付与、地域の循環促進という３つの機能がある。アイディア段階だが、将来的にはコミュニティクレジットに一部地域通貨を入れることも考えられる。
今後は、企業の社会的責任投資（SRI）など、投資する人が自分のお金を何に使いたいかを反映させる方法が必要である。風力発電のファンドなど通常の利回りより低くても市民に満足感をもたらし支持される事例がある。
地域を活性化するためには、人が多重に帰属することが必要と考える。仕組みとして住民票を２つ持つことが有効ではないか。地域から外に、金を流出させず、人や金の流入促進をはかる戦略が重要である。

フロアとの質疑応答を踏まえての分科会のまとめ
廃棄物処理方式については、一般と産業の区別なく材質ごとに処理するシステムが望ましく、食品廃棄物処理では全国的に、コミュニティの中で一般・産業の区別なく実現している。新たな方式を実現するにはプレーヤーを替えていく必要がある。例えば民間事業者がゴミ処理をビジネスチャンスとしてリサイクル事業に参入できる仕組みが重要である。
生ゴミは搬送に適さないが、水素を２日間で小規模でも効率的に取り出せる技術が存在する。規模の経済ではなく、広域化しないでも対処できる技術である。一方メーカー責任のリサイクルであると広域化せざるを得ない面もある。しかしこれとて、請負い方式などにより、コミュニティビジネスとして成立させることも考えられる。
コミュニティを基礎とした分散処理型社会はすぐそこまで来ている。電力エネルギーは公益性から事業法に基づいて規制されてきたが、エネルギー基本法が議員立法で成立した。そのうち最重要なのが市場原理の導入で、2005年までに電力自由市場の設立が法文化されている。2004年には500kWまで自由化が進み、さらに50kWまで進めば、かなり分散化発電が進むし、需要と供給のマッチングを行うブローカーも出現する。そうなると、大きなインフラを所有している大手の電力会社はどのようになっていくのであろうか。情報を無線化するのは容易であるが、エネルギー伝送を無線化するのは困難であり、電線インフラは電気エネルギー供給上必要不可欠であるから、いわば使用料タイプの展開も想定される一方、圧倒的な自社の供給量を本業として確保せざるを得ない。とすれば、その場合に必要なのは、高い次元から将来の方向を見据えての舵取りである。バイオマス等による分散型エネルギー供給を促進する方策が必要不可欠なのであれば、需要地で住宅と商業・業務のミックスした500戸程度単位ごとにループの電線を敷設して既存の電線網に１点で接続する方式(これが合理的と想定されている)を採用しやすいように公的助成措置がないと、市場原理だけでは目指す方向へいつまでも進むことができない。

経済特区を活用するのも一法であるし、ゴミ収集など公的事業の見えない費用負担の明示化などを通じて、市民が合理的な選択を目に見えるかたちでわかるように表現することが求められる。

国内の森林資源の正しい活用法は、国産材の活用であろうが、育成、間伐、製材、建具をすべて自社で行い安価で住宅を供給する企業が北海道に存在している。おが屑で材木を乾燥させ、節付きは合板床などとすることで材料の歩止まりが高い。目的意識が使命感に基づくこうした企業も含め、コミュニティビジネスの定義はさまざまであるが、その活動は利益追求のみではない。

30年先を見通すことは容易ではない。ネットワーク社会で情報が緊密にやりとりされると複雑性の効果は倍加され、大きな結果の差をもたらす可能性も増大する。前提条件がこうしたネットワーク型の技術革新で大きく変化するので、現在の合理的な方法でさえ陳腐化する恐れが大きい。ましてや社会システムや決定方式の文化・慣例などのために、将来見通せる不具合を無視して強行される公共事業には、思い切った対応をできる仕組みづくりが不可欠である。

インターネットで個人が直接社会に面するつながりも、フェイス・トゥ・フェイスの安心感も必要である。コミュニティにおいてはわかりやすい技術、プログラム、システムが重要である。国際的な標準などは前提となるかも知れないが、わかりやすさが安心感をもたらし、コミュニティで支持される。自分たちで選択する環境のレベル、および金融システムも専門家のサポートを前提としてわかりやすい仕組みとしていくこと、複雑なことでもスリリングな種明かしのように、説明され、安心感をもたらすことが重要である。

◎註
＊1 E.F.シューマッハー『スモール・イズ・ビューティフル　人間中心の経済学』(講談社学術文庫1986)
＊2 柏木：分科会発言
＊3 金谷：分科会発言
＊4 熊本：分科会発言
＊5 熊本：分科会発言
＊6 柏木：分科会発言
＊7 青井和夫「世代間の協力と社会保障」(社会保障研究所編『経済社会の変動と社会福祉』9章、1984)
＊8 ラルフ・ダーレンドルフ『ライフ・チャンス「新しい自由主義」の政治社会学』創世記(1982)
＊9 金谷：分科会発言
＊10 熊本：分科会発言
＊11 前田：分科会発言
＊12 菊竹清訓『代謝建築論―か・かた・かたち―』彰国社(1970)

4章
これからの人間居住

戸沼幸市を師と仰ぐ人々、志を同じくする人々による寄稿を掲載している。それぞれは独立した論文であり、整然とした体系にまとめられるものではないが、天地開闢の一瞬に垣間みられる混沌の中の秩序をもつものである。かつて戸沼の恩師・吉阪隆正が不連続統一体(Discontinuous Continuity)と呼んだように、多様な独立した個性を生かしつつも、相互に有機的に連携し、統一のある全体像が浮かび上がる。

生命循環都市のヴィジョン

重村　力

循環型社会と持続可能な社会

2003年６月末、日本学術会議農村計画学研連と神戸大学の共催で、国際シンポジウム「多様性の中に循環型社会の未来を探る」が３日間にわたり開かれた。私は実行委員長となり、2002年から科学研究費を得て、ドイツ、フランス、キューバへと論者探しの旅を重ねた。学術会議研連の仲間と手分けしてアジアの専門家たちも呼び集め、様々な地域から、様々な分野の経験と理論が語れるスピーカーの参加の承諾が得られた。この企画過程と会議を通じて「持続型社会」と「循環型社会」という言葉とその相互の概念の関係が問題になった。私たちは日本語のタイトルは循環型社会にし、英語のタイトルではsustainable societyとし、その違いに関わる問題をも討論の対象とした。

ローマクラブの有名な報告「成長の限界」や70年代の環境問題の顕在化以来、20世紀の工業化社会が引き起こしてきた地球環境破壊に対して、新たな社会に求められる理念として脱工業化社会（post-industrialized society）、代替技術（alternative technology）の理念が現れた。だがこれらの理念は、まだ曖昧な点があったり、断片的な概念であったりしたため、より包括的な力強いイメージを伴う概念が必要になった。「持続可能な開発」と当初訳され、その後「持続可能な発展」という訳語が定着してきたサステナブル・ディヴェロプメント（sustainable development）という概念はこれらに代わる概念として登場した。1992年のリオデジャネイロ国連環境サミットにおいて、気候変動の防止や生物多様性の確保の目標、アジェンダ21（行動計画）と並んで「持続可能な発展」はようやく国際機関や各国の大きな目標として堂々と認知されて今日に至っている。

「持続型社会」（sustainable society）は、「持続的発展」という概念から進んだ理念であり、「持続可能な発展」を支えるのは各地域であり、それには社会の持続的安定、すなわち社会の構成員やその文化的充実とも関係した安定があって初めて可能になるという道筋からたどり着いた概念である。それに比べて循環型社会（circulatory society）は、日本でのみ用いられている資源循環に偏した概念である。地球環境問題にはもちろん資源問題という側面もあり、日本では環境問題は、水俣病に代表される環境汚染の問題と、石油ショックという資源枯渇問題（どちらも70年代初頭）の２つの契機から議論が急に始まった。汚染問題に対しては70年代には謙虚に対応し数々の環境汚染防止技術を開発し、省資源技術も発展させた日本だが、バブル期に再び開発至上主義に転じ、その後経済の低迷にあえぎつつ、社会のあり方や、都市文明のあり方を問うところまで、政府や国民の関心が十分には進んではいない。わずかに地球温暖化防止の京都議定書の議長国になっている点が救いである。

これらの問題の解決法としては、20世紀の都市文明をもたらした、生活・産業体系そもそものニーズが地球に与える負荷そのものを軽減することに意味があり、それには人間ファクターと、価値観の問題が何よりも重要なのだが、どうも物質的な側面に偏して環境問題を捉える傾向がある。日本の行政概念としての循環型

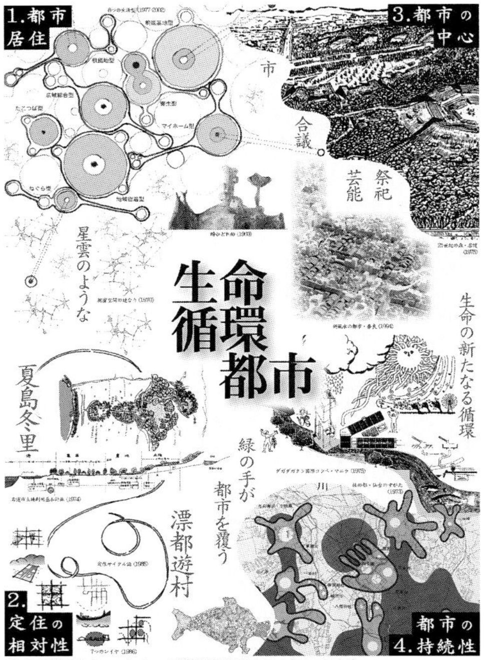

生命循環都市のイメージ（建築雑誌2002年11月号）

社会は、2000年の「循環型社会形成推進基本法」に見られるように、物流や産業構造の改編にターゲットがある。だが地域社会と共に、地域環境や都市空間を持続可能な姿に変えてゆくというイメージはまだ希薄である。

持続可能な環境への再充実の試み

70年代早くから近自然工法などの形で、あらゆるレベルの国土空間を少しでも自然環境の側に近づける努力を重ねているドイツでも、もちろんこの循環という概念を見ることはできる。ドイツでよく見る標語は3R = Reduce, Re-Use and Re-Cycle すなわち使われるまたは廃棄される物の削減、再利用、循環である。だ

がそれよりもここで目につくのは国土を再自然化し、美しく生命活動に満ちた大地や水辺や空気や生物を取り戻そうとする熱意である。それには物質循環を超えた生命の循環という発想が必要であり、建築も都市も農村も含めあらゆる空間の環境的再充実が求められる。ドイツでは様々な環境でそれが始まっている。

都心での雨水浸透・浸潤を伴って整備されている野の道に近い都市の歩道・公開空地・池、大小の河川の再自然化、郊外と農村でのエコビレッジ運動、産業遺構を廃棄せず文化的に再利用し、また巨大なオブジェ・モニュマンとするエムシャー川流域のプロジェクト、自然エネルギーを活用する建築のコンペや建築展(IBA方式)などがそれである。

エコビレッジの運営や産消提携に障害者等の弱者も巻き込み弱者雇用をも同時に果たそうとする試みもある。多様な主体の共生と自然との共生、二つの共生を実現する政策は、肯定的に赤緑連携とも呼ばれ社民党と緑の党の政策提携として行われている。ここでは地域社会の参加を抜きにした環境や循環はありえない。文字どおり社会そのものの持続可能性がテーマとなっている。

アメリカとの政治的紛争から、物流を制限されているキューバでは、ソ連圏が健在な時代はプランテーション時代からの産物を引き替えに様々な物資、資源を得ることができた。90年代ソ連の崩壊以降、貧困のまま経済的に孤立したこの国は、太陽の恵みの旺盛なキューバの自然と、底抜けに明るい協同的な社会こそ財産であるという自覚に達した。ここでは今都市の廃棄物とミミズによってつくられる人工有機土壌をいれたおびただしいプランターを、都市のあらゆる空地に整然と並べ、簡便なスプリンクラーを設置した有機野菜をつくるオルガノポニコと呼ばれる都市農業空間が、ハバナのみならず、多くの都市に広がっている。これ以外にもエコロジカルに国土を変えようとする試みが行われている。旧来のプランテーション農業やその後の画一的国営農業の改編、農業の有機化、都市公園の緑化と放置ゴミの一掃運動、自然エネルギーの種々の活用などの、様々な分野に及んでいる。もともと植民地時代のプランテーションによって国土のもつ力が弱かったところへもってきてアメリカの観光地となり、さらに革命以降経済封鎖が長く続いているため、富そのものが豊かではなく、環境的課題は大変大きい。だが映画「ブエナ・ヴィスタ・ソーシャルクラブ」に描かれたような明るい社会がある。50年代の自動車でもぴかぴかに整備し再生して使い込むという習慣がある。60年代の浪費文明の流入以前に革命と封鎖が始まったので、モノが大切な価値観がまだ生きている。徐々にいまの方針がもっと目に見えてくるだろう。

東アジア(東北・東南アジア)の国々では、プランテーションの経験の有無と程度や開発過程、工業化のスピードなどにより、様々な違いがあるが、環境問題で共通しているのは、比較的近い時代まで持続的で生命循環を前提にした農村社会があり、地力を消費し尽くさない自然との付合い方の文化があった。これらの仕組みはこの四半世紀の急速な工業化都市化とともに、長年の安定から崩壊のカタストロフィーに直面しつつある。環境と共に地域社会の存続が危機に瀕している。それらを大至急つくろう必要が生じている。いわば現代文明と持続してきた文明との間の折り合いをつける必要がある点で共通している。

神戸宣言における4つのアジェンダ

先に述べた神戸のシンポジウムでは、これらの経験が討議され、特に生命の循環という概念や、地域の知恵(local wisdom)という概念が強調された。これらを総合して、私が起草し四つの項目からなる宣言を採択した。大きな論点は以下のような4項である。

①物質循環からいのちの循環へと発想を進めなければならないという点

②標準化や均質化をもたらした工業化と違って、多様性の持続とその回復こそが目標に含まれていなければならず、多様な分野、地域の試みを相互尊重しつつ交流を深めなければならないという点

③地域に持続されている自然とのかかわり方の経験的知恵(local wisdom)と、現代科学の知見を総合化する必要があるという点

④環境学習の推進、環境倫理の普及、地域的な運動支援システムの確立が急務であるという点

の4点である。

これらについて以下に引用する。詳しくは筆者の研究室のHPを参照されたい。

http://epsd.scitec.kobe-u.ac.jp/~ssde/japaneseframeset.htm

物質循環から、いのちの循環へ

資源を収奪し浪費する文明を脱却し、資源を大切にする新しい社会への道筋として、「循環」という概念が重要視され、これに基づいた様々な取組みが行われている。だが、単に工業生産物や都市の廃棄物の循環の回路を構築し、エネルギーを節約するだけでは、真の循環システムとはならない。必要なことは、いのちの循環を尊重することである。太陽を原動力として大気や水の運動に表れるエネルギーと物質の循環が地球基盤の根幹にある重要な循環である。海や川や大気の自然な循環がもつ仕組みに敬意をはらい、それらの再生と持続を大切にしなければならない。さらにそれらを基盤にした、いのちの循環が大切である。このいのちの循環こそ、私たち人類の存続と私たちが生きる世界を形成している多様な生物系の存続と大気や水や大地の質をも保証している。人間が介在した生産物と廃棄物の循環はこれらに加えて必要な循環であり、地球といのちの循環の持続が成り立ち続け、損なわれないよう、生産・生活活動の新しい転換と制御とを含んで要求される循環である。そのことこそ、人類と自然の共進化(co-evolution)の摂理である。

多様な試みの必要性

あらゆる地域と分野において環境負荷の軽減につとめ、再生可能なエネルギー資源の活用法を開発することをはじめ、環境と資源の保持や持続的再生産を可能にする生活と技術とを様々に試行し追求する必要がある。今回多くの地域、分野における事例が報告された。現代都市のエコロジカルな再改造、都市廃棄物のエネルギー化・資源化と都市農業の展開、都市緑地とその生物多様性の確保の価値について、基礎となる資源の再生産の回路の新しい産業化の展望や都市の向かうべき方向が議論された。

流域として河川を取りまく自然の総合的管理と再生推進の方策、流域レベルでの伝統的土地利用システムの生態学原理をふまえた土地利用の再評価や、流域における川の再生の重要性と諸課題と方策が確認された。

農業における持続性確保のための地域的多様性の重要性について、また農業の有機化と消費者の参加が議論された。これらを包含する新しい社会システムの考え方や、都市・農村関係を再検討する必要性、産業のあり方、様々な団体や行政機関および個人の役割、農業および農村の課題と方策が明らかになった。あらゆる分野、あらゆる社会的主体にその工夫と実践の役割がある。それらの試行と経験、知見を世界的に交換し相互に検証し、成果を共有することが重要である。

地域の知恵と科学の知識の融合

文明と技術体系の発達によって、今日では世界全体が一つながりの文明として見えてきた側面もある。私たちは安易なグローバリゼーションという考えをとらないが、個別課題の解決に際しても、総合的で普遍的な課題を解く必要性を認識する。環境に対する新しい技術や計画の体系の構築を探求するためには、これまでの科学を批判的・俯瞰的に検証し、これを異なった成果をもたらす体系へと再構築する必要がある。20世紀の工業的科学観は、もっと環境と生命の概念を含んだ生態学的な理解と、生命の育成の視点をもつ農学的科学観を含む新しい科学へと再構築される必要がある。ドイツやキューバにおける一定の成功はこうした現代科学の新しい発展の可能性を示している。

ここではまたそれぞれの地域や環境に関わる様々な主体のもつ技術ないしはその体系の学び方についても議論された。地域の知恵ともいうべき伝統的な経験に基づく自然の利活用の技術と知識の体系が議論され、それらの重要性が認識された。それは、第1にはそれらが時間を経て吟味され淘汰され洗練されてきたものであり、第2には地域という複雑系である環境の1つの切片の具体的な状況のもとにおいてよく検証されてきた知見の体系であるという意味においてである。そのことを認識したとき、私たちは地域や環境に対して、これまでとは違う関わり方を構想するにあたって、地域の知恵を重視する必要がある。すなわち地域の知恵と科学の知識を融合する、多元的な含む総合科学としての新しい同時代科学の方向が見える。

環境への取り組みの新しい作法

様々な社会的主体を巻き込み、多様な団体や個人が新しい環境技術や生活文化を体験的に開発し、さらにそれを普及活用するために、様々な方策が必要である。環境教育もその1つであり、学校教育から社会教育のレベルにおいて環境問題の理解と新しい対応を推進することが極めて有効である。また生活文化と結びついた価値観、新しい環境倫理を、すなわち環境への人間の新しい作法をゆっくりと築き上げる状況を形成する必要がある。環境教育の推進のためにも重要な、地域における様々な試みが相互に有機的に連携し、効果を増幅できるよう地域支援システムとその拠点の運営は、この問題の社会的解決と推進にとって有効な方法である。

都市に求められるもの＝生命循環都市

持続可能な地域環境のあり方が、このように求められている時、改めて、都市という存在は、今後どのような役割を担いどのように変わるべきかという問いが、大きく残る。20世紀においては資源収奪型の工業の急速な発展を原動力に、都市空間が膨張した。また都市空間とその営みを支える意味で、多くの周辺環境や亜自然環境が都市に奉仕する形で非可逆的に不自然に改変され、実は大気圏外までその影響は及んだ。では都市は全否定しうるのか？答えは否であり、私たちはアウタルキー（Autarkie/自給経済）のモデルに戻ることはできない。また人類が得た文化の集大成を放棄することはできない。21世紀の都市とはどのような課題をもっており、どのように役割を見出したらいいのだろうか。私は2002年「建築雑誌」11月号の「都市の行方」という特集に際し、「生命循環都市」というマニフェスト風の小論を書いた。また2003年７月これを発展させてアーヘン工科大学での“Manifesto Utopia”「明示されたユートピア」と題する、マンフレッド・シュパイデル教授退官記念シンポジウムで講演を行った。この考えを以下に整理してみたいと思う。

持続可能な社会と都市は矛盾対立の関係にあるのではないと私は考えている。

環境全体がエコロジカルな平衡を取り戻すにつれて、環境の節（node）として存在する都市はそれらの多様な要素の文化的複合、交流、交換の舞台としてますますその存在意義を増すと考えられる。また高度な複合を反映した複雑系としての性格を強める。情報系の発達は都市の物的負荷を軽減するが、人と人の交流や人と物の交流の直接のインターフェイスを代替することはできない。これらを果たす大きな舞台が、人々が近接して住まい、また来訪者を含め、人を介在して物が交流する空間、すなわち都市である。自然との関わりにおいてその再生産を損なわないように営まれるべき生活がそこで展開される。それらは社会空間としてはよく発達し、環境的に抑制のきいた新しい都市像を含んだ世界に展開するだろう。生命循環の仕組みから見ると、都市は以下のような重層的な構成の中に位置づけられると考えられる。

生命循環は一次的には自然として与えられた地球の循環系の中に内包している。

２次的には人間が介在して注意深く築き上げた再生産可能な人間自然系の環境の仕組みに組み込まれている。

３次的には、これらの仕組みを持続させる知恵やこれらから得られる成果の交流の文化システム、すなわち都市の節目と網目の仕組みによって、高度な複雑系としての力を発揮し、持続の力をえている。

このような持続的環境の重層的構造の観点から都市の生命循環としての側面について、何を重視するべきで何があらためられなければならないかについて、１）都市居住という側面、２）都市農村ネットワークという側面、３）都市の交流機能という側面、４）都市の持続という側面、の４つの側面から考えてみる。

多様性を本質的に包含する都市

都市は多様な主体からなる複合である。世代、性、人種、文化、経験、技芸、職、の異なる多様な人々の生活が近い空間に集積しており、それぞれの生活空間が複合化されていることに意味があり、それらが新しい価値を生み出す。日常生活の異なる様々な多くの生活の型が都市空間の中に内包され、都市空間はまた新しい型を胚胎し生み出している。住居や、近隣空間や、都市空間そのものへの意味づけが生活型によって異なっている。それらの複合が衝突せず、協同の力や、様々な可能性の複合の機会をもたらすよう、よく調整された都市空間にたどり着くことによって、都市はその本来の機能を発揮する。様々な生命の複合効果をもたらすことこそ都市の一義的な力である。

美しい町並みとはこれらの調和と調整の成果の美しさである。近代以前の町並みの美しさに比べて現代都市が十分に生活感のある美しい都市景観を創り出し得なかったのは、ここに原因がある。すなわちある生活の型が他の生活の型を押しつぶすのではなく、相互が生かし合うような空間の型、生態学的な調和の形を現代都市において追求する作業が20世紀から引き継がれた課題としてある。

定住の時空的相対性と居住の場所

都市だけに人間が居住しているのではなく、生活の集積している集落は農山漁村地域に広く存在する。都市や村落の定義が難しいが、おおよその数え方をすると、この国には1,000を超す都市（市街地）、10万近い村落が存在する。村落の生活と社会は、農山漁村の生活が現代化したとはいえ、基本的に直接に田野・森林・海辺に関わり、これらを管理している。都市がそれらの恩恵を一方的に享受していることに比べて対照的である。

都市と農村の居住の関係は、かつては農山漁村から都市へと一方的に人口が流動し、人口の都市集中と村落社会の衰退という結果をもたらした。だが都市農村関係の新たな展開によって、様々な新しい都市農村定住の形が出てきた。日常的にも日々は都市に向かい、村に拠点を置き、週末には山野河海をふりかえる暮らしは、情報と交通の発達でますます可能になってきた。そこでは都市とは機能的に交わり、社会的文化的には村邑と深く関わる。さらに年周期においても、ネットワーク的に居住するかたちがさらに発達するだろう。季節ごとに奥地と都市部を住み分けるかたちでは、これまでも海女の住む島と都市では夏島冬里の型があり、林業の山村では夏山冬里の型がある。環境管理や地域協同社会の維持と、都市の利便的生活との共存である。人生の周期においても、若い時に都市に遊び(学び)、長じて村に戻るかつての定住の型から、壮年半ば過ぎ村に戻る若都−壮邑の定住の型もある。さらには都市での定年後に帰農する形も発達してきた。都市に

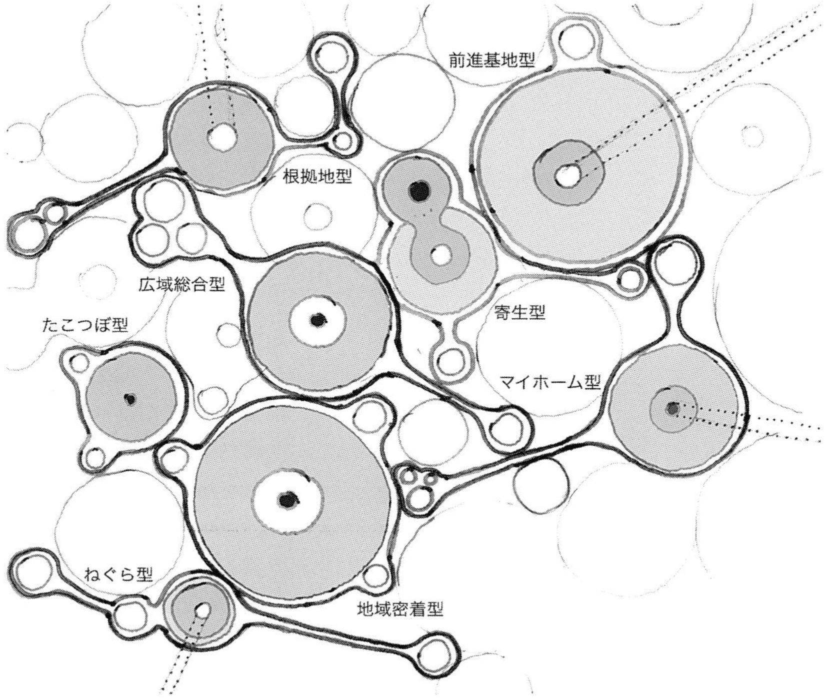

都市における生活複合＝８つの生活型（1974〜2003年　重村力）

新風水都市ならにおける７つのレイヤー（重村力 1994年建設省コンペ「100年後の奈良町」）

拠点を置く住民では、週末に野山に出向く形（別荘や週末農家）から始まり、壮年もすぎ村に入る（Ｉターン）型に至るまで、様々な村との関わりが発達してきた。漂都－遊村の定住サイクルのあらたな展開は、都市と村を再活性化する新しい生命循環として大きな可能性をもっている。またこのような定住のネットワークの発達はエコロジカルで持続可能な国土の再充実と保持のヴィジョンをさらに豊かなものとする。

豊饒な生命の交流の舞台

都市の機能の将来を考えたときに、情報系の発達は都市を相対化するという考えがある。すなわち就学、就業、通院医療などの行為は情報系の発達によって、都市的集積から脱却し得るという論がある。だがこれは間違いであろう。情報系の発達はこれらの機能の立地すべき場所として、必ずしも大都市を必要としなくなることに貢献している。だが都市の本質は、交流にある。かつて潤沢な水があり、交通の集まる場に、時間と空間を定めて、市が立ち、祭祀がなされた。やがて合議や芸能の場へと発展した。それらを包含する場所こそ闇の中に光のあふれた空間でなければならなかった。広場が発達し、壮大な建築空間がこれに加わった。これらが都市の最初の機能であり、そして結局最終の機能である。人々が出会わなければ存立しえない「広場＝交流のインターフェース」機能こそ都市の役割としてますます重要になる。異なるものを結ぶことこそ、生命の増幅をもたらす。自律的で分散中心的な節を多くもつネットワークの個々の中心である都市は、そうした機能を様々に分担し合い、ネットワークの中での固有の意味をそれぞれに帯びる。

都市の持続性

都市はそれ自体が他の領域の存立を奪って存在してはならない。そのため都市自体の負荷の軽減のための大きな努力が必要である。都市空間そのものを可能な限り自然の側に近づけ、その生命力を用いて環境を循環的に保持する機能を強化する必要がある。森や水辺、草原という小自然を都市的集積の中に随所に確保し、開発による環境への負荷を軽減する努力はもっと進めなければならないし、負荷の少ない開発の研究もさらに進める必要がある。だがさらに進んで都市はその周囲の亜自然地域、農山漁村地域と共に、資源生命の循環性を恢復する中心装置としての役割をも兼ねなければならない。例えば、かつて江戸＝東京市はその有機物によって周囲の森林と田畑からなる近郊地域の循環的有畜農業を成立させていた。グラナダのアルハンブラ宮やヘネラリフェ宮の噴水や花畑のカスケードの水は、サイフォンで遠方から導水され、宮殿の足下に広がる広大な農地への灌漑用水の給水拠点をかねていた。都市はエコロジカルな環境循環の拠点としての役割を今後担って行く。森や浜、山野河海に存在する生命の多様性、微生物の力、陽光や風やせせらぎや波浪のもたらす力を得て、生命の新たなる循環過程を生むべく、地域空間に築かれる大きな仕掛けこそ21世紀の大きな仕事である。森が再び都市に向かうとき都市は徐々に循環性を取り戻す。

「新風水都市なら」のイメージ　1994年

「サステナブル・アイランド」への道

村林正次

何故、今、国土を考えるのか？

21世紀に入り、様々な変革の波が徐々にではあるが押し寄せている。行政改革も三位一体論の入り口までは来ており、政策評価や行政評価等も実施されつつある。住民参加等も法制度的な位置づけもされ、実績も重ねられている。PFIやNPM（ニューパブリックマネジメント）そして政策・行政評価、独立行政法人化・民営化、介護保険等の多様な動きが見られる。深刻な高齢化や財政難を背景に社会の仕組みへの再編がようやく進みつつある。

しかし、わが国の国土は全体としてひどく荒廃してしまった。公害汚染、森林の荒廃、過疎地域の増大、地方都市の衰退、自然環境汚染、干潟喪失等枚挙にいとまがない。特に、戦後からの半世紀は経済的にも技術的にも国際的な地位を築いてきたことに比べて、あまりにも対照的である。

ところで、国土構造に影響を与える国会等移転議論がまだ決着していない。国会等移転は何度かの遷都ブームの後に法制化のもとで移転に向けて動いているが、移転候補地が定まらない状況である。多くの国民は総論的には賛意を示しているように見えるが、情緒的な感覚で判断しがちであり、候補地決定後の東京との比較考慮の段階に入ると違った反応をする可能性がある。しかも、今や一極集中問題やバブル問題の様相が変化した中では、国民も企業もそして政治家ですら、その関心は薄まりつつある。これは、要は、移転の本当の必要性そして移転による影響や効果が明確に説明されていないことも大きな要因かと思われる。移転理由にしても、人心一新論ではあまりにも情緒的にすぎるし、一極集中回避にしても、本当にそうなるのかが不明な状況では誰も判断できない。首都という概念で考えるのか、機能としての国会等を捉えるのかによっても異なる。この国会等移転も含めて、今後は人口減少や経済的停滞（成熟？）などの右肩上がりが本当に終焉した中での計画づくり・事業展開が問われている。人口も住宅も土地もが減少することを前提にした計画づくりとは何を示すのか？ヨーロッパではすでに右肩上がり時代は終焉し、ある意味では経験済みであるため、その経験はわが国でも参考になる。しかし、国の人口が大幅に減少する状況ではないため、今、わが国が迎えている局面は、初めての状況であり、その解決には大いなる創造性が要求される。

都市別、地区別等の個々の計画や工夫は重要であり、それなくしては具体的な変化は起こし得ない。しかし、個々の積み上げだけでも十分ではない。国土全体を鳥瞰した新たな視点が不可欠である。

まさに、わが国が永続的なすまいとしての空間を創造・維持するためのサステナビリティーが問われており、まさに「サステナブル・アイランド」としての国土形成が求められている。

環境に最も配慮した国土形成をしてきたわが国の精神はどこへ？

振り返ってみると日本は千年前から水害や台風等の自然災害と闘いながらも自然と親しみ、自然と共生してきたはずである。居住形態や住まい方はもちろん、国土の大半を占める森林を活用するとともに育成・保護してきた。

わが国では、木材も燃料としてそのまま燃やさずに、古くから炭として使っており、海外に比べはるかに効率的・持続的であった。植林は数百年前から全国的に行われ、地域ごとに特産物として大事に管理されてきたが、これらの森林管理は誇るべきシステムであった。

江戸は当時世界最大の都市の１つであり、なお、廃棄物等のリサイクル都市であった。まち中に大小の緑があふれ、火除け地などの空閑地もあった。廃棄物もリサイクルされ、当時、ヨーロッパでの都市問題であった下水道整備は不要であった。

このような、自然との共生や循環は明治時代に入っても続いていたが、いつの間にかこの精神は失われてしまった。現状を見るとわが国の国土は本当に荒廃してきたことがわかる。すでに、多くのボランティアが活動しているように、森林の間伐や下草刈りは地域の力では無理となっており、一見、うっそうとしている森も戦後の杉の一律的な大量植林によりすっかり植生が変化してしまっている。かつての、「守るべき自然林は守り、利用すべき森は育てる」という行動はほとんど影も形も見えないのが実態である。

もちろん、自然を大事にする精神は生きており、各地での様々な活動がなされている。流域を単位にした生活圏の考え方や上流と下流での交流等多様な試みが行われているのも実態である。しかし、まだとても十分とはいえず、荒廃のスピードは保全・創造をはるかに超えている。

国土の均衡ある発展とは？

全国総合計画等での国の考え方は「国土の均衡ある発展」であり、これ自体は、当然の方針である。しかし、「均衡」はどこも同じように発展すると捉えられ、結果的には、政治的な均一的施策、いわゆるバラ蒔き行政が地域力を削いでしまった。かなりの資金が地方に投入された。省庁縦割行政により類似の地方活性化施策が並行し、効率的・効果的とはいえなかった。このことは国はもちろんであるが、地方自らの責任に帰するところも大きい。地方分権が本格的に浸透しないのは、単に中央省庁が権限を離さないこともさることながら、やはり地域に問題があるのは否めない。多くの場合、地域の「活性化」とは何かを地域自らが問い、考え、自律的に取り組んでいない。一時的な国の資金投入による建設効果のみを期待し、その結果、ストックとしての「活性化されたまち」は残っていない。むしろ、地道に積み上げてきたまちが生き残ってきている。

「活性化」とは便利な言葉であるが、その意味するところは地域によって異なるはずであるにもかかわらず、国の資金が集中投資されない地域は活性化されていないかのごとく受け取られてきた。言い換えれば、地域が自らのあるべき姿を創造し得ていないことを意味する。

地方の強さと弱さ

一極集中問題という言葉に象徴されるように、地方は常に大都市に比べて弱く、疲弊しているのだろうか？経済的な指標からはそのように見え、一方で住宅水準の高さ等から、生活は豊かであるといわれてきたが、果たして実態はどうなのか。東京は圧倒的に就業機会も多様であり、魅力的であるが、地方はしたたかに既得権を離さずに一定レベルの生活を保持しているともいえよう。

全国総合計画や道路計画等の見直し

高速道路等のインフラ整備も全国的な交通ネットワークを構築することは当然であるが、結果としてつくること自体が目的化したことが問題である。道路事業は先陣を切って事業評価を導入したが、結果的には、B/C（費用対便益）は事業遂行のための理屈づくりに使われ、今、その反動で必要な整備も疑問視されているが、後述するように、国土の視点できちんとした客観的な議論を踏まえて道路公団の再編や道路事業整備を行うべきである。

これからの国土計画のあり方

美しさを大事に

地方の問題は国土空間的に見れば、あまりにも個性がなく、美しくないことが問題である。かつての、美しい農村風景、城下町や宿場町等をベースとした趣のある街並みがことごとく地域自らが評価せずに壊し続けているのが実態であろう。年間数一千万人以上の人々が海外旅行をしており、海外の都市の景観の美しさ、そして、農村・農地の美しさを体験し、その美しさを求めて何度も訪れている。わが国の山並みなどの遠景や作り込んだ庭園は確かに誇れる美しさであるが、一方で地方都市、そして田舎は残念ながら美しいとはいえない。日常の生活空間への関心がないことはもとより、人々もお洒落な感覚が見られないのはなぜだろうか？看板だらけの風景、内外に手を入れない住宅、身勝手な建築など、経済や雇用の問題はさておいても住みたくなる環境とはいえない。南ドイツの田舎の美しさはそれだけで一度は住んでみたいと思うはずである。旅行者気分を割り引いても快適な空間であると誰もが思うものである。日常空間が美しくないのは、人々の地域への愛着や誇りがない証拠であり、そのような環境に外部の人々が惹かれるはずはないのであり、まずは、これをクリアして初めて地域の活性化とは何かが議論できるのではないか。

美しき国土形成へ

美しく経済効率性も高く住みやすい国土空間としてのサステナブルアイランドが新しい国土像である。

「美しさ」とは、単なる外形的な美観や景観とは異なる。反経済性や反効率性としてのノスタルジックな言葉でもない。

新たな価値観としての美しさであり、その本質を模索すること自体が求められている。誰が見ても美しい姿をもつには、普遍的な価値を生むべく長年の文化的・経済的蓄積が必要である。その美しさが出来上がった状況が、すなわち、サステナブルな社会であることを示すといっても過言ではない。言い換えると、つねにサステナブルである諸活動の集約された姿であり、時間がつくり上げるべきものである。時間経過のない美しさは、まだ普遍性がなく、いつ消えてしまうかわからない。逆に言うと1000年を経て存在するものはすべて「美しい」。
日本の国土を論じる際に、改めて、国土の美しさ・自然の身近さに目を向けるべきであり、その美しさは最終的には「経済価値」を生む。

サステナビリティーとは？

「美しさ」は最大の「サステナビリティ」の概念かもしれないが、計画レベルでの指標としては必ずしも十分ではない。
サステナブルな国土における「サステナビリティ」を改めて考えてみよう。世界的に地域計画や環境計画等でのキーワードとなっており、われわれはサステナブルな都市圏を実現する都市構造とは何かを議論しているが、それがコンパクトシティであるとの結論に至っている。コンパクトシティはかなり以前から使われている言葉であるが、これまでは定性的・情緒的な使い方であるため、それを政策に組み込むことは意外と困難であった。そのため、改めて、サステナブルな都市圏を実現する条件を考えてみると地球環境制約の中で以下の３つに集約される。

１安定的経済成長の実現・維持
２地球環境への負荷軽減
・温暖化防止のためのCO_2削減等
３生活の質（QOL）
・モビリティ等の利便性向上
・居住性向上
・道路混雑の緩和
・防災性の向上等

である。
これらに関して、定量的に検証可能な指標の選択とこれを定量的に算定可能な統合モデルの構築を図っている。そして、さらに、各政策を講じた場合の便益等（家計効用、社会的便益等）を計測することも合わせて行うことにより、政策の是非を評価することになる。このことは国土計画においても基本的には同様である。国土計画における政策は多々あるが、それらを実行することにより、以上の3つの条件に関する指標や、主体別の便益等を算定して評価することが不可欠になる。
もちろん、国土全体を論ずる場合の条件とその指標・評価方法は都市圏とは異なる。都市圏でも東京圏は最も複雑で難しいが、国土全体となるとさらに評価検証が難しい面がある。
一方、都市圏で問題になるような、一般道路の混雑率のようなものは国土レベルでは扱わない。しかし、最も基本となる人口配置、特に社会移動の状況や産業の立地そして空港や港湾そして基幹的な道路・鉄道の影響については重要となる。国会等移転（首都移転等）の影響や効果も検証する必要が出てくる。

政策立案ツールとしての統合的モデル！

以上のような指標を定量的に計測するためのツールが不可欠である。従来の多くのモデルはいずれも、都市圏計画、国土計画立案においては不十分であった。もちろん、完全なモデルは存在しないが、少なくとも、分析・検証等に使えるモデルは十分開発可能であり、現にわれわれが開発している。従来のモデルは多くの欠陥をもったまま使われたため、論理的で正確な結果が得られず、これがモデルというものの有効性を疑わせてしまった。
既存モデルの多くはトレンドから将来値を概想する手法が多いが、これでは過去の変化が継続的に続くことを前提としているため、社会構造が変化する場合はほとんど意味をなさない。
また、交通や土地利用等の単独市場型のモデルが大半であった。道路の混雑予想がつねに合わないのは、道路整備をしても需要が変化せず、供給分混雑が緩和されるとの基本的考え方であるからである。しかし、道路が整備されれば沿道の土地利用等が変化し、また、道路整備により混雑が緩和されれば、これまで自動車を使わなかった人々が使うようになり、これらの結果として車需要が誘発されるものである。これらを解決するには交通市場と土地利用市場とが連動していなくてはならない。また、交通市場においても、従来は鉄道と道路とが分離しており、モードのシフトも明確には反映されていなかった。交通市場に関しては、誘発交通の一部が反映されるなど改善はされているが、統合化には至っていない。交通・土地利用統合モデルはイギリスでのMEPLANなどが開発されているが理論的な整合等を含めて交通市場および土地利用市場をそれぞれ均衡させ、相互作用する動的モデルは現時点ではSIMPモデル（Strategic Integrated Metropolitan Policy モデル：価値総合研究所により開発）のみである。また、政策の主体別の効用や便益を算定することが不可欠となるが、そのためには、交通市場と土地利用市場とが同時に均衡する、応用都市経済モデル（CUE：Computable Urban Economicモデル：価値総合研究所が実用化）が必要である。

全国レベルのいわば、統合型国土政策戦略モデルを構築することにより、従来は感覚的にしか議論できなかった政策効果等を定量的・客観的に議論することが可能となる。例えば、高速道路や新幹線整備による、人口配置や企業立地の効果・影響。そして、その便益等が算定されるため、真のB/Cが把握できる。

現在、道路公団の民営化議論がされているが、このような客観的な分析ツールとしてのモデルを使っていないため、組織論あるいは道路工事論の両極に振れてしまっており、本来議論すべき道路の必要性・効果・整備優先議論が不十分となっている。先に示したように首都機能移転、国際空港整備、ハブ港湾、新幹線議論がすぐに政治的な議論に巻き込まれるのは同様の理由である。数兆円単位の事業費にもかかわらず、その事業化判断にこのような取組みがされてこなかったのは政治家や行政担当者の怠慢であるとともに、国民の関心の低さ、そして専門家と呼ばれる人々の大いなる怠慢でもある。

本稿ではモデルの必要性と概略紹介に留めたが、右肩上がり時代の終焉という社会経済構造の変極点を迎える今こそ、英知を集中して真に政策・立案に使える国土政策シミュレーションモデルを開発すべきであろう。そうしないと、情緒的・観念的な議論に終始し、新たな時代への政策判断ができないまま、同じ過ちを繰り返すことになることは歴然としている。

総合的な政策判断とは！

それでは、このような国土モデルがあれば、事足りるのであろうか？もちろん、否である。都市や国土は極めて複雑であり、だからこそ、その骨格的構造を把握するためには単純化してモデル化することが必要で有効であるが、一方で、定量化・モデル化できない要素も多々あり、それらは政策判断上極めて重要である。

かつては、それらの定性的な事項も無理やりに数値化し、さらに総合化するなどしてきたが、かえって解りにくくなるため、現在では、それらを個々のカテゴリー化等にとどめて全体を総括評価することが望ましいと考えられている。

また、非市場財の評価への取組みは重要であり、新たな手法開発が期待されるが、無理やりに定量化することは避けるべきである。国民が政策を判断する際には、B/C等の客観的な計量指標データと定性的な要素とを総合的に扱うことが重要である。

国土計画の要素とは！

国土計画は文字どおり日本列島全体を一体として扱うべきものである。全国総合計画は一定の役割を果たしたが、今後は、前述したような各種政策を統合モデルにより評価を行い、全体像をきちんと把握することが肝心である。

しかし、当然のことながら、それだけは不十分であり、個々の地域でのまちづくりがより重要となる。これからは、全国一律の価値観で計画・整備するのではなく、肌理細い個性を生かす施策を行政・企業・NPOそして住民が連携して実現することが新たな価値を生んでいく。中心市街地整備や密集市街地整備などの都市の整備についても大都市・地方都市に限らず、関連主体の連携体制がなかなか構築できないようである。ただし、これについては、地方分権・自治体の努力、都市基盤整備公団の組織改変による新たな役割、まちづくりNPO等の成熟、諸制度の整備等の諸環境が徐々に整ってきており、今後の急速な成果が期待される。

一方で、海外との関係も視野に入れる必要がある。これまで、都市や国土を考える際には、経済的視点や海外との関連はあまり意識してこなかったが、すでに、日本海側では対岸国との交流があり、また、東アジア経済圏等の問題は経済や金融分野にとどまらず国土計画の中に反映させることが必要である。例えば、海外移転に関しては、国内の既成市街地や地方圏での工場立地問題として扱い、対岸国との観光等も国内の一部エリアの問題として取り組むべきであり、今後は、さらに断片的な対応ではなく企業立地や居住者そして経済的効果等を統合的に扱うことが不可欠である。また、東京と上海のどちらが東アジアで勝てるかはわが国の国土構造に大きな影響を与えるものであり、首都機能移転を考える際にもその観点が必要となる。

港湾機能についても、すでにわが国の港湾はアジアのハブとはなりえない状況であるが、このことが必ずしも広域計画等に反映されているものではない。

このように、今後の国土を考える際には、ミクロな個性あるまちづくりの視点をベースにしながらも、国土全体の効用を把握し、さらには、アジアとの関係等の国際的環境も視野に入れなくてはならない。

まちづくりがはぐくむ二十一世紀の都市・地域像
戸沼先生と共に歩んだ三十年

佐藤　滋

私が大学院に入り都市計画の勉強を始めた1973年、今思えばまさにこのころがまちづくりの黎明期といえる。中学校の頃より、市川の自宅から都心の学校へ総武線で通っていたが、電車の高架から見下ろす下町は、住宅が密集し、工場からは黒い煤煙が舞い上がり、隅田川の悪臭が漂よっていた。この下町の風景が私の原体験となり、漠然とではあるが将来は都市計画やまちづくりに携わりたいと考えていた。

博士課程に入ると東京都から委託を受けた「東京のまちの姿」計画デザインプロジェクトを、都市計画３研究室、武・吉阪・戸沼研究室が合同で行った。今考えてみると、ここでの作業は、地域を分析し、ひたすらイメージをつくり「ポンチ絵」を描くことであった。これは吉阪研究室が「仙台杜の都」の構想で、ある程度完成の域に達した方法であり、私は全く無批判にそれを受け入れていたようだ。このプロジェクトは、東京都都市整備局が委託した研究であり、ビジョンを描き表現すれば実現できるものと単純に信じていた。

しかし、時代は大きく転換しようとしていた。当時“市民参加”がさかんに言われるようになり、革新自治体のもとで、住区協議会や地域会議が実験的に用いられ、住民と接点をもち地域社会を味方につけてのまちづくりのプロセスが模索され始めたのである。考えてみれば、そのころ私たちが行っていた調査とはいわゆるアンケート調査で、２年間にもわたる精力的な調査であるにもかかわらず、ほとんど住民との接触はなく、住民に全く関係のない絵空事を描いていたのである。

70年代からは「参加のまちづくり」が登場し、地域社会の正当な自治組織のもとで、正当なプロセスにおいてこそ物事が決定される。そういう民主主義の学校がまちづくりであると考えられていた。

しかし、ボトムアップのまちづくりといっても、結局は専門家や行政の指導によるものか、地域社会のばらばらな要求をつなぎ合わるだけのもので、正直言って無手勝流で、きちんとした技術を専門家の側が持ち合わせず、はじき飛ばされたといってもいいだろう。

埼玉県南防災構想と街区改善プログラム

私がドクターコースに在籍していたとき、埼玉県や川口市の行政の人たちと一緒に共同研究をする機会を得た。１年目は埼玉県県南市街地全体の防災構想であり、２年目は川口市街地に限定し、住工混在の市街地の改善についての課題であった。ここで私は、「街区改善プログラム」という考えを提示した。それは、密集市街地を段階的に改善していくもので、多様の道筋があり、最初の段階では多数のプログラムを用意し、時代ごとに最適なものを選択しながら筋道をつくる方法である。不適格敷地が多く、工場の撤退によりまとまった敷地に乏しい川口の住工混在市街地で、確定しない将来像を無理に描くのではなく、多様な要素を組み込みながら、街区を単位に段階的に環境を改善していくプログラムである。そして同時に、私が考案した街区の環境を評価誘導する指標である「空地延べ床比率」を用いて街区全体の環境の質を誘導するシステムを提案した。このとき、２つの街区を対象に改善プログラムを提案した。１つは幹線道路沿いの再開発予定地に隣接し、ある程度の開発ポテンシャルのある地域でいわゆる「カワとアンコ」のカワの部分の街区である。このプログラムに対応するものとして数年後に優良再開発という制度ができ、幹線道路沿いの街区はまさにわれわれが描いたものと同様のシステムで更新がされた。が、これは当時一緒に研究した川口市役所の方々が頑張って実現したのである。そしてもう１つは廃工場を抱えたアンコの部分の街区であった。

しかし、ここには２つの問題があった。住人たちが共同で自らの環境を改善するというのではなく、大規模な再開発事業により大量の住宅を供給する事業となったこと、環境的には極めて高密度なものであり、当時考えていた漸進的な段階的な更新を波及する空間的なイメージとはほど遠いものになったことである。そして、第二の問題はアンコの部分の更新が全く進まないことであった。

しかし、この方法は、当時埼玉県庁におられた若林祥文さんをはじめとし、共同研究に参加をした県庁・市役所職員、一緒に寝泊まりしてプロジェクトを進めた研究室の後輩たちにとって１つの夢であり、私たちは、この方法が密集市街地を改善していくための最善の方法であると考えていた。建築基準法の86条認定を弾力的に使いながら、時間をずらしてアンコの部分の改善をはかるとか、容積を開発区域の中で再配分するとか、現在では制度化されている柔軟な地区計画の方式を考えていたのである。

上尾で実現した小規模連鎖型市街地更新

さて、こうした中で、若林さんたちの努力があって、上尾市仲町愛宕地区でこの方法が動き出した。上尾市では大規模マンションによる問題が様々に発生し、それを私の提案する住環境指標、空地延べ床比率の誘導システムでいかにしてまっとうな建築のプロトタイプをつくり上げていくか、いかに住環境のコントロールが必要であるかを、半日にわたり幹部の方々にレクチャーした。

それからしばらくして、黒崎羊二さんらがプロジェクトに参画されて、とうとう共同建替えを繰り返しながら段階的な住環境の改善に取り組むシナリオが実現したのである[*1]。地区計画により容積を切り下げるダウンゾーニングにより、住環境を維持しながら長い時間をかけてまちづくりを進める方法が、ここに日の目を見ることになった。段階的な共同建替えの連鎖による市街地整備が進み、私たちはこれに並行して居住循環の進み方についての研究に取り組んだ。その中でダウンゾーニングの地区計画があり、地域コンテクトに合わないものは避け、いいものを選択していく体制により共同建て替えが進んでいった。

しかし地域の人たちは、共同建替えプロジェクトが２つ、３つと進むにつれ、この地区計画だけでは住環境整備やまちづくりが理想的な姿で進むにはほど遠いことに気がつき始めた。

当時私はバークレーから帰ってきた頃で浦和のまちづくりにも関わっていたが、ワークショップを通し住民の人たちとまちの将来像をイメージする方法を検討していた。イメージを描いたカードを選択することによってまちづくりを進めるデザインゲームであるが、これを3次元のモデルにより進めれば、住民の人たちのイメージをきちんと引き出し交換できると考えた。浦和ではこれを実験的に進めたが、上尾においてはまさに市街地整備のプログラムの進行過程において３次元のモデルの開発を進めていったのである。地区計画を前提に模型を組み合わせ、まちづくりが人生ゲーム的に進行し、プレーヤーにより模型のパーツが少しずつ３次元的に組み立てられ、まちの姿をデザインしていく方法である。この時は200分の１のパーツの模型を用いたが、このゲームを住民やコンサルタント、専門家が一緒になって何度も進めていく中で、まちの将来像やまちづくりの規範となるガイドラインが、実体的な姿で明確に描き出された。

視察に来た延藤安弘教授が、「この方法は住民の発想を引き出すために驚くべき効果がある」と高い評価をもって記事にしてくださったりして、私たちは自信をもって次のステップに進んでいった。専門家と住民の間に言葉は存在するが、言葉を使っていてもお互いイメージしているものが共通であるとは限らない。住民の人たちの間においても同様であり、まちづくりのイメージを議論し合い、例えばカードに「緑豊かな町」「若者と年寄りが一緒に住める町」などと言葉で表現し合意を形成していこうとしても、それぞれの言葉の意味しているものは正確には異なるのである。言葉とはお互いに意思を伝え合い、コミュニケーションするための道具であるが、言葉で表現できないことがあり理解のすれ違いが起こると、意思が伝わらないことに住民の人たちの気持は萎えてしまう。様々に変化しイメージをつくり交換のできる模型によるゲーム、それは空間的な言語であり、まちづくりのコミュニケーションに必要とされているのである。模型のパーツや道具建て、これを組み立てるための文法を用意したとき、住民の人たちや専門家がそれらを使いこなしながら意思を伝え合い、まちの将来を自らの手で描き出していくのである。

共同建替えの連鎖イメージ・上尾中町愛宕

浦和市・中山道調神社周辺のまちづくり

わたしたちは上尾での経験の後、バークレーのPeter BosselmanからCCDカメラを用いる方法を学び、中山道沿いの道路拡幅整備に伴うまちづくりに応用した。写真を貼り付けCCDカメラでみることによって現状がリアルに再現できることを学び、100分の１のモデルにて試みたのである。600mの計画地の100分の１の模型とは、６mの大きさである。当初は全部を模型にするのではなく、街並みの一皮を縦割りの形で模型にし、道路拡幅による街路デザインと周辺地域の街並みのガイドラインの作成に取り組んだ。

最初に住民と行政の人たちによる準備会を開催し、地域から様々な団体の代表や市民の方々に集まっていただいた。街路の拡幅に対しての反対意見、行政のまちづくりの進め方に対する不満、大学が現実のまちづくりにおいて実際に役割を果たせるのかという疑問が向けられ、行政が案じていた雰囲気のもとにこの会は始まったのである。この時はアメリカ留学においてその経験を積んできた有賀君の指揮で、それらの疑問や不満は一旦止めておき、具体的に模型を見てもらうことにした。最初に現状の街並みを見てもらい、次に、道路拡幅後はさてどうなるでしょうと模型上の建物を拡幅線まで引き下げた。参加者にCCDカメラでの画像を見てもらったとき、「おー！」という驚きとも溜息ともつかない声がもれたのを今でも鮮明に覚えている。

広がった街路の空間は、画面を見ていた人たちにとって様々なイメージを喚起するものであったに違いない。自動車と歩行者が混雑して行き来し、おちおち歩くこともできず裏道を通らざるをえない現状から、街路が拡幅されれば、大事な樹木を残しながらもゆったりとした歩道を整備することができ、ある程度高層の建物も維持できるというように、様々なイメージが頭の中で交錯したに違いない。裏の住宅地の住人たちにとっても、商店街を中心にいろいろなことができるとイメージが広がったであろう。この瞬間参加者の間で、模型を使った拡幅整備を検討しようという大きな強い意思が確認されたのである。このようなツールがあれば自らの意思を表現できると、住民の人たちは考えたにちがいない。コアのメンバーが選ばれ、模型を使ったコミュニケーションのツールを使いながら、まちの将来を住民の人たちみんなでデザインしシミュレーションし、最終的に一つの案にまとめていくための意思が形成された。通り一遍の話や意見聴取では決して表現できない内容を、この道具により表現し交換できる可能性を確認したことが、まちづくりのモチベーションにつながっていったのである。

100分の１のパーツを組み立てながらまちづくりのシミュレーションゲームを進めていくのは、なかなか困難な作業であった。学生たちは、模型作成のために多くの労力を費やさなければならないし、CCDカメラで人間の目から見た画像の表現には、模型の精度が極めて大事であることがわかった。模型の精度を高めなければ、カメラで覗いた画像は現実と全くちがったものになってしまうのである。樹木のつくり方や舗装、テクスチャーの表現、ストリートファニチャー、ベンチなどの表現も最新の技術を要し何度もつくり替えることにより到達していった。ゲーム作成のプロセスも、まち歩きやコラージュによる貼り絵ゲームにより、20余りの様々な案がつくられ、１つのまちでもこれほど多様な意見があり、しかもそれぞれはそれなりに魅力をもつことを住民の人たちは理解した。

このプロセスを進めるために、コア・グループの人たちと事前にワークショップの進め方やパーツの作り方を何度も議論し、厳しい指摘を受けながら方法を高めていき、良いとなったものを実際のワークショップで使うという過程がとられた。コアのメンバーの人たちはその内容やプロセスを十分に知っているため、ワークショップにおいてもリーダー的な存在となっていった。貼り絵ゲーム、コラージュでは、作成した班の人たちが楽しげに誇らしげに説明するのを、他の住民の人たちは相槌を打ちながら評価していく。このようなプロセスを通して、まちには多様なイメージがあり、自分のイメージが万能とは限らず、他の人が表現したもののほうが自分のイメージにぴったりすることもあると納得する。

情報共有のための言語としてのまちづくりゲーム

それらを体験した後に、模型でのシミュレーションゲームを進めていくと、模型という言語とゲームのプロセスによって組み立てられる文法によって、話合いではスムーズなコミュニケーションが行われ、まちの姿が描かれるのである。街路のデザインゲームの後に、周辺での共同建替えのイメージもまたデザインゲームによって進められた。仮想の街区とはいえ、現実に極めて近い形で、現実にお住まいの地権者の方と似ている人物像が想定され、違う人がそれを演じるゲームが進行した。このゲームの説明を受けたときには参加者は半信半疑の人が多いが、一旦始めてみるとまちが変化していく様子を実体験し、そこで起きる様々な葛藤に遭遇しながら、現実にまちが動いていくプロセスを目の当たりにするわけで、徐々にこのゲームの中にのめり込み、真剣に自分の意思を表現していった。

人にはそれぞれ好き好きがあり全員の好みを実現することは不可能であり、参加のまちづくりのための合意は難しいというのが大人の常識である。しかし、合意ができないのは共通の言語を持たないからであり、意思が通じないからである。このシミュレーションにおいては、住民の人たちが確実に理解できるいくつもの案があり、それぞれに支持する人たちがいて、相互に理解し合った後で、最終的には１つの案にまとめていかなければならない現実がある。この最終プロセスは専門家の力が試される時である。住民に全てを投げるのではなく、プロセスを共有し、多様なありとあらゆる案が提示された後に専門家が１つの案を示さなければならない。より高度な専門性がここでは要求される。

私たちはこれらの経験をもとに、いくつかの地方都市で、より詳細なデザインのプロセスを進める研究を行ってきた。

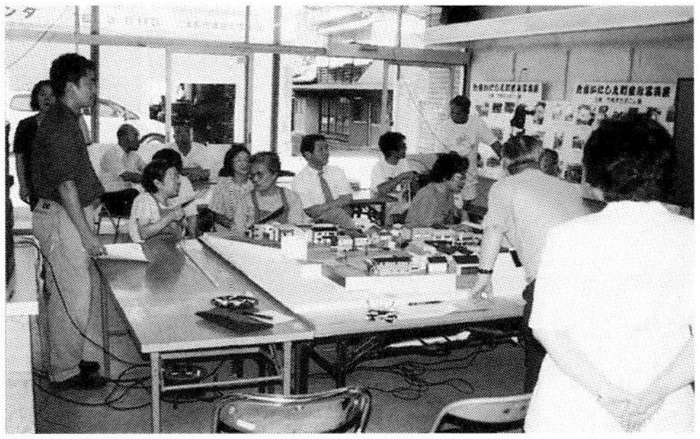

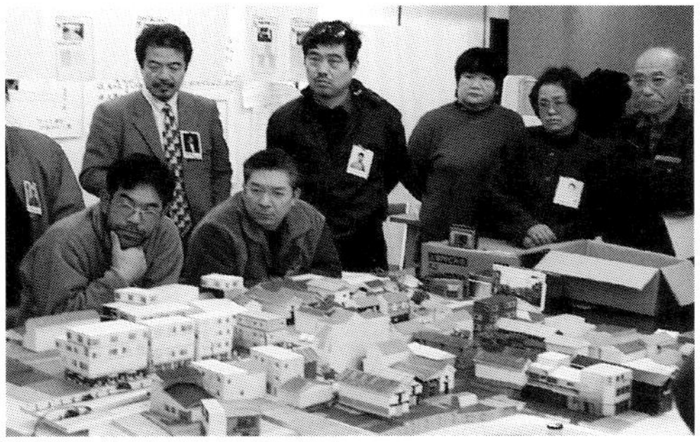

住民によるデザインシミュレーション／二本松

竹根通り沿いに広場をつくり、鯉川まで通り抜けられるようにする。

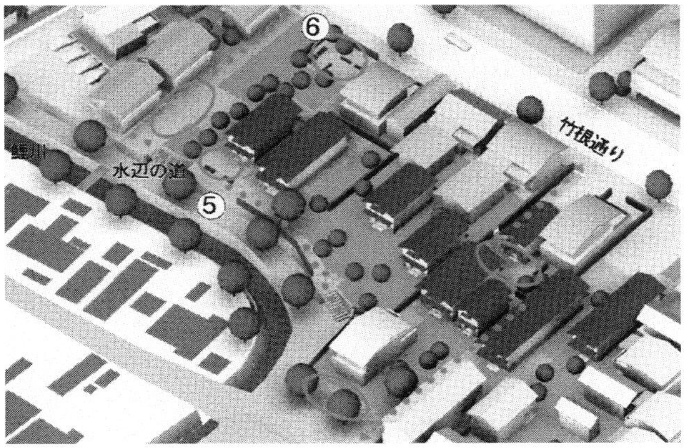

鯉川沿いの景観を生かして、土蔵のレストランやテラスのある喫茶店などをつくる。

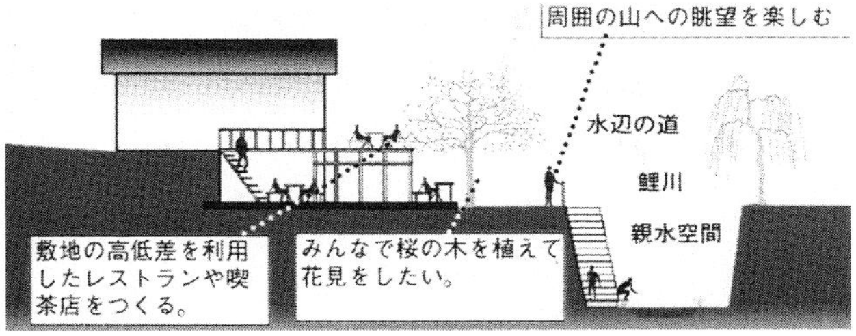

共空間による骨格街路と水辺空間の連結／二本松

二本松竹田・根崎地区

二本松竹田・根崎地区では街路整備の計画が進められ、住民の人たちは街路の拡幅を受け入れたうえで、自らまちづくり振興会議を組織し検討してきた。しかし具体的にイメージを描くことができない難しい時期に至り、代表の方がまちづくりの方法について話を聞きに私の研究室を訪れられた。そこで浦和でのまちづくりの方法をまとめたビデオをお見せして、竹田・根崎地区の街路整備とまちづくりを共に検討することになった。
二本松は菊人形で有名なまちである。菊人形をお城の中の一角に閉じ込めておくのではなくまちの中に展示して楽しみたい、そのためには街路を拡幅し広小路のような通りをつくり菊人形の舞台を置きたい。夜は美しい提灯の山車が町中を練り歩き、昼間は太鼓の御輿台がまちを歩く提灯祭があり、若者たちはまちの重要なこの行事に熱を上げる。祭りを美しく演出できる街路空間、祭りの舞台としての広小路をデザインしたいという希望があった。
私はこのまちづくりに参加することになった時1つの条件を出した。それはまちづくりの拠点をつくってほしいということである。浦和でのまちづくりの時も、祭りの期間に模型を展示し、まちの人たちと話し合う機会をもったが、これは大きな効果をもたらした。鶴岡でも、小さなスペースだが“まちづくりアトリエ・コアラ”をもち、それがまちづくりの拠点となっていった。二本松では、ここ5年、10年の間に街路整備が進み、家が次々に建て替えられている。まちづくりの拠点をつくり、模型を常時展示し、ワークショップの結果が集約され、まちづくりの話合いや模型によるシミュレーションができる場所を地元で確保してほしいと申し入れた。これは大変難しい条件だが、当時のまちづくり振興会会長の鹿野さんや、高橋さんの奔走により、空き店舗になっていた店を「寄って店」という名前のまちづくりスペースとして常設し、つねに店が開いている状態に整備し、5年以上経過した現在も続いている。ここには100分の1のまちの模型が展示され、浦和と同じようなかたちでのデザインゲームが重ねられ、100世帯弱のまちのほとんどの人が参加するまちづくりゲームが、この場所を使って進んでいった。
二本松の住民の方々は、私たちが提案した模型を使ったシミュレーションゲームを、ことのほかうまく使って下さった。ゲームの中で出てきたアイデアをどのように具体化するかを模型上で検討し合い現実にしていく過程が、これまでに数多く進んでいるが、その中でも印象的なプロセスがある。
現況模型をつくったときに、街路の裏手に蔵がたくさん残っていることに気がついたが、蔵の維持には大変な手間がかかるので、年月と共に失われてしまうのではないかと危機感をもった。現在は表通りからは見えない場所にあるが、街路の拡幅により表側の店が建て替えられたり撤去されたりすれば、これらの蔵は表に出てくることになる。さらに裏の鯉川の河川改修に合わせて沿道が整備されると、直接沿道に接する倉も出てくる。まちづくりの可能性をいろいろと検討している時、ある学生が、まず現況模型から蔵だけを残してみようと提案したので、住民の人たちの前でパフォーマンスとしてそれをやってみせた。残された蔵と地形や河川の様子を見た住民の人たちは、活用できる蔵がこんなに整然と立地していることを改めて認識し、ここでも「ほー！」という驚きの溜息がもれた。表の店の建替えと蔵の利用を有機的につなげる方法を考え、蔵をみんなのものとして公的に使えれば、敷地が個々に分断されているのではなく、短冊形の敷地の中を人々が自由に行き来できる。近代になると個々の敷地が確定され、塀や垣根で個人の敷地と公共の道路スペースとが厳密に分断されてしまったが、かつてはこの中に共用の水場があり、細い水路が流れていたりして、個人の庭も道路も境目なく通ることができ楽しい行き来がされていた。まちの中にそのようなコミュニケーションの場をもっていた昔の雰囲気を、もう一度つくり出せるのではないかというイメージを描いたのである。
このようなプロセスを繰り返しながら、二本松市、竹田・根崎地区では、福島県の景観条例に基づく景観重点地区に名乗りを上げ、ほとんどの住民の賛同を得て重点地区に指定された。そして、協定の付属文書として作成されたパンフレット“美くしいまちなみづくりのための10か条”には、ワークショップにおいて模型で作られためざすべきイメージが、まちづくりの規範として表現されている。このようにまちづくりの規範やルールブックが作られ、新しく建設される住宅、商店、さまざまな整備プロジェクトでは、全てこれを基に模型上で表現され、まちなみ委員会のチェックを経て、討議を重ね確認された後、着工されるというプロセスで進んでいる。
まちづくりのルールをつくり、街並みデザインすることだけでは、デザインゲームを通して交換されたイメージやプロセスを実現することにはならない。現実にまちづくりのシナリオを進め運営する主体が必要であり、このまちではまちなみ委員会という組織が、専門家や地元建築士会の代表も含めて構成され、新しく建築をしようとする人はこのまちなみ委員会の場で、風景の説明や模型での街並みシミュレーションを行い、討論を繰り返すプロセスを経て、1つの建築を街並みの中につくり上げていく仕組みをつくりあげた。単なるルール作成ではなく、生き生きとしたまちをイメージしながら、みんなでつくり上げるプロセスが進行しているのである。

想定外のこともしばしば発生する。大きな蔵の所有者が、家業の展示スペースとして自ら修復し、立派な2つの蔵からなる展示館を開場した。これはだれも予想していなかったことであり、まちづくりのムーブメントにより、自らの財産や資産を生かすことにイメージを広げ、結果的にまちに貢献することになったのである。これこそまさに編集的なまちづくりである。

こうして振り返ってみると、同じ「まちづくり」という言葉を使いながら70年代初めと比べると隔世の感がある。当時、まちにやさしいデザインを模索すれば、その提案は受け入れられるものと素直に信じていた。しかし、その頃描かれた絵柄を見ると、それは外からの巨大な再開発となんら変わりがないものであったとつくづく思う。現在二本松などで進めているプロセスとは、住民の人たちの心の中に存在するものを引き出し、専門家の意見と闘わせながらまちのデザインを進めるものである。“寄って店”の模型において表現されるバーチャルな空間と現実のまちがつねに行き来をしながら、デザインと実践とが平行に進むのである。まちづくりは試行錯誤をするわけにいかないもので、一旦つくってしまえば何十年と変えることはできない。だから現実のまちとバーチャルなまちをつねに行き来し、バーチャルなまちの中で何度もシミュレーションを行い検討を重ね、それを具体的なまちに戻す情報のデザインこそがまちづくりには必要である。

情報のデザインや情報の共有というプロセスの可能性は、コンピュータネットワークの急速な進歩において極めて容易になった。ワークショップのプロセスや結果、そこでの多様な意見、合意された内容などを、インターネット上にその都度アップする。そして、インターネットで発信された内容や模型によるバーチャルな世界と現実との間を、相互に比較しながら、よりよいまちづくりを構想しデザインし実現へ向かうプロセスを進めるのである。

まちづくりが編集する 都市・地域のグランドデザイン

このように進めてきたことを振り返ると、ここから何が21世紀の都市や地域を描く基盤になるのか、思い悩むこともある。

私たちは、1993年に「東京のグランドデザイン」という共同研究を行い、21世紀の東京の再編成に関して提言を行った。モザイクのような地域コミュニティがそれぞれ、整合された形態を描き出す自律住区を徐々に編集し、これが明確な像となり、東京全体を再構成するというシナリオであった。その自律住区を描くのは個々の地域コミュニティの住民やまちづくり組織であり、創造的なまちのデザインとそのイメージの共有と、そして実践が進められ、地域が主体的に、地域社会と場を形成する、そしてその集積が新しい東京をつくるのであり、このようなプロセスをきちんと進め、より良い結果を導き出す、計画デザイン・実践プロセスを進めるための支援システムこそ重要と考えていた。そのような、支援システムこそ、この十年来取り組んできた「まちづくりデザインゲーム」を中核とした計画システムである。

21世紀の都市や地域の像を描くことはそんなに難しいことではない。様々な流派はあるが、もうイメージは出尽くしているのであって計画条件さえ確定すればもう、デザインはできてしまうのである。大切なことは、大小様々な地域社会で具体的な像とそこに至るプロセス、そしてそのプロセスを進行管理する社会システムを構築し、実践することなのである。竹田根崎地区、千代田区六番町、そして一寺言問などでの小さな地区での成果は、このような考え方の元で取り組まれたものである。もしこのようなまちづくりがあらゆるまちで、あらゆる地域で行われれば、そのような地域を考えるまなざしが、もっと広域な地域や国土、さらには地球環境全体に及ぶことであろう。北京のバタフライの羽ばたきがマンハッタンで竜巻を起こすように。

＊1　この内容は『住み続けるための新まちづくり手法』(佐藤滋他、鹿島出版会)に詳述してある。

公共空間を市民の手に取り戻そう

卯月盛夫

近年、都市の活性化方策について活発な議論が行われている。都市の活性化はつまり市民の活性化、そしてそれには、既存の公共空間を用いたオープンカフェや朝市、フリーマーケットや大道芸等の多様な利用方法を進めることが重要であると考える。特にその考えを強くもったのは、2003年2月に江戸東京博物館で行われた「大江戸八百八町」展において「熈代勝覧」を見た時である。これは、当時人口250万人を要する大都市「江戸」の、神田今川橋から日本橋にいたる大通りのにぎわいを克明に描いた絵巻で、全長12mを超える大作である。1805（文化2）年に描かれたと推測されるこの作品は、作者不祥であるが、広重の「名所江戸百景」以上の精緻を極めた作品である。店先の商品を路上にはみ出して並べたり、道路上に仮設の建物を建てて、緋毛氈の上で雛人形を売っていたりする様子が詳細にわかる。さらに天秤棒を担いだ蕎麦屋や魚屋、そして往来する庶民によって大変なにぎわいである。登場人物は総勢1,690人に及ぶという。

これを見て、日本の都市は公共空間の工夫によって必ず再活性化できると強く信じたのである。そこで本稿では、都市の公共空間をうまく利用しているドイツのオープンカフェと静岡の大道芸について、紹介したい。

事例1「ドイツのオープンカフェ」

数年前からドイツのオープンカフェ（食事ができるオープンレストトランも含む）について調査をしているが、バイエルン州にあるレーゲンスブルクは、オープンカフェの施策に熱心に取り組んでいる。古くは1920年に条例を制定し、道路上にテーブルや椅子を並べて営業すると、料金を請求していた。

しかし、現在のようにオープンカフェが普及し始めたのは、1960年代以降全国的に中心市街地の歩行者ゾーンが整備されたことが契機である。そして70年代になると多くの都市で条例が整備され、オープンカフェが急増した。条例は、都市によって若干の差があるが、「道路空間特別利用条例」という名称で、オープンカフェ以外の工事占用、広告設置、イベント等と並んで、許可される。基本的には、飲食店を経営する者が自らの店鋪の「間口幅」と歩行に差支えのない範囲での「奥行き」を限定して即地的に許可される。利用料金は面積単位で計算され、大都市ではゾーン別に面積単価が定められている。季節はおおむね4月から9月であるが、ドイツのその期間は比較的過ごしやすい気候のため、オープンカフェでの飲食に人気があり、ほとんどの店が屋内より屋外の方にお客さんが多い。

人口12.5万人のレーゲンスブルクのオープンカフェは、2002年7月現在62店鋪、面積2,500㎡が許可されている。半分以上が歩行者ゾーン区域内で営業しており、それ以外は比較的広い歩道上である。また、ほぼ半分が20㎡以下で30席以下の比較的小規模の営業である。そして8割強が、80年代と90年代に設置許可を得て

日本橋繁盛絵巻の世界「熈代勝覧」

(Museum für Ostasiatische Kunst Berlin, SMPK)

いる。レーゲンスブルクは比較的歴史的な町並みを残しているため、パラソルの色彩および広告印刷の規制他、テーブルと椅子のデザインについても規制があり、景観的な配慮をしている。オープンカフェで人間観察をしていると、車椅子利用者はもちろんベビーカーなどの子ども連れが意外に多いことに気づく。室内では、やはりスペースの余裕がないので、屋外は長く滞在するには快適なようだ。犬を同伴している人や、自転車利用者も比較的立ち寄りやすい。また、通りかかった人とばったり出会い、話し込むケースもあり、まさに出会いの場とも考えられる。

2002年夏、レーゲンスブルク他２都市でオープンカフェ利用者にアンケート調査を行った。オープンカフェ利用者の多くは、観光客ではなく、市内および近隣地域に居住する市民で、週に１回以上の頻度で来街する。年齢は16歳から45歳の層が多い。市内居住者は主に「徒歩」「自転車」「公共交通機関」で訪れ、自動車を利用しない。街に来る目的は「ぶらぶら歩き」と「買物」が多い。つまりオープンカフェは、市内に居住する市民に日常的に利用されているので

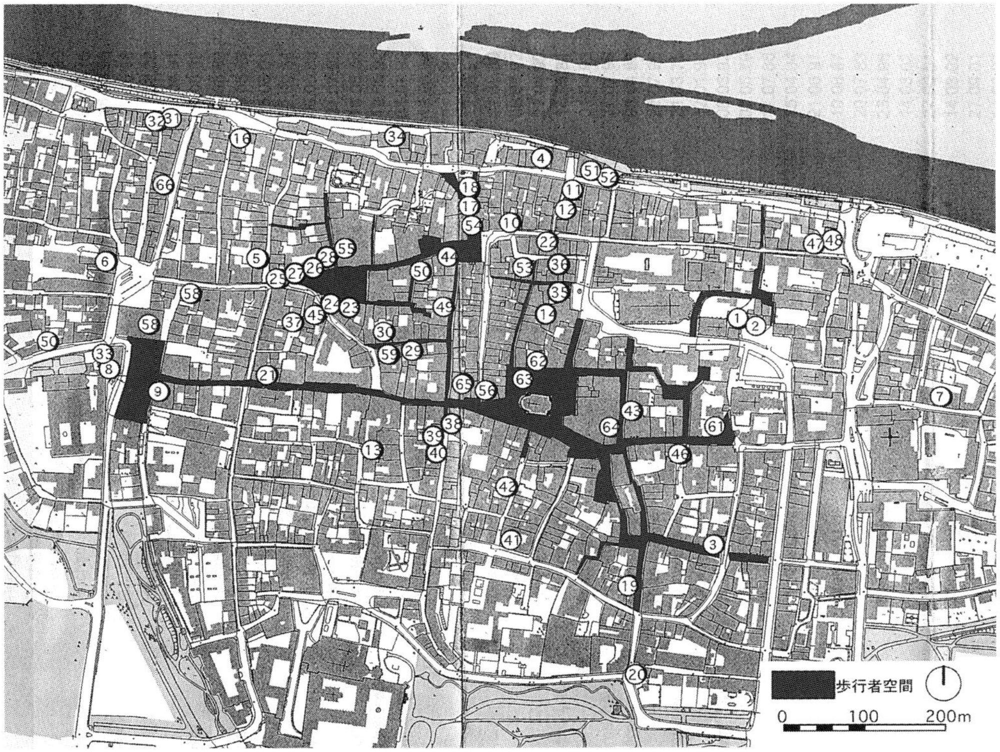

レーゲンスブルクのオープンカフェ分布図

大聖堂の正面に位置し、1956年から営業している市内最古のカフェ

オープンカフェで食事をする車椅子利用者

オープンカフェは子供を連れた家族にも利用しやすい

ある。
利用者にとってオープンカフェは、外気に触れながら町並みや人の動きを見ること、さらに人と出会う可能性を有することが魅力で、中心市街地において文化的で都市的な雰囲気を享受することができる重要な公共的施設と評価されている。まさにオープンカフェは、ゆっくりとコーヒーを飲み、息抜きをしながら、町並みと人の賑わいを観察し、自由時間を楽しく過ごす「市民共有の居間」である。歩行者ゾーンにおける屋外での飲食の風景は、都市のにぎわいを創出し、いわゆる「人のいる生活風景」としての魅力的な雰囲気づくりに貢献している。
またオープンカフェの存在は、来街者の来街頻度と市街地滞在時間を増やしている。特に市内居住者のオープンカフェ滞在時間を含む「1か月あたりの市街地滞在時間」は極めて長く、この滞在時間数の拡大は、ぶらぶら歩きを助長し、魅力的な商店や飲食店などを発見するチャンスが増えると利用者は評価している。
つまりドイツのオープンカフェは「消費型の楽しみ」である飲食と「非消費型の楽しみ」である天候や景観、人を見て楽しむ等の両方の楽しみを兼ね備えた都市の典型的な自由時間の過ごし方であることがわかる。そしてオープンカフェの存在は、直接的には街のにぎわい創出と魅力的な雰囲気づくりに貢献するとともに、間接的には商業活性化につながる可能性を十分有していると考えられる。

事例2「大道芸ワールドカップin静岡」

大道芸といえば、東京都が大道芸人にライセンスを与える「ヘブンアーチスト事業」を行うようになってから市民権を得たように思うが、実はそれ以前から「DAIDOGEI」をまちづくりや文化政策の立場から推進している都市がある。「大道芸ワールドカップin静岡」は、毎年11月初旬、市中心部の道路と公園をフルに利用して、20数か所の会場で海外からの大道芸人を含めて80人以上が芸を披露する、名実共に国際的なイベントである。2002年には4日間で198万人の観客が来たそうである。このワールドカップは、市民審査員が投げ銭方式でチャンピオンを選ぶというユニークさによって大道芸人の登竜門になったことが有名だが、同時に公共空間の活用による地域経済の活性化、および様々な芸術文化プログラムに対する市民参加、子ども参加等のアイデアについても注目に値する。
このイベントがスタートしたのは1992年、すでに12回を経ているが、それ以前にも地元の若い芸術家や音楽家、商店主による前史がある。静岡は穏やかな気候のため、比較的生活に不自由はないものの、逆に大きな特徴もなく、飽きっぽい気質といわれていた。そこである若いデザイナーが、飲み仲間と話している中で、何か面白いことをやろうと提案した。そして市役所前の広場で野外コンサートを企画し、かなり盛り上がった。その後、もっと範囲と演目を広げようということになり、大道芸に目をつけたのである。当初は他都市と同様に、著名な大道芸人を招待することが中心であったが、それを市民参加型にシフトしていった点が継続の秘訣である。
大道芸だけでなく一般的な演劇や音楽等の芸術には、必ず「演じる人」と「観る人」、そしてそれを「支える人」が存在する。静岡では、この3つの役割にそれぞれ異なった市民参加の形態が用意されている。「演じる人」には、もちろん市民

広場の緑や周辺の花が美しく、魅力的なカフェ

青葉シンボルロード(パフォーマンス通り)で行われた「スティルト(高足)」という大道芸、演者はラーキナバウト(イギリス)

札の辻と呼ばれる交差点で行われたアクロバットデュオ、演者はサブリミット

がそう簡単には真似ができないプロの世界がある。しかしそのプロの芸を学べる「大道芸カレッジ」が11年も続いている。2002年の２泊３日のコースには22人が参加し、パフォーマーの基礎であるジャグリングやマイムを学んだ。「クラウン上級者コース」は2003年はじめて５か月の間に10回開催された。「パントマイム」コースは、ドイツからプロのパフォーマーを招待し、2週間で大人と子ども52名が参加した。これらのコース参加者にとっても、ワールドカップの4日間は、街のあちこちの空間が実は晴れの舞台になっているのである。

「観る人」は、もちろん観て楽しみ、投げ銭を入れて評価するという参加があるが、もっと「演じる人」に近づきたいという気持ちもある。それが「幸せの赤い鼻」と「メイクアップ」である。クラウンの赤い鼻が100円で販売されており、街中を歩いているほとんどの子どもは赤い鼻をつけている。さらにサッカーのワールドカップで普及したフェイスペインティングも子どもには大人気である。クラウンの衣装を着て、ハイポーズの写真サービスもある。

「支える人」は最も数が多い。100人の実行委員に加えて、1,000人規模の当日ボランティアが20以上の活動に参加している。おもしろいのは、「天使の羽」オバケである。会場のゴミを収集整理する裏方であるが、かなり目立つ。それから道路や公園の各演技会場には、ポイントMCという重要な役割があり、司会進行と会場運営をまかされている。また、静岡県は県レベルでは唯一ユニバーサルデザイン室をもっているが、この大道芸イベントにもかなりその考え方が導入されている。例えばエスコートサービス（誘導ボランティア）が、視覚障害者や車椅子利用者を対象に介助や会場内の誘導案内を行う。視覚障害者には、携帯FMラジオによる実況中継がサービスされる。要約筆記や手話通訳、英語案内のサービスの他、移動インフォメーションという案内人ボランティアが市内を巡回している。

さらに「インターンシップパートナー事業」と称して、本イベントのポスターとチラシのデザインを地元のデザイン専門学校の学生を対象にコンクール形式で応募してもらっている。そのほか、フォトコンテストやクラウンスタイルのアイデアスケッチコンテスト等の関連イベント、および大道芸を観客の後ろからでも観ることができる潜望鏡「パフォグラス」や「アーチストTシャツ」等関連商品も本イベントを支えている。

限られた紙面で、この「大道芸ワールドカップin静岡」の実態を伝えることは難しいが、多くの市民がそれぞれの立場から、このイベントを楽しみながら参加している状況は興味深い。調査する以前は、大手広告代理店主導の一過性のイベントではないかと批判的であったが、実態は全くそうではなかった。市民の智恵と労力によって育まれた「市民の芸術文化環境」の蓄積が、静岡市内の道路と公園のいたるところに出現していた。そして市民が公共空間を使いこなしている、その楽しさと力強さに感動した。

さて今こそ、私たちは「公共空間の意味」をもう一度考え直し、公共空間を利用する地域独自のプログラムを生み出す必要がある。「公共空間を作る」時代から、「公共空間を使いこなす」成熟の時代に突入したのである。公共空間を市民の手に取り戻す運動を是非はじめようではないか。

クラウンの「赤い鼻」を販売しているボランティア

「天使の羽」をつけた清掃ボランティア

大道芸カレッジで学んだ市民クラウンがパントマイムで子供に語りかける

まちの成長・成熟のかたち

村田明久

歴史人口学によると、縄文、農耕化、経済社会化、工業化という４つの文明システムに対応して人口が変動し、現在は第４の工業化の波の後半に位置しているという[*1]。都市形成は国策や文明システムの影響を受け、都市の場の人口集中の効果を高め、その扶養力を増そうとする。しかし成長は限界点を超え成熟しきると問題を生じ、衰退、変質に向かうことになる。港町長崎の事例から、文明の影響が顕著に見てとれ、成熟のかたちを考える手がかりとした。（図１）

経済社会の波

キリシタン町の発生

長崎の町の原初形は、半島状の高台のイエズス会知行地の６町に、岬教会と貿易波止場を構成したものである。６町はキリシタン大名の大村藩からの出身地別構成で、隣接して商人やキリシタンの町があり、学校、病院等の施設もあった。人口1,000人程度の港町で、周囲に石垣が築かれて防衛的な形態をとっている。要塞を築く一方で、内部は各地の出身者で町が形成される姿は植民都市と似ている。

秀吉政権下ではキリシタン町が否定され、教会は打ち壊されて朱印船貿易基地となる。内町17町を朱印地として代官役所を内町の中央におき、外部は水路をめぐらして都市活動に必要な職人達の外町をつくり始め、城下町化していく都市づくりが見られる。

職能集団・寺院群の町づくり

徳川政権になると糸割符制を実施して、キリシタン禁令と貿易制限が行われた。外国人の出島・唐人屋敷への隔離、中島川石橋群建設等、17世紀の大規模事業によって町が整えられ、内町外町を廃して総町80町となる。道路、下水道、貿易利益の配分等が整備され、江戸期の都市は全容を整え、そのかたちを見せるのである。つまり、(1)鎖国下での外国人との交易と隔離、遊女町の建設、(2)西役所（もと岬の教会跡地）を執務機関、東役所を公邸に二極配置して経済社会統制した、(3)貿易利益金の地元町人への配分、周辺部に神社・寺院の設置強化、町人の檀徒加入・祭事参加、で町は成熟し、江戸中期から貿易は縮小するが、海外文化の唯一の町として賑った。

経済社会化の波のもとでは、身分秩序を守り、町全体が貿易会社と化し、分配や持続性を重んじた生活文化が盛んであった。道路をはさんだ両側の町並みが１つの町で、同業者同士が集まり、単位となる町家は、商工空間を表通りに配して奥や２階を住居とする店舗併用住宅で、住居、店舗、作業場が一体化され、横に連続すると町並みや中庭空間の連続ができる。町家の間口は２～３間、奥行き14～15間の細長い敷地で、短冊形に集まって表の家、中庭、裏の家と並んだ細かな住環境が生まれた。（図２）７年に一度、祭礼の踊り町となり、表格子戸、２階連子が設置され、くんち踊りや庭見せ行事の行える住宅建築で構成される。神社仏閣は市中に点在せず、周辺部に連続して都市を囲む形となっている。総じて水系による連絡網を基本にして、町人は川沿いの低地に住んだので市中は町家ばかりとなり、支配階級は中央の丘、神社仏閣は都市周辺の山裾に並んで取り囲む構成をとって町は安定したのである。

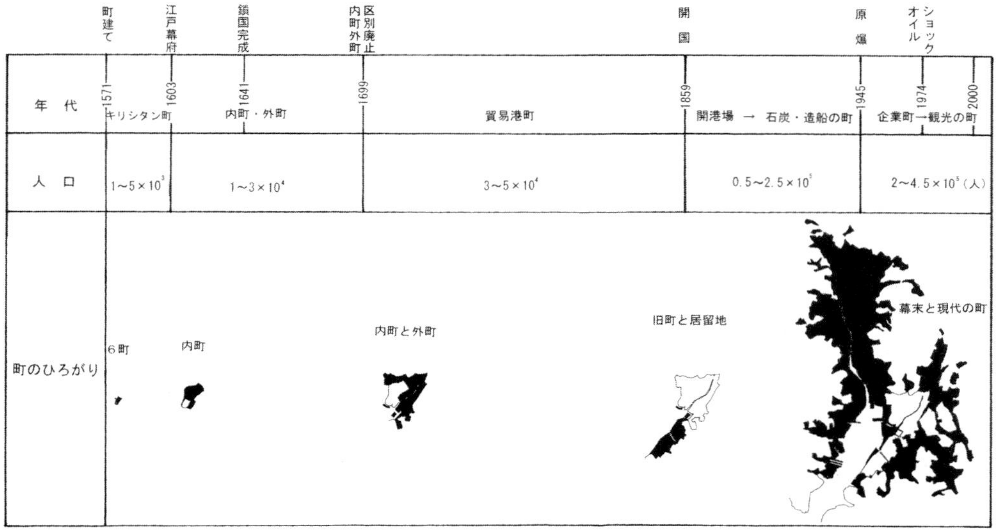

図１　長崎の町の変遷

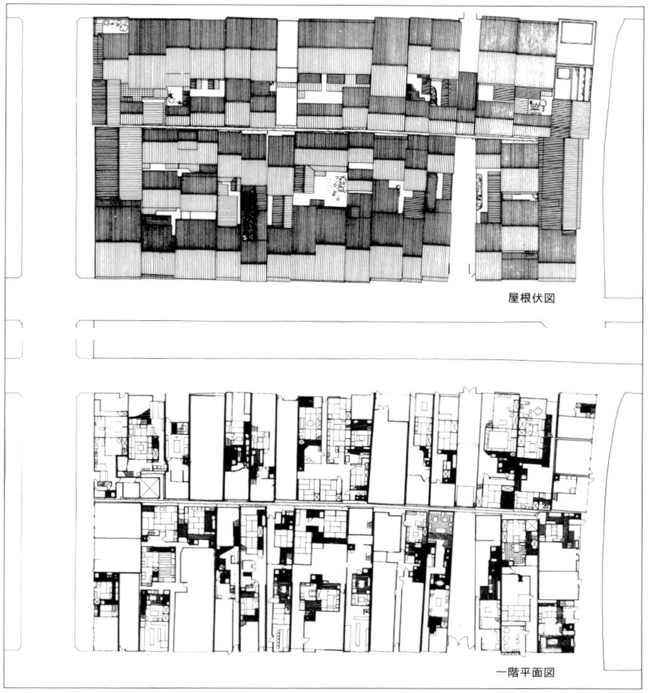

図２　町家の街区（油屋町、1977年調査）[*2]

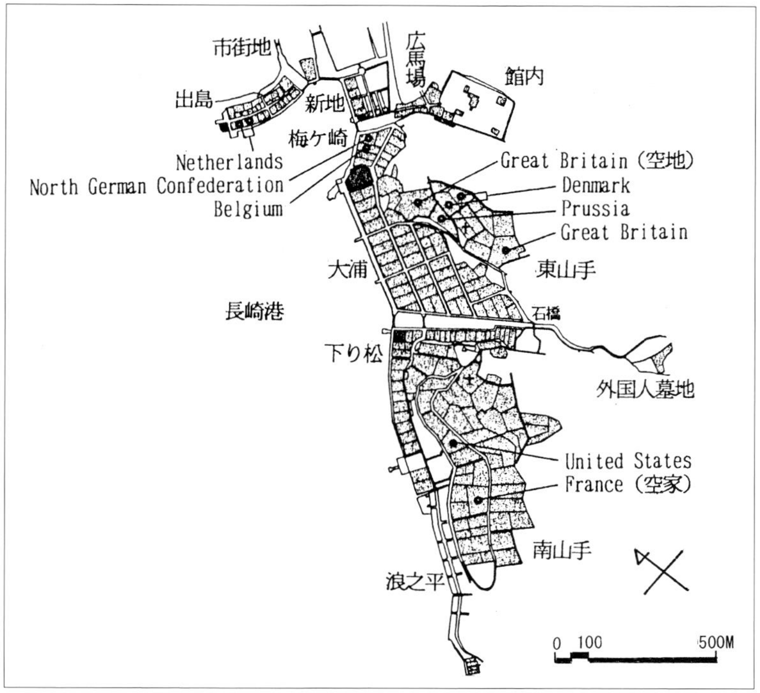

図３　長崎居留地（1870〜71年）

工業化の波

近代の黎明　生活の分化で移動が発生

幕末の日本開国で開港場となった港町で、近代化が始まる。(1)最初は日本人町と外国人町（居留地）を併置して始まった[*3]。横浜は全くの更地に両者をつくるが、長崎では既存の江戸期の町に隣接させて居留地を建設した。（図３）しかし外国人は働く場と住まいの場を分けた点で日本人町と違っていて、それが山手住宅の出現となった。(2)両者の間の防火帯を兼ねた広幅員道路では、歩車道分離方式を採用し、移動のための安全な街路となった。(3)道路両端に税関と官庁を配置してシンボリックな都市の主軸とした。外国人の居住地が、最初は居留地から次に雑居地にかたちを変える過程で、山手住宅に住み、人力車で大通りを通って仕事場に通い、公園や競馬を楽しむ生活スタイルが広がる。やがて居留地撤廃で何処にでも住めるようになる。

山手居住と海岸通りの仕事場を分けた生活は、丘に立つ住居、銀行・商社の並ぶ仕事場群、そして新しい移動手段や歩車分離・街路樹等の新景観をつくり出した。やがて都心と郊外の形成、都市幹線、ビジネス街へと発展してゆくことになる。

産業革命の伝播　企業町と市街地スプロール

ところが技術導入で仕事場は大型化、工業化が進行し、製鉄、造船等の企業町を生んだ。工場は中心市街地から離れた所に立地したものの、やがて工場周辺に自宅や賃貸などの住宅街が無秩序に密集する。造船場では山が迫った地形のため斜面地に住宅が立ち上がる。

さらに対岸の船着き場周辺の町にも斜面住宅が広がり、山手住宅群を飛び越えて初期の市街地スプロールが発生するのである。これらは丘陵を覆いつくし、斜面住居群、坂道・階段の細街路が発達する。そして谷あいの道沿いに市場が発生し地域の商店、銭湯が立ち並び、これらが中心街につながるのである。このため、地形の分岐に応じて中心街の周りに市場が並び、相互に支え合うシステムとなっていた。工業化といえども、仕事場と住居等の生活の場が密接なかたちでつながって地域を構成し、老若男女それぞれに活動の場があり、成熟したコミュニティがつくられていた。

エネルギー原料生産のための基地として特化したものに炭坑の町、軍艦島がある。近代的なRC造アパートの他、学校、映画館も高密に建てられた。（図４）

職住近接で当時としては近代的であったが、海中に孤立、渇水の危険と背中合わせ、企業の階級社会が居住環境に反映される等、単一機能の近代都市の危うさを秘めていた。しかし地域の団結力はこれを越えていた。閉山前でも島の老人たちが祠の中に集って歓談していたが、それなりに快適な居住環境をつくっていたことが察せられる。

伝統的都市の近代化

封建時代に地域支配の拠点であった城下町は、城主を失い、破壊され、廃藩置県で役所が置かれた。東京を中心とした鉄道網が全国に広がると、城郭、鉄道駅、役所、都市幹線の間に新たな関係が必要とされた。所によっては、城跡に鉄道や道路が通り、まったく城の姿を消したところもある。地方の拠点として成熟していた城下町は、(1)城跡等への役所の配置、(2)役所と都市幹線をつなげる、(3)都市に鉄道駅を配置する、ことで歴史的市街と新市街との関係が鉄道を介して近代的に形成されていった。このように港町と城下町とは、既成市街地との関係、主要な交通手段、幹線の配置において初期近代化の過程がかなり異なっていた。

明治後期・大正・昭和前期の頃は軽工業から重工業に移る企業都市が海路と陸路の連携を形成しながら発展する。海陸の連携強化は軍事都市においても似た趨勢をたどる。これらは戦略上の立地のよい適地が選ばれた。

高度成長下　国土・都市のゆがみ

敗戦後の引き上げ、戦後復興が本格化すると、従来のゆるやかな都市交通網の上に高速道路が加わり、東京オリンピックや大阪万博等で都市建設が進み、都市が高度化してくる。団塊世代の若年層を中心とした東京への一極集中、重化学工業地帯を中心とした太平洋ベルト地帯の都市が勢力を伸ばし、外れた地域は流出するという人口流動が進む。昭和35年頃に都市と農村の人口割合は逆転し、次第に過疎過密で地方には若い人がいなくなり、三ちゃん農業、山間地の廃村、地場産業の衰退等、工業化のゆがみが目立つようになる。

(1)大都市では都心の仕事場と郊外居住の場がますます遠ざかり、スプロールが拡大して市街地が連続した。都心部では過密、環境汚染問題、学校や住宅の建設ラッシュ、企業の本店設置や系列化が進行する。

長崎では丘の斜面住宅が40〜50mの高さで揚水限界に達すると北部に伸びていく。（図５）

斜面住宅地の居住環境問題の根源は、農用棚田をそのまま都市型居住地としたこと、高密の程度が著しいこと、住民のモビリティが低いことである*5。斜面住宅地は全般的に定住性が高く人情味豊かな反面、新陳代謝活動が乏しいため、居住人口の減少、高齢化、建物の老朽化が進行しがちとなる。

高度成長期にはまず重厚長大産業が衰退し、地方都市の中には造船不況、炭坑閉山等で新たな人口流出が始まる。端島、高島、池島の閉山で、生産低下で居住を含めた都市の場が立ち行かなくなって廃墟化する。やはり単一の職能の場だけでは、これが存続しないと、住居や娯楽の場もまた引き続き存続することは難しくなる。

(2)このため地方都市では、企業誘致のための埋め立て、○△銀座、青山等のスポットや商店街のミニ東京をつくる。

こうして地域色のある建物や景観がなくなっていく。歴史、産物、景観、人物等について価値の再発見が大事で、一般市民も関心がもてる分野である。町並み保存運動が全国で展開された*6。洋風建築が次第になくなるのを惜しんで保存活用の運動が起こり、国重要文化財指定、伝統的建造物群保存地区指定、行政に都市景観課が設置され、景観形成地区が施行された。

(3)大都市開発にならって、公団、民間が地方

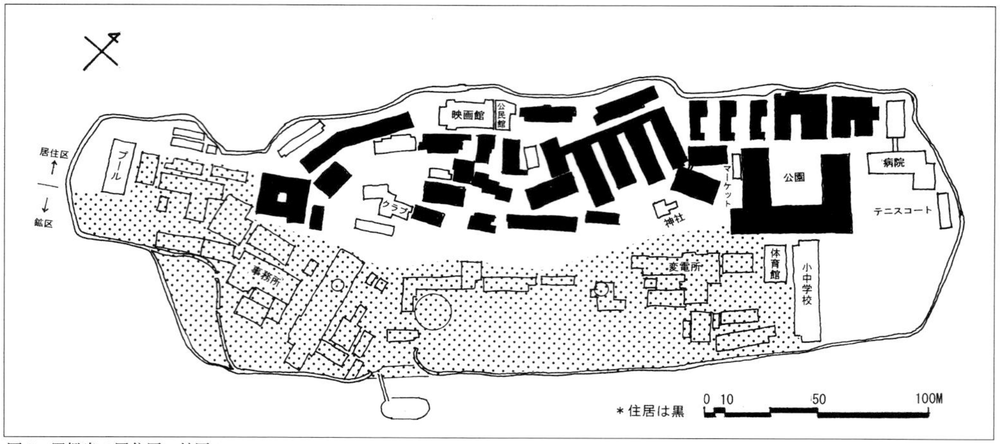

図４　軍艦島の居住区・鉱区*4

都市で郊外住宅開発を進めるが、逆に中心部では人口減少となり学校統廃合等が始まる。

都市開発で気を付けなければいけないのが、都市化を襲う自然災害である。1982年の集中豪雨禍では土砂崩れや浸水被害で近代都市の弱点がさらされた。特に都心部では浸水被害で住宅、産業の被害、交通機能とライフライン切断等、コンクリートジャングルの危険が満ちていて、土石流被害では古くから災害の多い集落、急傾斜地住宅、新興住宅地の開発区域に注意がいる[*7]。

低成長下における都市の自律回復

多産多死から近代の少産少死の時代を経て、今や日本の人口は15〜64歳の生産年齢人口の割合が1995年頃をピークに低下し、次に2006年をピークに総人口が減少すると見込まれている[*8]。戦後長く続いた高度成長のバブルがはじけ、それから10年を経てようやく大都市中心部の商業地地価が底打ちを見せたものの、地方都市は商業地住宅地とも今なお低迷が続く。現在は高度成長の歪みの是正が大きな問題となろうが、地方都市のかたちの試案を最後にあげてみた。規模の拡大が望めない時に、町の魅力を改めてどう出すか問われる時代になってきた。

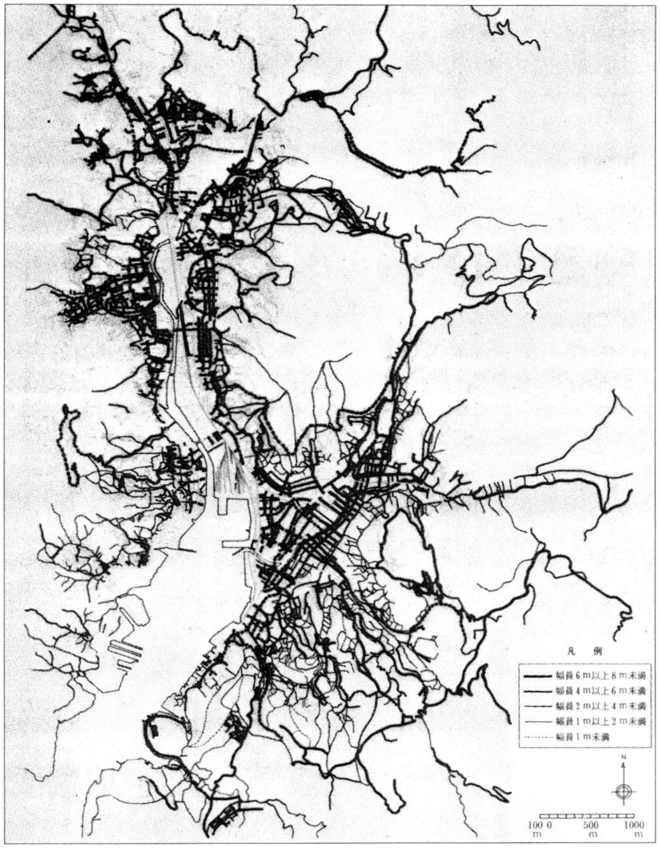

図5　長崎市の市道の幅員別分布図[*5]

地方分権

地方分権について都市の側から問い直してみる。規制をなくし、個性的な資源、産業、居住を統括するかたちが求められる。歴史的資源の活用も重要である。また市町村合併が進められているが、機能分化を前提にした市街化区域では地価は高くて人も住みづらく都市は成長しにくい。今後はゆるやかに多様な魅力を育てる余地がどれくらいまちにあるかが問われるであろう。

中心部の職住近接

モータリゼーション社会で郊外店舗が成長して、旧中心部の商店街は不振である。地方都市中心部は、利便性、快適性を高められるように、職場、住居、駅、役所等を再構成して中身を濃くするコンパクトな動きに作り直すことを試みてはどうであろうか。場所と用途を考え、少ない投資で高い効果をめざして中心部の魅力を高めていく。高齢者が安心して住み集える場をつくっていくことが大切である。

周辺部の世代間分配

都市中心部に人が少なく、郊外ニュータウンには今や高齢者が高い割合を占めるようになってしまっている。歩いて行ける区域の中に多様な世代間の交流、生活利便施設を内包させることで、住み続けられる場所づくりとなること。さらに自然や動物等、生物間の住み分けを保証したシステムも都市の中にあってよい。短期の経済効果でなく、長期に持続可能なための分配論が求められる。

◎参考文献
*1 鬼頭宏『人口から読む日本の歴史』(講談社学術文庫、2000)
*2 村田明久「居住空間調査＃１長崎の町家」(長崎総合科学大学紀要第19巻、1978年10月)
*3 村田明久「開港７都市の都市計画に関する研究」(学位論文、1995年3月)
*4 「軍艦島実測調査資料集」(阿久井喜孝、滋賀秀実、東京電気大学出版局、1984年３月)より作成
*5 村田明久、藤田憲、蔵治義和「都市細街路の課題　長崎市の低層高密斜面住居地の場合」(長崎総合科学大学環境科学研究所、環境論叢no.４、1980年１月)
*6 環境文化研究所『歴史的町並みのすべて』若樹書房(1978年７月)
*7 日本科学者会議長崎支部災害調査委員会「長崎豪雨災害の実態と今後の課題」(日本の科学者、1983年２月号)
*8 総務省「国勢調査」、国立社会保障・人口問題研究所「日本の将来推計人口(平成14年１月推計)」

「風」と「土」の造形美　美しい歴史都市と集落に暮らす

浅野　聡

「風土」とは

「土地の風土を読みとり、地域文脈に根ざした生活空間の設計を行うこと」

いつの時代においても古くて新しいことであるが、まちづくりの原点の思想といえる大切なことだろう。

それでは、風土とは一体何であろうか。いざ説明しようとすると、簡単なようで実はなかなか難しいことに気づく。辞書によると、「土地の状態、即ち、気候・地味など。」(広辞苑　第二版　岩波書店)、「(住民の生活・思考様式を決定づけるものと考えられる)その土地の気候・水質・地質・地形などの総合状態」(新明解国語辞典　第二版　三省堂)などと定義づけられている。

このように辞書によっても定義に多少の差はあるが、わかりやすくひもとくと、文字どおり、「風」と「土」のことだと理解している。「風」とは気候のこと、「土」とは地形や地質のこと。風土を読みとるとは、まさにまず土地の自然環境を読みとること、次にそれをベースにして積み重ねられている人々の生活史と生活文化を読みとることだろう。これらは、総じて地域文脈を読みとることと換言することもできよう。

「風」と「土」が造形する歴史都市

日本の現代都市は、主に近世において成立した城下町・門前町・宿場町・在郷町・集落などをベースに発達して今日に至っている。

近年、地方都市の中心市街地衰退問題が深刻化しているが、中心市街地はまさに歴史都市の核となっていた市街地であり、地域固有の有形無形の歴史文化資産の宝庫である。

ところで近世までの生活環境は、産業革命以前の知識と技術で築き上げられてきたため、まさにその土地の風と土が読みこなされ、地域の自然条件に適応しながら都市や集落が設計されてきた。そしていわばウツワとしての都市や集落の生活空間のみならず、ナカミとしての生活文化も同様に風と土によって造形されてきた。

その結果、特徴のある衣食住、生業、信仰、年中行事などの民俗文化が各地で形成されていったのである。これらはいずれも暮らしを豊かにしようとする先人たちの知恵の結晶である。

それでは、現代人の私たちは、自分が住む土地の風と土をどれほど読むことができるのだろうか。明治時代以降の近現代化のプロセスの中で、人々が風と土を読む力を徐々に失ってきていることは、紛れもない事実である。

今、21世紀に生きる私たちが、これからの日本の新しいかたちをつくりあげていくうえで身につけるべき基本の１つに、改めて土地の風と土を読む力を取り戻し、さらに育てていくことが上げられるのではないだろうか。

アジアの中でパイオニア的側面をもつ日本

明治時代以降、20世紀前半まではおおむね風と土を読みこなしてきた日本の歴史都市も、20世紀後半に入り、地域文脈と断絶する国土づくりへと方針転換してしまった。周知のとおり高度経済成長期には、地域文脈と関係のない開発が進行し、生活文化の現代化とも重ね合わさり、多くの歴史的環境が失われていったのである。

この状況は、歴史的環境の保全と生活空間の近現代化の両立を一定程度コントロールしてきた西欧の歴史都市と対照的であり、しばしば両者は比較され、反省の言葉が繰り返されてきた。いわく「日本人は、歴史文化資産を大切にすることが不得手である」と。

それでは本当に不得手なのだろうか。

確かに多くのものを失ってきたのは事実である。しかし、文化財保護の視点からみると、アジアの中では、日本は戦前から歴史文化資産の保全再生の経験を積んできたパイオニア的側面があったのも事実だ。この経験もまた近現代化のプロセスの中ではぐくまれてきた。

東アジア(中国大陸、台湾、朝鮮、日本)に限定して考えてみると、日本初の歴史文化資産の保全に関する近代法は、1897年(明治30年)の古社寺保存法であるが、当時の東アジアにおいては極めて早い時期の制定であることがわかる。中国大陸では国民党政府による1930年の古物保存法であるし、台湾では台湾総督府による1919年の史蹟名勝天然紀念物保存法、朝鮮においては朝鮮総督府による1916年の古蹟及び遺物保存規則と1938年の朝鮮宝物古蹟天然紀念物保存令といった状況であった。日本統治時代は二度と繰り返してはならない史実だが、日本統治時代に日本の保全行政は台湾や朝鮮に伝播するとともに、戦後のそれぞれ(朝鮮においては韓国)の保全行政にも影響を及ぼしてきており、現在も互いに関わりをもつている。

しかし、以上のようなパイオニア的側面をもつ一方で、大きな課題も合わせもっていた。戦前から経験を積んできたが、対象の多くは国レベルのものが中心であり、地域レベルのものや庶民の生活空間である町並みや集落の風景が対象とされることがなかったことである。いわゆる重点保護主義と呼ばれる課題である。

地方自治体と地域住民が主役の歴史保全

高度経済成長期において多くの歴史的環境が失われた一方で、1966年の古都保存法(古都における歴史的風土の保存に関する特別措置法)の制定、1960年代後半から1970年代にかけての金沢市、倉敷市、南木曾町、京都市といった自治体による独自の歴史的環境保全条例制定などを背景に、ようやく1975年に町並み・集落を保全する制度として文化財保護法及び都市計画法が改正され「伝統的建造物群保存地区制度」が創設されるに至った。

文化財保護法においては「伝統的建造物群」とは「周辺の環境と一体をなして歴史的風致を形成している伝統的建造物群で価値の高いもの」、「伝統的建造物群保存地区」とは「城下町、宿場町、港町、農漁村集落など伝統的建造物群及びそれと一体をなして価値を形成する環境を保存するため、市町村が定める地区」と定義されている。また地域住民との合意のもとで市町村が主体的に地区決定するという地方主権型の制度であったことが画期的であり、その後の市町村独自の景観条例などの制定にも影響を与えていった。伝統的建造物群保存地区は、夢物語ではなく実現性のある制度として着実に運用され地区数が増えており、アジアの中で注目される制度の１つにまで成長してきている。

ダイナミックに変容するアジアの歴史都市

アジアにも多数の歴史都市や集落が存在しているが、経済成長に伴いその歴史的環境がダイナミックに変容し始める地域も増えつつある。

例えば、韓国では、有名なセマウル運動の結果、伝統的な集落空間の近代化が強く推し進められ、その結果、全国規模で歴史的環境が変容し、残念ながら保全対象となる歴史的環境地区数は限定されている。

中国では、99の歴史都市が国家級歴史文化名城に指定され、その歴史的環境が都市スケールで保全整備されようとしているが、近年の経済成長に伴い開発圧力がかかる中で、どの程度まで具体的に景観コントロールをして新旧のデザインを調和させられるか、が問われ始めている。

中国に返還された香港では、単体としての伝統建築や近代建築は保全されているが、町並みとしては保全対象となっていない。

台湾では、先住民族の集落、清時代あるいは日本統治時代に整備された町並みや近代建築の保全再生に取り組む事例が増えてきており、近代建築の保全修復には日本と経験交流しながら進める事例も出ている。筆者も、台北市迪化街、集集駅、台北賓館などの保全プロジェクトに関わってきている。また2002年、2003年と台北市で開催された歴史的環境の保全活用をテーマとする国際シンポジウムで講演し、ヨーロッパやアジアの専門家とディスカッションする機会を得た。ディスカッションを通して、各国の取り組みにそれぞれ特徴があることがわかると共に、日本の保全制度に対しては、課題はあるが中央政府主導ではなく地方自治体と地域住民による地方主権制度であることが評価された。

アジアにおいては中央政府主導による保全プロジェクトが多い中で、各国の将来の地方主権化も念頭に置きながら、アジアと日本の間で経験交流して互いに学び合うことは、意義があることと感じている。

伊勢神宮とともに蘇る内宮おはらい町

風と土そして悠久の歴史と文化を読みながら独自のスタンスを築き、復活に向けて息の長いまちづくりに取り組んでいる地区が三重県にある。伊勢神宮(内宮)の鳥居前町として成立してきた内宮おはらい町(伊勢市)である。

伊勢神宮は、唯一神明造りと呼ばれる簡素な建築様式であることが特徴的であるとともに、20年に１度の大祭である遷宮(正殿をはじめとする建築を全て以前と同様の意匠で新造し、ご神体を新宮へ遷す大祭のこと)を1300年に渡って継承していることで大変に有名である。

おはらい町は、かつては江戸時代から明治初期にかけて伊勢参りの仲介役として活躍した御師の館が軒を連ね、全国からの参拝客を迎える町として賑わっていた。しかし明治4年に御師制度が廃止され、また市内電車が宇治橋まで開通したため伊勢街道を歩く人が減り、町は徐々に寂れ始めていった。

内宮おはらい町の五十鈴川沿いの静寂な水風景（三重県伊勢市）

内宮おはらい町の伊勢街道沿いの町並み（三重県伊勢市）

内宮おはらい町の中心部の新橋周辺の歴史的建造物（三重県伊勢市）

伊勢神宮の雄大な森林と五十鈴川の清流によって造形される内宮おはらい町の全体風景（三重県伊勢市）（伊勢市提供資料）

山を背景にして立地している客家人の伝統的街屋（台湾・新竹県北埔郷）

淡水河の水運を利用して栄えた伝統的な問屋街（台湾・台北市迪化街）

＊写真は、伊勢市提供資料を除き、筆者と林美吟が撮影したものである。

戦後も車を利用する観光客が増え通り過ぎるだけの観光地となり、店舗等の近代化とともに町並みも失われつつあった。伊勢神宮の正殿は伝統的様式を継承して変わらぬ風景を維持していたが、その意味をよく知る地域住民でも、自分たちの町並みの変容に対する危機感を抱くことはできなかったのである。
しかし徐々に進む衰退に危機感を覚え、1973年の第60回式年遷宮後に、地元主体でまちづくり組織が結成され、次の第61回式年遷宮（1993年）を目標にまちづくりに取り組むことが決まった。検討を重ねた結果、伊勢神宮の建築が式年遷宮で再生され蘇ることに鑑みて、凍結的保存ではなく生活する場としての町並みの保全再生をめざすことが決まった。
その後、地元からの要望を受けて1989年には「伊勢市まちなみ保全条例」が制定され、その後のまちなみ保全事業によって歴史的景観が再生され始めると、魅力を感じた観光客が再びまちの中に入るようになり、おはらい町全体の活性化につながっていった。この事例は、住民・企業・専門家・行政の協働による歴史的観光地の活性化事例として評価され、日本建築学会賞を始め多数のまちづくり賞を受賞してきている。
おはらい町を改めて見つめ直すと、町並みのみならず周辺の美しい自然環境に囲まれていることも魅力の１つであることに気づく。中心部の新橋から周辺を広く眺めると、伊勢神宮の森林と五十鈴川の清流の美しさに囲まれてまちが成立していることが手に取るようにわかり、やはりこの土地の風と土によってまちが造形されてきていることを深く感じるのである。

美しい歴史都市と集落に暮らす

20世紀後半に入り、私たちは土地の風と土を読むことから遠のき、今日まで約半世紀がすぎてしまった。まちづくりは「百年の計」といわれるが、この間の取り組みを振り返れば、長期的な視点のもとで百年の計に資する生活空間をつくってきたとは言いがたい。
しかし中心市街地活性化の取り組みのように、歴史都市の有形無形の資産が再評価され、それを生かしたまちづくりが復権しつつある。
21世紀の日本に生きる私たちは、従来の国土づくりの方針を転換し、歴史都市と集落のかつての美しさを取り戻すとともに新たな美しさを加えて、再び輝く地域となるように努めたい。
最後に21世紀における新展開に向けていくつかの留意点を記したい。
第１に土地の風と土を読みとり、地域文脈に根ざした生活空間の設計に取り組む意志を地域社会全体でもつこと。まず意志をもつことが出発点である。
第２に都市構造の保全・再構築に取り組むこと。城下町などを基盤とする現代都市の多くは、都市構造自体も歴史資産といえるが、今までは地区スケールの町並みが対象の中心で都市構造の保全・再構築には十分に取り組めていない。
第３に小規模かつ分散型の地区における保全再生施策を推進すること。現在、国内では歴史的町並み・集落として約1000地区がリストアップ（文化庁調査）されているが、これらの多くは重伝建地区のように群としては残存せず、全体的に小規模かつ分散して残存していると考えられる。
第４に21世紀の社会状況の変化に対応すること。21世紀に入り、少子高齢社会、過疎化社会、循環型社会、地方分権社会、情報化社会などといった新たな社会状況を迎える中で、今後、その対応に重きをおく必要がある。例えば、高齢社会に対応した歴史的環境の総合的なバリアフリー化の推進、過疎化する中で空き家となった町屋の再利用の推進、循環型社会に対応したよりエコロジカルな視点をもつたまちづくりの展開、地方分権が進む中での今以上の情報公開と市民参加の実践、などである。
第５に文化的に関わりの深いアジアとの経験交流を積極的に推し進めていくこと。アジアの歴史都市と集落においては、経済成長に伴う近代化のプロセスの中でその歴史的環境が変容しつつあり、日本と同様の状況を迎えている。歴史保全への取り組みがグローバル化する中で、アジアと日本との経験交流を推し進め、平和で文化的な国際環境づくりにも貢献することが大切である。
21世紀の美しい歴史都市と集落に私たちが誇りをもって暮らしていくこと……自ら楽しみながら実現に取り組みたい。

◎参考文献
浅野　聡「台湾における歴史的環境保全に関する計画論的研究—日本の保全制度・計画との比較からみた台湾の特徴と課題—」（学位論文 早稲田大学、1994）
Satoshi Asano“The Conservation Of Historic Environment in Japan”Built Environment Volume25. Number3 1999 pp.236-243
まちづくりブック制作委員会編『まちづくりブック伊勢』学芸出版社（2000）

東京セントラルパーク構想について

井手久登

はじめに

東京で代表的な公園を挙げるとすれば日比谷公園が筆頭になるであろう。東京市区改正事業の公園整備の代表であること、数々のエピソードをもち、名が知られている点でも異論を挟む人は少ないであろう。しかしこれが東京の中央公園かというといささか躊躇せざるをえないのは筆者のみでもあるまい。このことは日比谷公園の価値を決して下げるものではないが、大都市東京の中央公園としては面積16haというのはいかにも小さいし、公園の利用形態も静的、鑑賞的なものが中心である。そこで日比谷公園が100年を経たこの機会に東京のセントラルパークとはどのようなものであるべきかを考えてみようというのが本稿の趣旨である。

セントラルパークとは何か

セントラルパークという言葉を耳にするとき、多くの人はニューヨークのマンハッタンにある約340haの大公園を思い浮かべるであろう。(図1)ここで標題のような「東京セントラルパーク」という言葉を用いるとそのイメージから、東京にもニューヨークにあるような大公園のセントラルパークをつくろう、あるいは持とう、といった意味合いで捉える人も多いであろう。確かにそれも1つの意義である。しかも「セントラルパーク」と言ったとき、固有名詞を指すのか、あるいはcentralの訳語としての中央・中心の公園という一般名詞を意味していると捉えるのかで議論の仕方は変わってくる。ネーミングだけならシンガポールにも40haのセントラルパークがある。また名古屋市には久屋大通のセントラルパーク、青森市にも最近、青い森セントラルパークが、さらに町田市のつくしのセントラルパークやサファリパークの姫路セントラルパークなどがある。

さらに、さいたま市では合併事業の1つとして、見沼田圃の将来の望ましい姿を募集し、それに仮称セントラルパークの名をつけている。東北大学工学部都市デザイン学講座は、仙台セントラルパーク構想を2002年に提示している。

そこでまずそもそも何を、あるいはどこを東京セントラルパークと呼ぼうとするのか、またその東京セントラルパークに人々は何を期待し、どのような具体的内容を求めようとしているのかを検討する必要がある。

そこで手始めにニューヨークのセントラルパークを念頭において、このような規模の大きい公園をシンボルとしてもつ場合について、次いでセントラルパークの成立の歴史的・社会的意義に学びつつ今日的セントラルパークのあり方を考え、さらに都市計画的役割・機能からセントラルパークを位置づけながら、東京のセントラルパークがどのようにあるべきかを考えてみたい。

世界の代表的首都の「セントラルパーク」

まず最初に規模と対象についてであるが、世界的大都市(あるいは首都)がその中心部にどれだけのまとまった大規模な公園緑地を持っているかを、比較してみたい。

その際ニューヨークのセントラルパークの面積が340haであること、この数字を目安にしながら比較してみる。これはわが国の国営公園の設置基準の300ha以上というのに相当する。その意味で空間の大きさを比較するとき、例えば国営武蔵丘陵森林公園が304haということから、おおよその規模が推定できる尺度となるであろう。ただし国営公園は都心と自然地域の中間の一般に郊外部に設置されているという点で違いがある。

まずロンドンではハイドパーク146haとケンジントンガーデンズ110ha、これに続くグリーン・パーク(バッキンガム宮殿に接する)が21ha、セントジェームズ・パーク37ha、合計約320haが都心部にまとまって存在する。(図2)これはニューヨークのケースに近い。

パリではチュイルリー庭園45ha、シャンゼリゼー12ha、アンバリッド前庭13ha、シャン・ド・マルス庭園24haで合計約100ha弱であるが、これに続く西にブーローニュの森872ha、東にヴァンサンヌの森995haがある。大分、パターンが違う。

ベルリンではティアガルテンのみで250haある。これに続くウンター・デン・リンデンと隣接公園緑地を含めると300haを超える。さらに西8kmにはグリューネヴァルトという大緑地3,200haがある。

ローマもボルゲーゼ公園(庭園)だけで約200haある。他に大緑地が点在する。

東京の「セントラルパーク」

一方東京はどうか。丸の内一帯を一応中心地区とすると、皇居外苑(皇居前広場)、北の丸

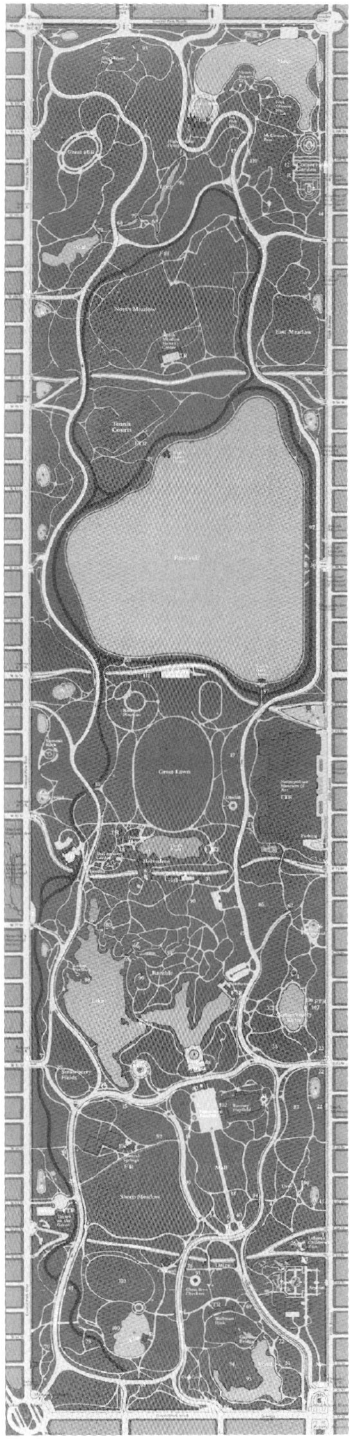

図1　ニューヨークのセントラルパーク

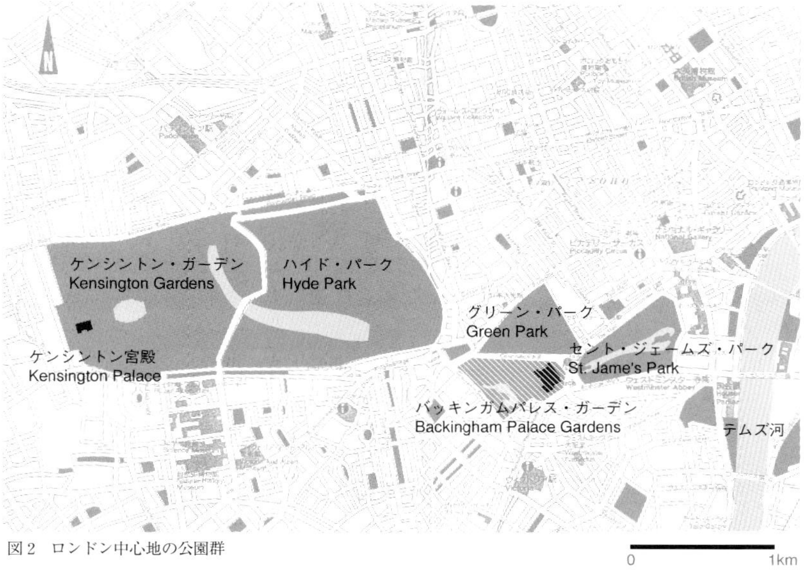

図2　ロンドン中心地の公園群

公園、内壕も入れて115ha、これに皇居東御苑の21ha、日比谷公園の16ha、国会前庭5.5ha、千鳥ヶ淵公園等を加えても、約160ha余である。これには内壕の面積がかなり入っている。水面も重要なオープンスペースであるからカウントするにしても、日本の顔の都市としては面積的にはやや寂しい。その内容も広場と庭園的な空間を主としていて樹林はあまりない。（なお国会前庭を除き、日比谷公園、皇居外苑一帯は昭和32年に156ha分が中央公園の名称で都市計画決定しているから、大規模な中央公園構想があることは付言しておく。）

そこで目を転じて皇居の西側を見てみると、新宿御苑58ha、代々木公園66ha、緑地保全地区に指定されている明治神宮内苑70ha、さらに明治神宮外苑の51haがあり、合計で約245haになる。内容も森林、運動施設、庭園で東側とタイプが違う。この東西両地区をパークウェーでつなげたとすると、面積約400haで内容も森林から庭園、広場、運動施設までを含めた総合的な複合公園緑地群と見なせるのではないだろうか。その中には皇居や赤坂御用地のような視覚的に見える緑地を含んでおり、大きな緑のゾーンと見なせる。これは丁度ロンドンのハイドパーク一帯にバッキンガム宮殿やケンジントン・パレスが隣接しているのと似ている。筆者はこの東西両地区を含めた複合公園緑地群を概念としての「東京セントラルパーク」と名付けたい。（図3）この方式でいけば将来的には東京湾側の海上公園（供用726ha、そのうち海域465ha、陸域のみでは261ha、計画では陸域491ha）も連絡させるとさらに多様な機能を含み、一層充実してくるであろう（もっともこれら全部合わせても現状ではブーローニュの森1つの面積にも及ばないが）。

これらの公園緑地の法的根拠や管理主体はさまざまである。国（衆議院、厚生労働省、環境省、国土交通省、宮内庁）、東京都（建設局、港湾局）、区、神社などであるが、利用者から見ればその違いはわからないわけで、協議会のような横断的な統一的管理運営が必要になってくる。

「セントラルパーク」の社会的意義

これらの都心部の公園緑地を一体として考えようとする理由は、単に面積的に欧米大都市の

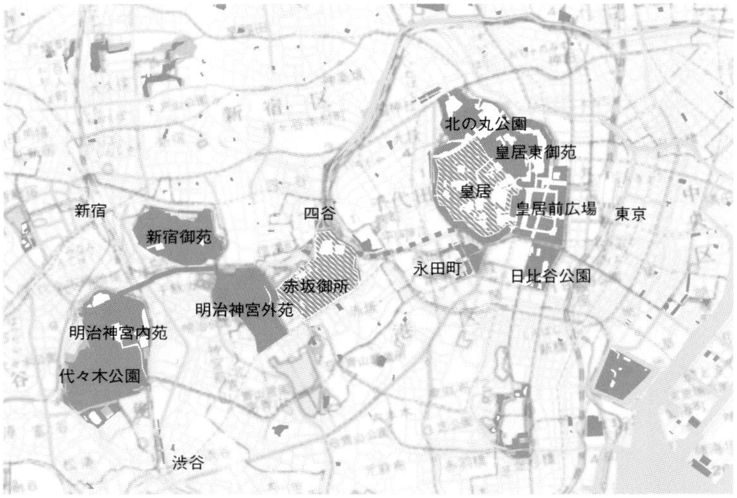

図3「東京セントラルパーク」複合公園緑地群

大公園に合わせよう、あるいは対抗しようとする意図よりも、むしろ多様な機能、内容、歴史的背景をもった複合公園が、1,200万都民の多様な要求にどれかで対応できること、すなわち人々の多様な利用要求に対応できる多様な機能をもつオープンスペースが存在することが東京セントラルパークのもつべき役割であるということである。このような共通の拠り所があることが、全国から集まってきた住民にとって都民としてのアイデンティティを形成することに貢献できるのではないかと思う。そのためにも個々バラバラではなく一体としての概念で扱うことが重要である。

次にニューヨークのセントラルパークの整備が果たした社会的意義を比較してみたい。石川は、ニューヨークのセントラルパークが果たした5つの意義を挙げている。都市基盤施設としてつくられたこと、公園用地確保と事業化手法の新しい仕組みでつくられたこと、交通計画上の意義、ランドスケープ・アーキテクチュアの職域の確立、公園整備の経済効果、である。もちろん時代と状況が異なるが、それでも今日においても参考になる重要な点がいくつかある。東京セントラルパークにおいても強調されるべきことに、東京の将来にわたって中心となるインフラであることである。ニューヨークのセントラルパークが将来市街化されたときに都市の中心となることを見込んでセントラルの名を被せたのに倣うならば、東京セントラルパークも将来にわたって中心的な都市基盤であるという認識を高めることが重要であって、またその環境価値は増すことはあっても減ずることはないということである。そこに空間的なセントラルだけでなく文化的、機能的、精神的セントラルでもあって欲しいとの意味合いが込められている。

ニューヨークのセントラルパーク整備に伴う経済的意義も注目される。公園隣接地に良好な環境を求めて質の高い住宅の建設が行われるようになり、良質の市街地開発が誘導されたという(石川、2001)。わが国では法的な制度の違いもあり、大規模緑地の周辺には景観上問題のある高層ビルやマンションが建ち並ぶようになるが、せめて東京セントラルパークの周辺はオープンスペースと一体となった良質な景観が形成されるようになって欲しいし、そのために景観特区というような指定があってもよいのではないかと思う。文化としての都市再生とはこのようなことではないだろうか。

東京セントラルパークの都市計画的意義

東京セントラルパークの都市計画的意義として、公園緑地系統の形成という点が挙げられる。この点を歴史的に見てみると、都市計画事業の最初の動きである明治18年の東京市区改正審査会での公園設置の議論の中で、その意義を環境保全、防災、市場、交通制御と並んで「首府をして首府たるの壮観を煥発せしむること」として、首都らしい景観を創るうえでの公園の必要性を挙げている。ここではまだ中央公園とかパークシステムの考えはない。公園系統の語は大正初期から見られ(佐藤、1977)、また連絡式公園計画とも称されることもあった(折下、1920)。関東大震災後の帝都復興参与会議では、本多静六参与から「大、中の公園は之を公園連絡広路又は幹線広路により互いに系統的に連絡せしめ以て全市の公園を有機的に活用せしむること」と公園系統の計画が提示されている(前島、1990)。このパークシステムの考え方は、東京緑地計画で計画案として反映されたといえるが、実現には至らなかった。その後も戦災復興計画・特別都市計画緑地地域(図4)や東京都緑のマスタープランを経て今日に至るが、パークシステムについてはあまり論じられてこなかったように思う。(近年、石川による精力的研究が見られるようになったが。)パーク・アンド・オープンスペース・システムは単に公園緑地を公園道路やブールバールでつなぐだけでなく、複数の性格の異なった公園緑

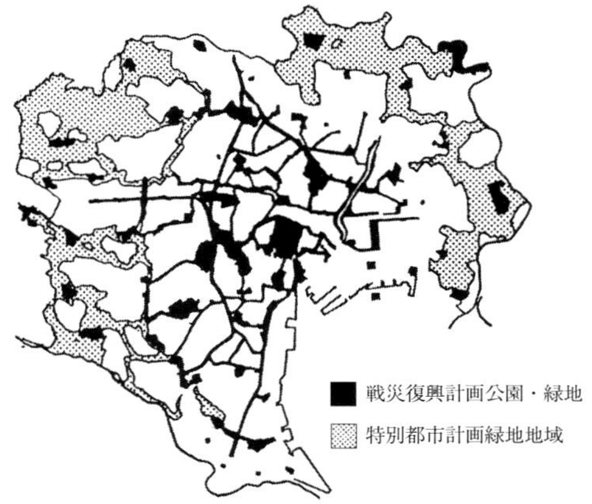

図４　戦災復興計画公園・緑地と特別都市計画緑地地域

地が相互に有機的に関係し合い、全体としてまとまった役割・機能をもつ公園集合体のことである。先に挙げた複合公園群としての東京セントラルパークはまさにそれ自身が小さなパークシステムであり、さらに上位の地域・広域圏のパークシステムにおいては重要な一構成要素となるものでもある。筆者はこの東京セントラルパークを空間的にはこのように位置づけたいと思う。すなわち下位のパークシステムを１つの要素としてレベル的に上位のシステムの一部となるという、階層構造のパークシステム論を考えることができると思う。例えば副都心ごとのパークシステムを上位のパークシステムでつなぐなどである。これは都レベルの広域緑地計画で対応でき、多層階パークシステムができる。従来のパークシステム論が都心部のパークシステム、郊外部の広域パークシステムといった同心円的配置や、網目状のパークシステムといった平面的なものであったが、この際立体的

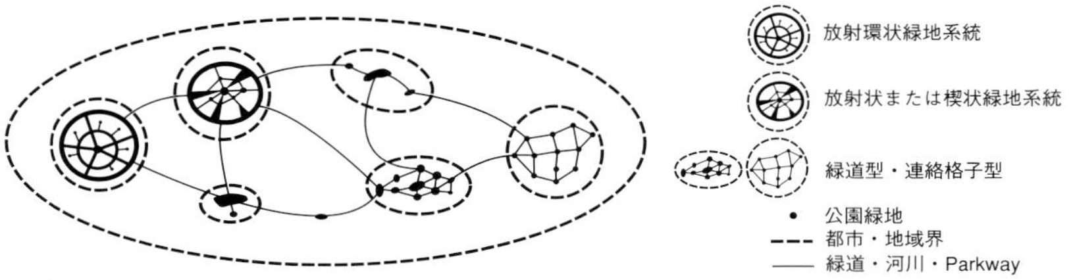

図５　多層階パークシステム・モデル

なシステムも考えられるのではと思う。(図5)
(この考えは近年の生態学のメタ個体群理論に通じるものである。)

話が少し飛ぶかもしれないが、都市空間には２つの中心となる施設が歴史的に存在してきた。一つは権力powerの中心であり、もう１つは権威authorityの中心である。例えばヨーロッパの都市に見られるように市役所と教会がその代表的な例であるが、政治・行政という権力のシンボルの施設と宗教という権威の象徴の施設である。日本でも国レベルでは霞が関と皇居の関係、一般都市では市庁舎と代表的社寺がそれに当たる。実社会を制御する中心と精神世界を制御する中心である。先に挙げたロンドンのハイドパークからセントジェームズパークのゾーンの中にはバッキンガム宮殿やケンジントン宮殿を含んでいる。それと同様に、筆者のいう東京セントラルパークのゾーンには皇居と赤坂御用地、明治神宮を含み、いわば権威のシンボルゾーンである。その意味でもこのゾーンを一体的に考える意味があり、東京のみならず日本の権威authorityのシンボルになり得る。

一般的に、日本とヨーロッパの権威の中心になるものの形態を比べるときに大きな違いは、日本の場合は必ずといってよいほど周囲に森(杜)、大きな緑が存在することである。社寺林、鎮守の森、あるいは山を背負っている。ヨーロッパの場合は教会の周囲はあまり緑はない。それに代わる形で都市林があってそれが陰で権威の役割の一部を補完しているのではないかと思う。日曜日に礼拝の後、都市林を散歩したりする。日本では規模が小さくとも森や緑が権威の中心施設と一体的に存在するところに大きな特徴がある。東京セントラルパークのこのシンボル的性格を生かし、公園緑地系統の整備を考えることができるのではないかと思う。

公園緑地の計画的整備に際して、都市気候制御、環境保全の観点からの風の道、水の道などの提案が多くの人から出されている。緑の軸の形成の施策(緑の東京計画)、景観基本軸の指定もある。これに生物の道を加え、公園緑地系統の整理をする時期に来ていると思う。例えば東京セントラルパークと神田川景観基本軸、玉川上水景観基本軸とつながる軸は水の道であると同時に丘陵部と都心をつなぐ生物の道でもある。エコロジカル・コリドーを通して、とかく西欧に比べ植物的空間といわれる都心部の公園緑地について、動物を含めた生物多様性を高めることが必要である。その意味でも個々の公園緑地施策を統括したパークシステム形成が必要になってきているのである。

◎引用・参考文献

石川幹子『都市と緑地』pp.51-57、岩波書店(2001)
折下吉延「都市の公園計画」(折下吉延先生業績録、pp.195-223に再録、1920)
木村英夫『都市防空と緑地・空地』日本公園緑地協会(1990)
佐藤昌『欧米公園緑地発達史』都市計画研究所(1968)
　同　『日本公園緑地発達史(下)』都市計画研究所(1977)
田畑貞寿「都市のオープンスペース計画」『体系農業百科事典７·造園』(pp.59-74、農政調査委員会、1967)
前島康彦『東京公園史話』p.86、p.147、東京都公園協会(1990)
三浦涼「東京中心部における皇室御料地とその空間デザインに関する歴史的研究」(早稲田大学大学院修士論文、2000)
Rogers、E.B.：Rebuilding Central Park、MIT Press、1987(亀山章監修・若生謙二訳『よみがえるセントラルパーク』ソフトサイエンス社(1994)

(本稿は「公園緑地」64巻４号に掲載したものを一部修正し、図を追加したものである。図作成に際して、藤本正雄氏に労を煩わせた。)

環境共生型リサーチパークの開発

山田孝司

はじめに

2004年3月に上越新幹線本庄早稲田駅が開業する。当駅を中心とする本庄地域は、1993年に地方拠点法により「本庄地方拠点都市地域」として指定を受け、その地域づくりの先導となる拠点地区と位置づけられた地域である。

本地域の特徴は、大久保山と呼ばれる里山一帯の広大な土地を大学が所有し、そこを活用して先端的な研究開発、人材育成などの機能集積を目的とするリサーチパーク構想を基軸に産・学・公・地域連携による新たなまちづくりを展開していこうとする試みである。

都市基盤の整備手法としては、リサーチパーク地区においては、大学による開発許可、駅北側の新都心地区においては、地域振興整備公団を事業主体とする土地区画整理事業によって進められている。

本稿はリサーチパーク地区で展開された本事例をもとに、環境共生をテーマにした新しいタイプのリサーチパークのあり方について論じるものである。

リサーチパークに求められる条件

リサーチパーク地区(以下、本地区)の計画立案に際し、次世代型のリサーチパークの姿について以下のような議論を行った。

a.大学の今後の方向としてのリサーチパーク

大学機能のオープン化、大学の有する研究・教育機能と社会が求める先端的研究開発ニーズは、今後、さらに高まり、両者の融合がリサーチパークの基本となる。従って、大学が本地区の環境整備計画を通じて、そのオペレートノウハウを蓄積すること自体に意味がある。

b.事業構造としてのリサーチパーク

大学が研究・教育目的で保有する一体的な地域を整備し、社会が必要とする再教育、研究開発分野とあわせて、新しい形での教育学術振興体系を構築することに意味をもつ。

今回の大学のリサーチパーク事業は、通常の民間等が行う団地開発型のリサーチパーク事業ではない。従って、従来の土地増進を目的とするものではなく、将来にわたっての一体的な教育学術振興エリアとしての大学の用地の一体性が事業の基本条件となる。

c.環境事業としてのリサーチパーク

環境共生型社会への再編等が、次世代の大きな課題となっている今日、大学の行う環境整備事業として、環境計画そのものにおいても研究開発型要素をもつことが大きな意味をもつ。本地区では自然環境、地形を活かした緩傾斜造成、場内に想定している新しい交通システムの実験、従来型車両交通の効果的削減、歩行等低速交通環境の充実等々、環境計画そのものが大きな目標となっている。

d.事業の迅速化

リサーチパークに計画される研究開発施設は、先端的技術開発を主たる目的として設置され、企業等学外諸機関による研究所立地を前提とした産学共同の施設整備となる。これらの施設の設置において、立地に関する意思決定の迅速化、意思決定から施設稼動までの時間短縮の実現、そして参画企業等との信頼関係の構築が求められることとなる。また、施設内容については研究開発の途上において、技術等の変化により、同時並行的に計画が詰められることが多く、これを容認しなければ適確な研究開発施設とすることは困難となる。併せて、研究開発の進展によってはオープン後も急速な展開が生じ、増改築および建築物そのものの存置改廃を行うことが必要となるケースも想定される。従って、こうした状況に柔軟に対応することができなければ、リサーチパーク構想そのものの基本的な理念の実現もおぼつかない。

位置図

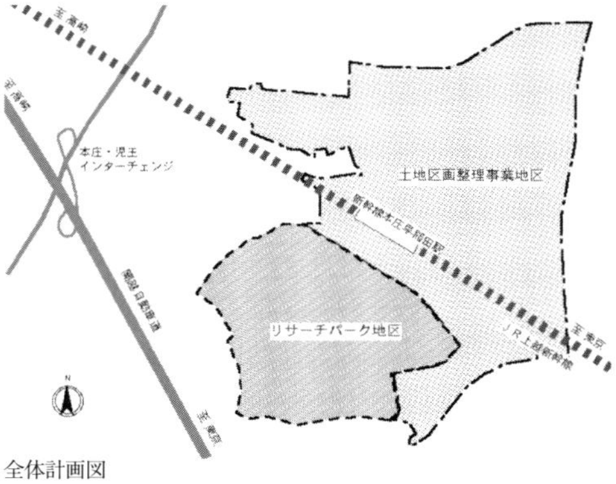

全体計画図

加えて企業等の誘致活動においては、このような機動性に富んだリサーチパークであることの保障がされなければ、進出の合意に到ることは難しく、また、２次３次の整備計画の実現可能性も低下する恐れがある。特に有力企業の進出が、それに続く企業等の流れを左右する傾向があり、初動期における有力企業との誘致交渉が重要課題となってくる。

従って、個別的に開発審査を必要とするような状況であっては、企業等と一体化した研究開発施設の立地を機動的に進めることは困難となる。このため、研究開発の条件が整ったならば、迅速に施設等の整備が対応しうる仕組みが重要となる。

開発の目標

上記の今後の求められるリサーチパーク像を描きつつ、開発事業の目標を次のように設定した。

・共生共創型の循環型社会の構築を目指し、良質な先端技術研究の場を形成する

・地域と連携し、周辺と一体となったまちづくりをめざす

・広域レベルでの共同研究や連携活動を主体とする早稲田リサーチパーク事業方式を構築する

全体イメージ図

環境形成の基本方針

a.地形とゾーニング

現在の自然環境を生かし、環境に調和し得る次世代型環境形成を目標に、地形に呼応する３つの施設立地ゾーンと保全系ゾーンを形成する。

C地区：尾根沿いに立地する既存施設を中心に構成される地域中核施設ゾーン

N地区：尾根北側谷沿いに新駅と対峙して構成される北側教育・研究施設ゾーン

S地区：尾根南側の開けた大空間における南側教育・研究施設ゾーン

保全系ゾーン：自然環境の保護、文化財保護関連の現況樹林保全ゾーン

b.地区の骨格

N地区とS地区を結ぶ南北連絡道路を美しくかつ強い円弧の軸とする「コミュニティアーク」としてデザインし、リサーチパーク地区の骨格として計画の一体感を形成する。

c.広場と結節点

各施設間や市民との相互交流の場として、N・S両地区にはそれぞれ心象風景に残る広場を美しいランドスケープとして計画する。

コミュニティアークのポイントごとにそれぞれが個性をもち、コミュニティアークへの「くさび」となる結節点を計画する。

d.造成計画における基本的視点

造成計画においては、できる限り元の地形に近いかたちでの造成を行うこととし、緩傾斜の造成法面を基本とした修景形成型の新しいタイプのリサーチパーク造成をめざす。

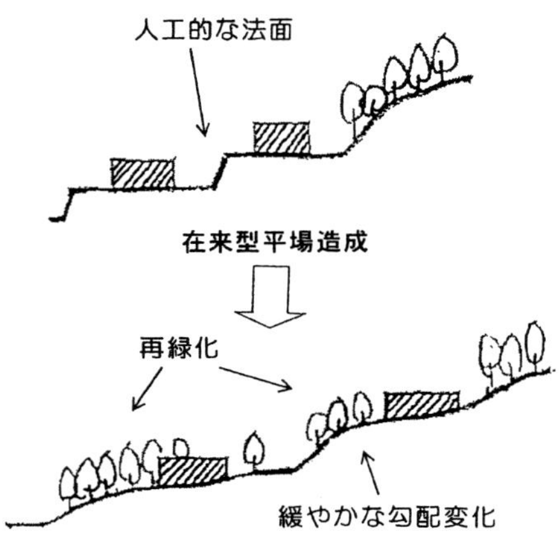

緩傾斜造成

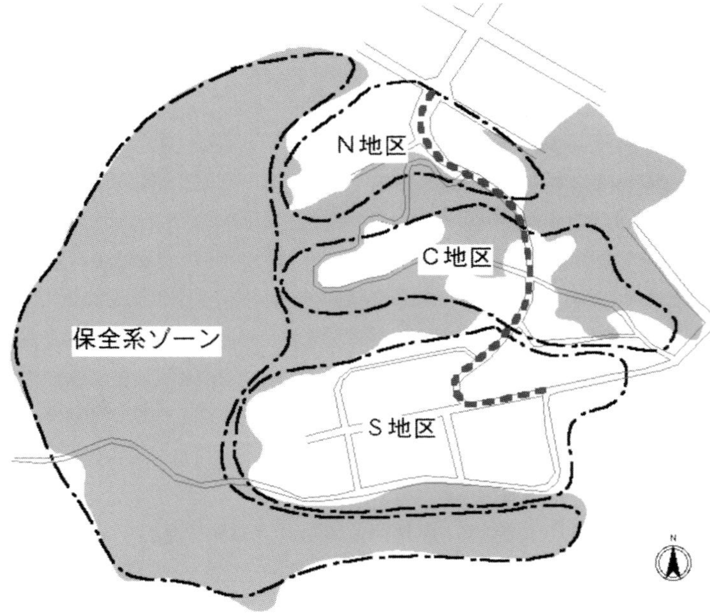

ゾーニング図

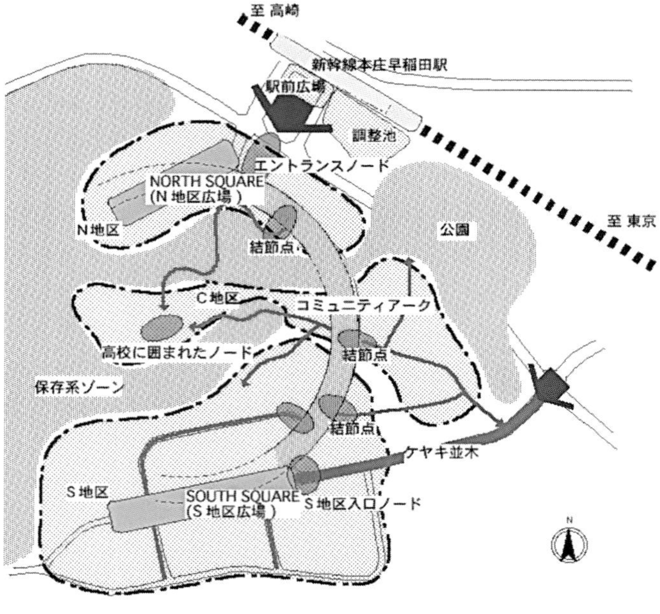

環境形成の基本方針

建物計画の基本方針

予定建築物は、情報分野および環境分野に関する教育・研究・開発を行う施設としている。施設配置は、各ゾーンの位置づけ、地形条件、敷地形状、緑地との関係等に配慮するものとする。具体的には、既存のグランド部分に規模の大きな施設を配置し、できるだけ分棟化をはかる。傾斜部では地形を生かして中小規模の施設を配置する方針とする。

計画当初に全ての建物が確定するのでなく、地区全体が分節化された建物の集合体として表現されるイメージをもちながら、計画の熟度に併せて柔軟に対応していくこととなる。

大学としては新駅開業に合わせ、大学院国際情報通信研究科および情報通信系と環境系の研究センターの展開をはかる予定であり、「産・学・公・地域連携促進センター(仮称)」と地域公団が事業主体となる「インキュベーション・オン・キャンパス本庄早稲田」の2棟が本格的に稼働することとなる。

インキュベーション・オン・キャンパス

環境共生の実践

計画の作業段階において、環境省が絶滅危惧種に指定するオオタカの生息が確認された。このため、専門家等で構成される本庄新都心地区環境検討委員会を開催し、県の保護指針にもとづき、幹線道路を東側に迂回させる修正案に変更し、諸手続きを行った。

保護指針では、巣から400m以内を推定営巣中心域、その外側を高利用域とし、エリアに応じたルールを定めている。地区西側の大半を占める現況樹林保全地内では営巣適木を選定し、台座・添え木の設置によりオオタカの生息環境を高める措置を施した。

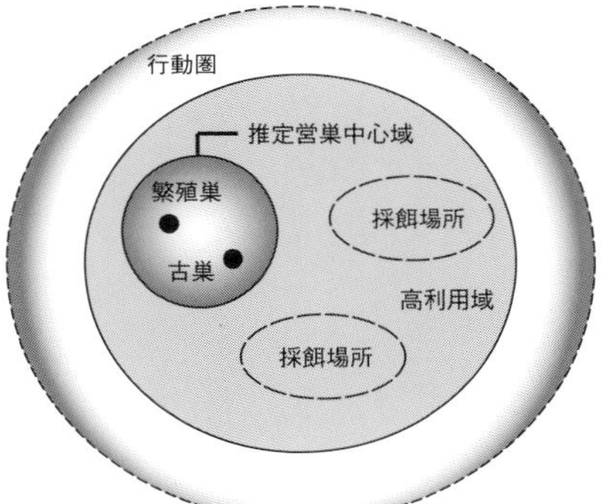

保護指針の考え方

しかし、工事段階において巣が約500m東側に移動し、工事の進捗が動物の生息に直接影響する状況となった。大学は鳥類の専門家の助言にもとづき、巣の状況をモニターで監視しながら工事を行う方針とし、監視・連絡体制及び行動対策等に関するマニュアルを定めた。繁殖期における工事工程の随時見直しは、まさに次世代型環境共生における実験であったといえよう。

おわりに

リサーチパークという迅速性と可変性を要求される事業においては、整備しながら状況に応じてフレキシブルに対応しうる仕組みを内在させることが重要である。現行の都市計画制度においては枠組みと制度の運用が、現在の社会が求める要求に対して必ずしも一致するとは限らず、事業の過程の中で解決していかねばならないことも多い。

一方、計画段階にルール化しておかないと、結果としてまとまりのない乱雑とした姿・かたちに帰結することとなる。定めるべき骨格と柔軟な関係をどう設定していくかがプランナーに与えられた役割と認識している。

今回の環境整備の1つのテーマは、地形の復元であり、N地区における整備状況をみるとそのランドスケープとしての骨格は1つのかたちとして見えつつある。植生については里山のイメージということで生物多様性の観点から、極力、地域に自生している在来種を選定している。このため、現時点においてはややさびしい雰囲気ではあるが、緑化に関しては5年10年という長いスパンで時間の変化とともに育てていく環境をめざしている。そこで展開される研究者同士、市民との交流がリサーチパークという新たな環境の情報発信となることを期待したい。

本稿は早稲田大学総合企画部から委託を受けた環境整備事業に関する事業推進の内容を筆者の責任において取りまとめたものである。最後に関係者の方々に深く感謝申し上げたい。

皇居前での邂逅から考えること

佐藤洋一

2003年8月、突然に…

終戦記念日前日の暑い夕方、皇居前で偶然邂逅した天皇ご夫妻が目の前を通りすぎるのを、人だかりの中で私たちは見送ろうとしていた。少し離れた私たちの前を、当然通りすぎるものだと思っていた。ところが、目の前にさしかかると、皇后美智子夫人、微笑みながらこちらに向かってきて、こう囁かれた。耳を向けるとかろうじて聞き取れるくらいのかすかな響きだ。

「何をやってらっしゃるんですか、おもしろそうですねえ・・・」

皇后から見て、私の左側には学生が二人、そのうち一人はビデオカメラでまさに彼らを撮影していた。そして私の右隣には同僚の日本人教員と、アメリカから招いたドイツ人のドキュメンタリー映画監督。
お盆休みをはさむ約2週間のあいだ、「東京を撮る」という内容のドキュメンタリー映画製作のワークショップを主催していた。各グループは、それぞれが選んだ場所で企画を考え、撮影を行っていた。場所はアメ横、汐留、巣鴨、銀座、思い出横丁など、さまざまだ。われわれは1つのグループの皇居前での撮影を指導に来ていた。テーマは、ずばり「帝都」。東京駅丸の内口周辺に、帝都の残滓をさぐり、隠された天皇制の断片を見い出そうというものであった。
大柄の外国人に、丸坊主にサンダル履きの男、そして長髪に髭を生やした男は私。その怪しげな出立ちは、SPに足止めをされるに足るものであった。SPの大きな肩越しにわれわれは、天皇ご夫妻の姿を見つけ、制止もよそにカメラを回し続けていた。これを皇后は見逃さなかった。近づかれながらもファインダーはお二人をしっかり捉えている。

「映像の学校で、夏休みにドキュメンタリー映画撮影のワークショップを行っておりまして・・・」と答える。

悲しいかな、ビデオテープはここで途切れてしまっている。そう、テープを使い切っていた。SPによる制止の目をかいくぐり撮影していたはずだったのに、この後われわれと天皇ご夫妻との会話があったことを証明してくれるものは何もない。作り話だと思われても仕方ないが、私の記憶によればこうだ。
次いで天皇に話しかけられた私たちには、話題を選んだり、こちらのペースで会話を運ぶ余裕などなかった。しばし続いた談笑で交わしたのは近頃の映画業界は生き残りが大変だとか、東京駅の建物はきれいだとか、といった具合だった。
あの場でとっさに、われわれ自身のことについて話ができたのは、早稲田大学の関係者であることと「東京駅周辺を取材しておりまして、たまたま…」という程度のものだった。「隠れているはず」という絶対的な前提が崩れ、取材対象が予期せず眼前に現れたときに、真の取材意図を話せるほど、冷静にはなれなかった。全く、修業が足りない。
その間、私の頭の中には、各界の著名人が招待される「園遊会」の映像がオーバーラップしていた。むさ苦しい風貌とはいえ、おそらくこの場面を撮影したのならば、ほぼあの「園遊会」と同じような、既視感のある映像となっていたに違いない。

たまたまであるにせよ、出逢ってしまった。この事実の意味を客観的に対象化せねばならない。そう強く思いつつも、私の日常の中に天皇という存在がリアルに入り込んできたこの事件のことを、会う人会う人におもしろおかしく話してしまうものだ。正直に言うと、その後数日、われわれは興奮を隠しきれなかった。実際に天皇と握手するという体験をした監督は、その日の夜、会う人ごとに同じ右手で握手をしていた。この出来事の説明をしつつ“Japanese Emperor”との僥倖をお裾分けし、みんなの驚きを誘っていた。
遠回しにではあれその影響力のようなものを取材しようとしていた矢先に本物が現れた。その事実に単純に驚いて興奮した。しかし興奮が冷めると、後悔もこみ上げてきた。もしわれわれの取材意図を率直に話していたら、一体ご夫妻からどういう反応が返ってきたのだろうか、東京駅の思い出を聞いてみたら、など。そのことについての言葉としての返事がなくても映像ならば質問を聞いた際のリアクションを記録しうる。それは、どれだけ大きな情報になったであろうか。そこで露呈したのは、われわれは突然の出会いに順応できる身体ができていないことであった。

もはや隠されてはいない、のか

戸沼研にいたとき、当時修士課程の三浦涼君（現：梓設計）と東京の皇室御料地のことを集中的に調査していた時期があった。その背後には、大きく２つの歴史的関心があった。

第一の関心とは以下のようなものである。皇室関連の土地は、東京中心部においてかなりの範囲を占有していたにもかかわらず、いわゆる政策としての「都市計画」とは全く別の次元での発展をみた（同様のことは軍用地等に関しても当てはまる）。つまり戦前の東京における近代都市形成は、必ずしも市区改正計画や帝都復興計画といった政治政策としての「都市計画」によってのみ決定づけられたとはいえない。いわゆる「都市計画」の範囲外においても、計画的な土地の組み替えは様々な面で行われたわけであり、むしろこれらによる都市の変容を読み込むことが、東京の本質的な空間像を理解する手段となり得るのではないか、と考えたこと。

次の関心として、こうした「皇室御料地」や「軍用地」などの、近代日本が首都を建設する上で具備してきた都市空間の要素が、戦後どのような過程を経て変容し、現在に至っているのか、現在とどう接続しているのかという疑問があった。これは戦後のアメリカによる占領と関連があり、アメリカのコロニアリズムが旧体制をどう捉えたのかを身近な東京の都市空間に即して考えることである。

すなわち、都市の中に皇室のための「領域」がどのように設けられ、どのように解体されていったのかを明らかにしたのである。そこから、近代の東京の役割がより明瞭に見えるのではないか、ということだ。そしてこれはいわゆる「都市計画」の領域外での出来事であったから、その変化を追うことから「都市計画」自体のあり方を逆照射できるのではないか、とも考えた。

驚くなかれほとんど研究がなされていないテーマであることは意外であった。むろん社会史的な関心から、天皇という存在の社会的あり方を考える一端として、「ご巡幸」や「戦勝パレード」といった空間演出に着目した研究はあるのだが、天皇の「領域」とその「境界」条件についての研究はないのである。誰もが知る対象でありながら、誰もが研究しないということには、何か理由があるのか、と勘ぐってみたりもしたが、たぶんそんなに深い理由はなくて、みんなは、そんなことを気にしていないという程度のことなのだろう。

「隠された対象」は、境界の向こう側にいる。境界は、われわれと彼らを隔てていた。ところが彼らと、こちら側で遭遇してしまった。

この出来事は一体何を意味しているのだろうか。偶然と考えていいのか、仕組まれたものだと考えるべきなのか。「お忍び」のはずなのに、われわれのはるか後方100mほどに各テレビ局のカメラ10数台が列を作ってこちらをねらい続けていたのはどういうことか。「開かれた皇室」のイメージ戦略の一環だったのか、初老の夫婦の夏の休日の「近所の散歩」であったのか、それは知る由もない。

天皇は、もはや隠されていないのか。都市空間

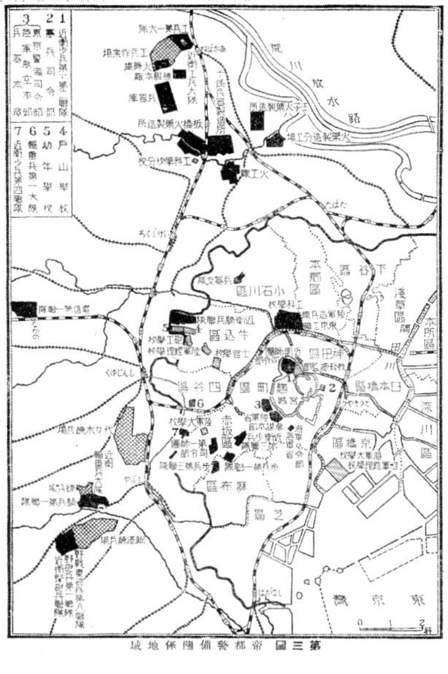

軍事施設分布図（戦前）

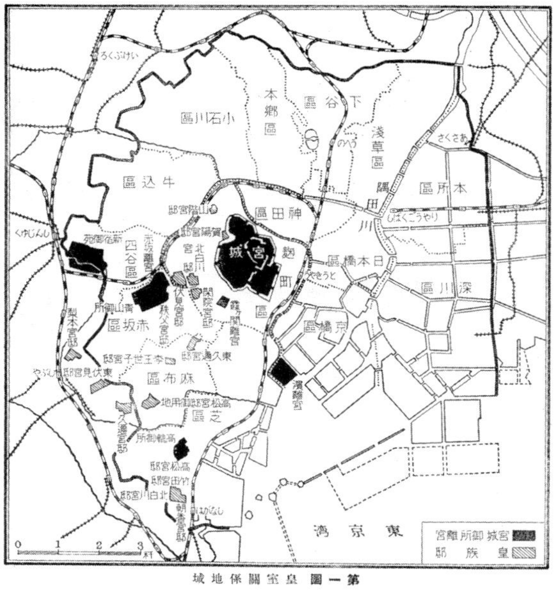

皇室関係区域図（戦前）

出典：「日本地理体系　大東京篇」1930、改造社

の中に、隠された天皇制を暴くという問題設定は有効ではないのか、云々。しかしわれわれが出会った通りが、東京駅の丸の内中央口からまっすぐ伸びる「行幸道路」と呼ばれる道路だった、ということは１つの事実であった。

境界意識のゆくえ

ある領域と他の領域とが接する部分、これを何らかの形でコントロールする必要がある場合、領域間の「境界」が、形《かたち》を伴って現れる。境界の形はきわめて文化的・歴史的な産物であり、その場所は都市空間のまぎれもない文化的・社会的断面である。

天皇のように「隠されている」と思っている対象に対しては、暗黙のうちにわれわれのなかで隔たりを感じさせる意識が作用している。

そうした心理的機制こそが文化であるともいえる。われわれの日常の暮らしの中には無意識のうちに、こうした意識を呼び起こす歴史的な記憶が潜んでいるのではないだろうか。

江戸の身分社会は、都市空間を大きく、町人地、武家地、寺社地とに分けたが、それぞれに境界が発生した。特に大名屋敷の敷地境界は長い塀がつづく紛れもない形をともなった境界であり、これが山手の景観の原型を形作ったといわれる。槇文彦のいう「奥」性などもこうした境界の形やそれをとりまく意識と無関係ではなかろう。

江戸の境界はこれだけではない。町人地の路地には木戸が設けられた。何かことがあれば、その木戸を閉めて、町人の行動を規制することができた。重くのしかかる境界であった。こうした裏路地の木戸の姿は、例えば山中貞男の映画『人情紙風船』の冒頭近くのシーンの中に生き生きと描かれている。

江戸末期の衝撃は、黒船の来航であり、その後東京では築地に外国人のための居留地ができた。この居留地は堀によって囲まれ、空間的にも境界となる条件を備えていたのであった。また、吉原などの遊里も堀で囲まれた異なる文化的・言語的特質をもった領域であったし、小塚原や鈴が森といった刑場は、今の葬儀場や刑務所などとは比べものにならないくらいの近づきがたさを形作っていた、まさに異界だったのではないか。

明治に入って武家地の解体があったものの山の手の基本骨格は変わらず、したがって関東大震災までは屋敷町の境界の形は大きく変わることはなかった。むしろ旧大名屋敷の土地利用の変化により、屋敷の地所の中身が変わったのである。先にもふれた軍用地や皇室御用地、そして外国公館などであり、形は変わらずとも境界が含む社会的意味は変わることとなった。

明治以降の統治体制が整うにつれて、都市空間における境界のもつ意味も明確になっていっ

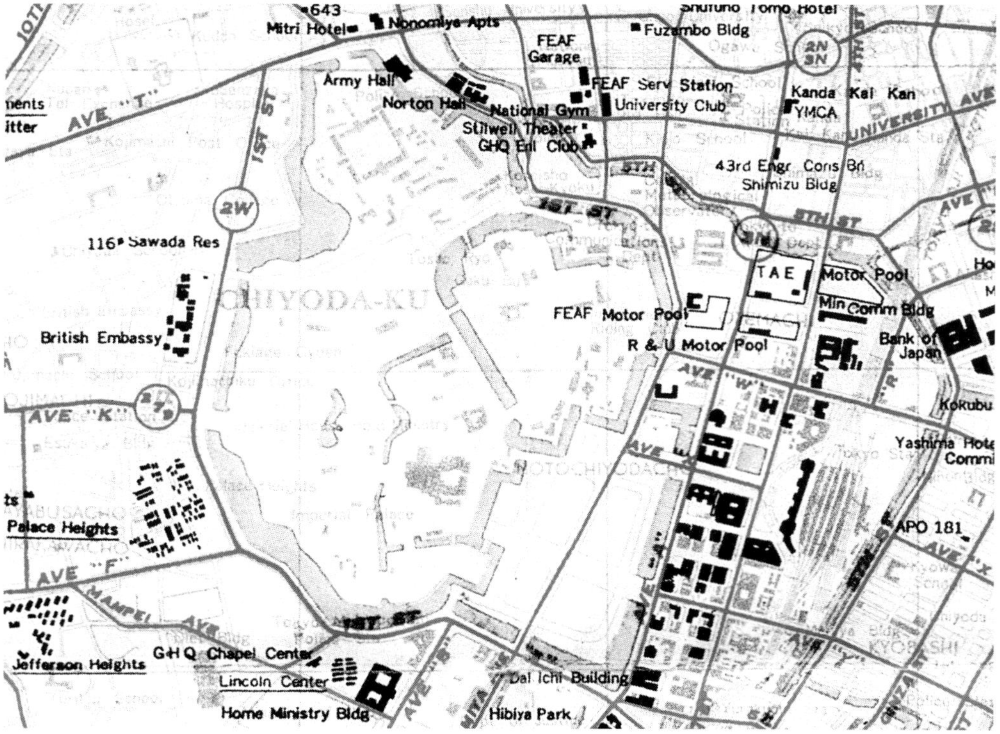

GHQ作成の東京中心部の地図

出典：「City Map Central Tokyo JUNE 1948」米国立公文書館所蔵

たと思われる。その後大きく、都市空間の社会的境界条件が変容するのは終戦後である。連合国の進駐により、旧軍用地や旧貴族制度は解体され、都市空間の中での社会的地理条件は変容する。と共に旧軍用地などに、占領軍が進駐し、ある種の治外法権的領域が出現した。この状況は、数こそ減じたものの今も変わるところがない。

都市空間の、どのような秩序が崩れ、混沌と化し、いろいろな出来事が起きるのか、など、すべては境界の形、境界のあり方と連動して引き起こる事象なのである。
こうした境界の変化に対する意識の系譜を知ることが必要に思われてならない。それは、とりもなおさずわれわれの日常における境界意識の由来を正確に理解したいからである。
「隠された」天皇が現れた事実。これもまた境界条件が変化した1つの現れなのだろう。

過去との出会い

都市空間のことを考える場合、映像は1つの重要な資料であり、また手段であると考えている。
映像というメディアを介してではあるが、われわれは過去の都市空間と出会える回路を持っている。過去の都市空間とを照らし合わせることから、われわれの現在の状況を理解できることもあるだろう。

旧ソビエトの公文書館から発掘された旧満州の記録映画の中に、満州国皇帝溥儀の来日の様子が映されている映像がある。東京駅を降り立った溥儀は、昭和天皇に迎えられ、馬車で東京駅を後にし、行幸道路を通りすぎていく。
行幸道路から東京駅正面を狙うショットには、溥儀の来日を歓迎する奉祝門が確認できる。いくつかのショットでは、両側の建物が背景として映されている。駅に向かって右側に旧丸ビルや郵船ビル、そして左手には海上ビル。いわゆる「百尺規制」で、きれいに軒の揃った建築群が映されている。
われわれが天皇ご夫妻と遭遇したのとほぼ同じ場所なわけだが、それぞれすでに建て替えられ、当時の大仰な雰囲気を、我々の映像からはあまり感じることはない。
私はいま、台東区との映像アーカイブスについての共同プロジェクトの中で、異なる年代に同じ場所で撮られた2本の映像から、どのような「読み解き」が可能なのかを考えようとしている。その真価は、単に背景の建物がどのように変わったかというような可視的な情報の把握だけでなく、またそこでどのような言葉が交わされたのかというバーバルなコミュニケーションを知るだけでなく、もっと深く、都市空間の質すなわち人間の意識と都市空間との関わりあいのようなものをすくい取れるかどうか、にかかっている。
冒頭のエピソードはわれわれのワークショップの作品の一部に映像として残されている。読み解きが可能なだけの資質を備えた素材たり得たかどうか、はなはだ疑問であることは、かえすがえすも残念ではある。

丸の内、内堀通り沿道　1948年3月　（米国立公文書館所蔵）

行幸道路での天皇と皇后　2003年8月14日　撮影：木村美緒

◎参考文献
佐藤洋一「「都市映像」試論～東京を例に」（所収：「intermedia ～メディアと芸術の相関を思考する」第一巻、トランスアート、2003）
三浦涼・佐藤洋一「東京中心部における皇室御料地の発生」（所収：日本建築学会計画系論文報告集、2001.02）

東京の斜面地と景観形成

松本泰生

はじめに

東京都心部の山の手地域は、台地に樹枝状の谷が数多く刻まれ、複雑で起伏の多い地域となっている。この自然地形上に形成された江戸では、身分の違いによりおおむね台地上が武家地、低地部が町人地とされていた。そして台地と低地に挟まれた斜面地は、この２つの領域の間で緩衝帯の役目を果たし、緑に被われ宅地化することはなかった。しかし明治以降の東京では都市の拡大と高密化が急速に進行し、その中で斜面地も変貌を遂げることとなった。江戸期の斜面地の多くは大名屋敷や寺社の敷地内にあり、樹林や庭園となっていたのだが、大正期になると急速に宅地化が進行し、関東大震災、第二次世界大戦を経て、斜面地の大半が宅地化してしまったのである。

近代以降の斜面地の変化を特色づける空間要素に着目してみると、崖(擁壁)、階段の大量出現と、斜面樹林の急速な減少が目立つ。崖は、斜面地を宅地という平坦地群に造成する際に、斜面を切り分けるものとして多く建設されたものである。また階段は、宅地化の過程で生じた街路に構築された、台地と低地を結ぶものである。そして斜面樹林は、江戸期には敷地内に多く存在していたが、宅地化により急速に失われ希少になり、変化が激しかったものである。これらの変化に伴って、斜面地の景観も樹林を中心としたものから、住宅群が折り重なる景観へと変貌することとなった。

私たちが考える以上に、都心部の斜面地では地形は変更されている。大規模な再開発では当然のように地形改変がなされているが、小規模な建替えにおいても、地形の改変は起こっている。そしてこれらの積重ねが、都市の地形を大きく変えるという結果をもたらしている。その中で、江戸期以来の微地形を反映して造られた住宅地は次第に減少し、微地形に沿った町並み、住宅地景観も減少、喪失している。しかしまだ都心各所に自然斜面は残されている。今後の都市を考える上で、都市の中に存在する自然の保全や、都市がたどってきた歴史の顕在化が重要なテーマであると考えられている昨今、東京都心部に残されている斜面地の現況と、空間的特質を明らかにすることは、今後の都市景観形成にも１つの示唆を与えるものと思われる。そこで、ここでは東京都心部山の手地域の斜面地の状況をよく示す要素として、崖(擁壁)、階段、斜面樹林を挙げ、これらに着目して斜面地の現状を明らかにすることとする。そしてこれら実態把握の上で、東京山の手の斜面地の捉え方について言及し、大都市東京の今後の景観の創出について示唆を与えることを試みる。

都心部における斜面地の現況

以下、調査の対象地域を東京都心部山の手地域(東京旧15区の山の手側で、おおむね山手線内に相当する地域)として、この地域内の斜面地の現況について述べていく。その際の視点として、崖、階段、斜面樹林という３つの要素を取り上げて、その分布状況や現況を述べることとする。この内、崖の調査にあたっては、1/10,000地形図を用いてJR山手線内の崖(擁壁および土堤)の抽出を行い、分布を把握するとともに、フィールド調査により用途・形態現況を明らかにした。階段については、1/1,500住宅地図を用いて、対象地区内の階段の抽出を行い、フィールド調査により規模等の現況を把握した。斜面樹林については、都心部各区が発行している緑地実態調査報告書を用いて樹林の分布を把握し、主要な斜面樹林を抽出し、フィールド調査により緑視の現況を把握した。

崖

崖は、対象地域内のほぼ全域に分布している。ただしその規模、密度、集積の方向性には地域性がある。例えば、北部では谷が比較的大きく直線的であるため、崖もこれに沿って比較的大きなものが分布しているが、南部では、個々の谷が小さく複雑に入り組んでいるため、小規模な崖が、様々な方向を向いて分布している。さらに、北部では台地の高度差の大小によって、西側部分では崖の集積が密で、東側では疎となっており、本郷台地の西側の斜面から小石川・目白台地にかけてには小さな崖が多く集積することとなっている。また南部には舌状の台地が存在するため、その周囲を回り込むような崖も存在する。一方、傾斜が緩い浸食谷の北向き斜面や、高低差の小さい谷においては崖の分布は少ない。

階段

対象地域内には、台地端の斜面地を中心に階段が650余存在し、台地と低地をつなぐ、規模の大きな階段と、斜面地内の小さな高低差をつなぐ小規模な階段が存在する。大規模なもののほうは、多くの人々が利用し、地域の歩行者交通上も重要なものとなっていることが多い。そのため昔から富士見坂、汐見坂などという呼称が付けられ、地域のランドマークとなっていることが多い。一方、小規模な階段は、箇所数としては7割以上を占めるが、住宅地内など、必ずしも人通りの多い場所ではないところに立地するものが多く、あまり目立たない存在となっている。このため呼称などもほとんどの場合は付けられていない。また建物建て替えに伴う造成により、改変されたり消滅することも多い。しかし地域住民にとっては、身近に接することが多い景観要素である。また、地形が急だったり複雑である地区を中心に、多くの階段が集中する地区が存在する一方で、細街路が存在しない大規模敷地周辺や、土地区画整理施工地域など階段がほとんど存在しない地区も存在している。

斜面樹林

斜面緑地として連続しているものは、外濠公園、上野公園など少数に限られ、大多数は敷地内に斜面樹林を点的に含むものであり、それらが点在している状況である。またそのほとんどが公園、寺院、大学、墓地などの土地利用である場所に限られる。

これらの中から、外濠公園、自然教育園、有栖川宮公園、青山墓地、江戸川公園の5か所の斜面樹林を対象にフィールド調査を行い、斜面樹林の道路上からの可視範囲、可視の類型、緑視率を明らかにし、緑視の有効性について検証した。

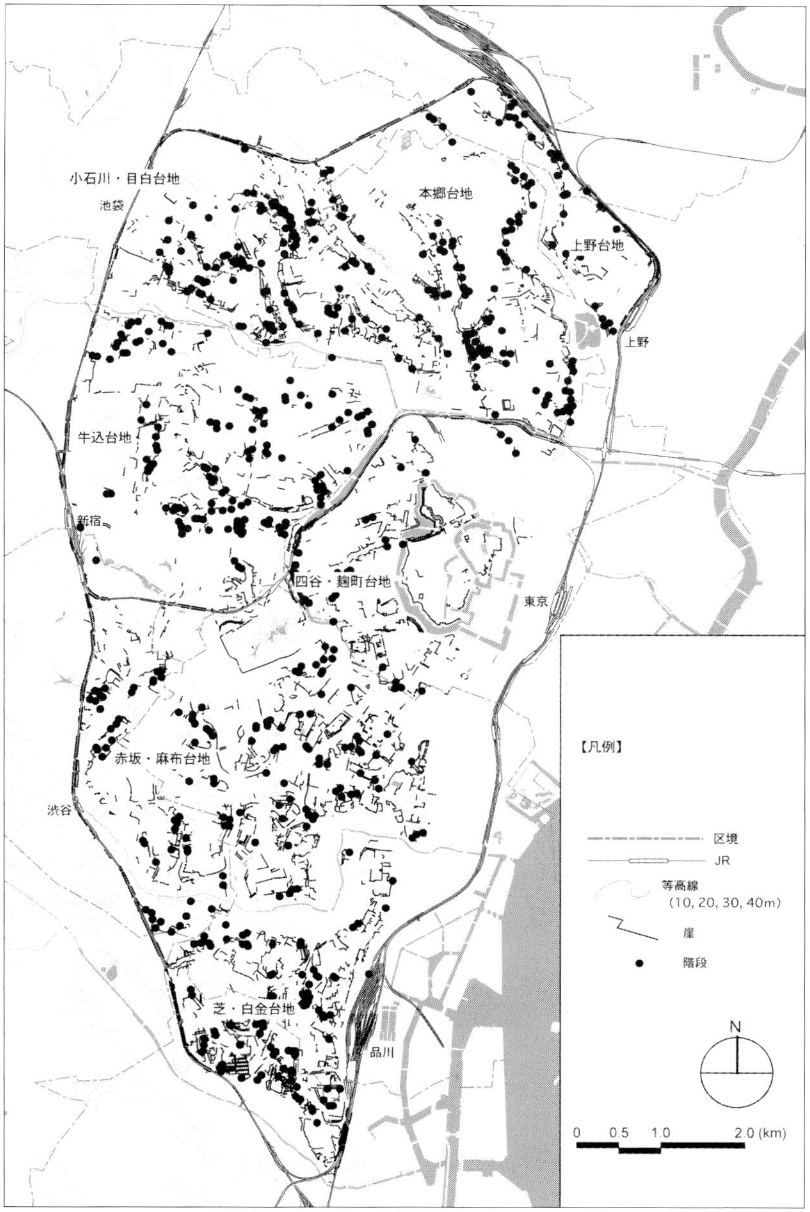

東京都心部における崖と階段の分布

台地と低地をつなぐ階段：新宿区河田町・念仏坂

わずかな高低差をつなぐ階段：新宿区荒木町

台地と低地を分かつ長大な崖：文京区小石川

調査の結果、斜面樹林は主に、樹林に隣接し並行する街路、もしくは樹林と直交する方向の街路上から見ることができ、その視距離は最大でも約500mであること、対象と視点の関係には、水平、仰瞰、俯瞰、谷を挟んだ「ひき」の４類型があり、仰瞰と谷によるひきが多くを占めることが明らかになった。また樹林の緑視率は、近接地では10%以上となることもあるが、100〜200m程度では１%以下となり、250m以上では全般に0.1%未満となることが明らかになった。しかし、遠方の緑が見えることは極めて少ないため、0.1%程度の緑視率であってもこれらの緑は意外に存在感をもっており、目立つものになっている。

斜面地に分布する緑は、それぞれの樹木の樹高に地形の高低が加わって視認されるので、低地側から見たときには、本来の樹高より高く大きく視界に入ってくる。また、建物などの後方に隠れている樹木群も地形の高低によって見ることが可能になる場合もあり、立体的な緑は視覚上、効果的である。

斜面地の景観特性

以上、ここまでは東京都心部の斜面地の現状について、崖、階段、斜面樹林という側面から見てきた。以下ではそれぞれの要素がもつ特質を見ていくことで、現代の都市における斜面地の景観特性や価値について考えてみたい。

崖：領域を形成する空間要素

崖が地域の空間構造に与える影響について見てみると、以下の点が指摘できる。第１に、崖の立地は道路網の形態に影響を与える。第２に、崖、道路、住居という３者の位置関係は、崖と道路が直交するか並行かなどから類型的に整理することが可能で、この類型ごとに空間のもつ特質は異なる。また都心部山の手地域はこれらの類型がモザイク状に複合している地域である。第３に、崖は高所と低所を分かつ境界性と、線的壁面としての連続性を持ち合わせた存在となっている。そして斜面地が複数の崖によって区分されることにより、そこにはひな壇状の宅地や袋小路を持つ宅地といった小規模な領域と、高台側、低地側というように分断された大規模な領域が生ずる。このように崖は斜面地上に大小様々な領域群を形成する空間要素となっている。そして道路網の形成や、空間類型分布、領域の形成には、もともとの土地所有や土地利用の歴史的経緯が深く関わっている。

階段：地形を可視化する景観要素

階段は地形を可視化する景観要素である。微少な斜面や緩やかな坂は視覚的に認識されないこともあるが、階段はその地形を明瞭なものにする。また身体体験的に見ても、体感がやや漠然としている坂に比べて、階段は段々によって明瞭に地形が体験される装置になっている。そして階段は高低差の異なる２つの領域をつなぐ空間要素であり、一方で階段の上部、下部という形で２つの領域を切り分ける性格をもった空間要素でもある。このように階段は、微少な地形を可視化したり認識させることで、微地形上の特異点となり、ランドマークとなっている。

斜面樹林：都市に残された視覚的自然要素

斜面樹林は、都市の中で希少になってきた緑地として、私たちの心に安らぎを与えるものである。また景観的にも平地の樹林より視覚的効果が高く、ランドマークとして点在する緑地は、都市の中で私たちに定位感を与えるものとなっている。そして斜面上に存在する樹林は、崖同様、高低差のある２つの領域を切り分ける空間要素となっている。一方で帯状に連続する樹林は、生態的連続性を都市に与え、視覚的に斜面を強く意識させるものともなっている。

以上のように都市内の自然斜面は、都市の歴史的文脈を視覚的、身体的に体験する場となっている。自然斜面は、建築物のような明確な視対象としては残存していないが、土地利用の継続性というかたちで、歴史的文脈を維持している。またその基底にある地形は、昔からの状況をおよそ残しているものである。街を歩いていると、「○○邸跡」などという標識柱や、由来を示す立て札で都市の歴史を知ることがあるが、これらはすでに完全に過去のものとなっている痕跡としての歴史である。旧跡としての歴史でなく、過去から現在に至るまでの連続性をもち、現在もなおそこに存在し続けて実際に見て体験できる地形は、歴史的観点からしても重要なものなのである。

斜面地の今後

斜面地が全般に宅地化され市街地が連担し、境界部としての斜面が目に見える存在でなくなったのに伴い、その役割は小さくなり、一般に意識されることは少なくなってきた。しかし一方で斜面地は現在では希少性をもち、近年は価値が再認識されている。近代以降の斜面地を特色づける、今回取り上げた崖、階段、斜面樹林は、現代の都市においては断片的・点的な状況ではあるが、それでも都心部山の手地域に広範に分布し、景観構成要素として潜在的価値を有する。そしてそこに成立した斜面居住地は、原地形や、江戸・東京の土地所有や土地利用と深い関連をもって形成されており、ここでも歴史的文脈の継承は行われている。

都心部に住む人々は、ともすると自然に触れる機会が少なくなりがちである。しかし、日常の暮らしや週末の散歩でも、緑だけでなく、今回取り上げた原地形を反映した斜面地のような、広い意味での自然景観に少しずつ触れることは必要であろう。公園緑地への接触のあるべき姿については、段階での考え方があるという。すなわち①毎日の接触：庭の草花、植木鉢の緑、②週に一度の接触：近隣の公園の緑、③月に一度の接触：都市公園の緑、④年に一度の接触：国定・国立公園などの自然、の４つの場合である。この考え方に基づくなら、斜面地に残る自然や地形は、毎日とはいわないまでも、月に数回は接触すべきだと考えられよう。

一度失われた地形景観は容易には戻らない。例えば、改修により人工化された河川景観をミティゲーション等によって回復する動きがあるが、これには相当な労力が費やされている。手遅れになってから、復元するのでなく、今ある自然地形を保全することに努めることが急務ではないだろうか。また人工的地形は解りやすく、自然のもつ意外性や複雑さをもたない。現在のような都市開発が続くと、本来の奥深さをもつ地形や、それに基づく景観は失われてしまう可能性が高い。私たちの暮らしから地形にもとづく都市空間の多様性や複雑性といった魅力が失われると、都市景観は平板なものになり、それはひいては生活の貧しさにさえつながるのではないだろうか。

東京都の都市景観マスタープランや緑の基本計画においては、景観軸の創出や、緑の拡充が謳われている。しかしこれらの中では、具体的にどこの緑をどのようなかたちで保全、再生、あるいは創出するかについては描き切れていないのが実情である。従って斜面地を再評価し、都市景観マスタープラン等にもとづいて、さらに具体的かつ詳細な保全活用施策、景観創出施策を検討することが求められているのではないだろうか。

本稿の作成にあたっては松尾環（日本工営）、小野佳英子（INA新建築研究所）の調査結果および修士論文を参考といたしました。記して両名の多大な協力に感謝いたします。

◎参考文献
「東京山の手の斜面地に関する研究—崖によって規定された居住空間の特質—」（松尾 環、早大戸沼研究室1997年度修士論文）
「東京都心部における斜面樹林の景観誘導に関する研究」（小野佳英子、早大戸沼研究室2000年度修士論文）
「東京都心部における斜面地の現況と特質崖と階段の分布及び斜面地の空間類型」（松本泰生・戸沼幸市、日本建築学会計画系論文集No.573、2003/11）
「東京都心部における斜面地景観の変容江戸東京の土地利用の変遷とその景観変化」（松本泰生・戸沼幸市、日本建築学会計画系論文集No.577、2004/3）

ルミナス武蔵小金井とその後

木村哲雄

地球環境時代

大気中の二酸化炭素の増加による地球温暖化現象への対策については、1997年京都国際会議議長国として、二酸化炭素発生削減に関する議定書をまとめ上げた責任を問うまでもなく、わが国においても、緊急かつ確実に取り組むべき課題であることは言うまでもない。
対策のポイントとしてはいかにして二酸化炭素の排出量を現実的に削減していくかということにある。近年急速に研究開発が進行している燃料電池技術・水素を利用した新エネルギー開発などに大きな期待を寄せつつも、とりあえず現在利用可能な自然エネルギー技術や緑化技術等を用いて、石油・石炭などの化石エネルギーの使用を削減することが必要である。
中でも、土木・建築分野に関わる二酸化炭素の排出はわが国の全産業の約20%を占めると試算されており、削減の取組みが急務である。また、住宅のエネルギー消費に関しても、単なる省エネにとどまらない、二酸化炭素削減に具体的に貢献する方策を提案しなければならない。
しかし、その方策の提案が、わが国の風土と地域に立脚したものでなければ普及していかないことは自明の理である。地球環境と地域の双方に配慮した住宅の供給、それはまさに持続可能な、オイコスのかたちの追求と実践である。

ルミナス武蔵小金井

私が手がけた「地球環境と地域に配慮した住宅」の中で、ルミナス武蔵小金井はその規模と提案内容の豊富さで群を抜いているものである。
竣工して８年を経過したが、その計画の内容と実際の住まい手のトレース調査の報告を踏まえて、21世紀へのさらなる課題の提案としたい。

・敷地面積 3,642.98㎡
・RC造３階建て陸屋根、43戸
・建築面積 1,299.75㎡
・延べ床面積 2,966.37㎡
・住戸専有面積 56.00–84.80㎡
・東京都小金井市貫井北町
・設計監理　日本勤労者住宅協会　木村哲雄
　水系デザイン研究室　神谷　博
　テクノプラン建築設計　佐藤　清
・設計・施工協力　（株）ドコー　古沢浩一
　自然エネルギー協同組合　桜井薫他

立地特性

東京の都心への通勤１時間（20km）圏。都立小金井公園・学芸大学キャンパス等の広い緑地に囲まれて、都市農地（生産緑地）と低層住宅が混在している。北側200mに玉川上水が流れ、沿道緑地が連続している。江戸時代中期の玉川上水とその分水（深大寺用水）の開通と井戸の掘削による新田開発によって拓かれた地域である。自然地形上の大きな特性として、多摩地域の関東ローム上に降った雨水が地下に浸透し、市内の南部の河岸段丘（ハケと呼ばれている）下部の砂礫層から湧出している現象がある。清冽な湧き水は水路に流れ出し、生活用水に使われ、寺社の庭園や公園の池等に導かれて美しい景観をつくり出してきたが、昭和40年代以降の急激な都市化により湧水量は減少し、水路も多くが埋設されてきた。この湧き水と水路を復活させ、周辺のハケの雑木林と共に保全し、市民の共用財産として生かしていこうという市民運動が活動して30年余になる。

湧き水文化の創造を

小金井市をはじめとした行政も、ハケと湧き水を保全していく運動を後押しし、都市緑地保全法に基づくハケの緑地の買い上げや、宅地内の雨水浸透枡への補助金交付等の施策が行われてきた。市民の側からも、「湧き水文化の創造」をキーワードとして、ハケの緑を巡る自然観察会や野川沿いの大規模公園（武蔵野公園・野川公園）を舞台とした市民祭り（わんぱく夏祭り）等の行事が市民の自主運営を中心に開催され、地域に根付いた運動として継続している。
戸沼研究室の院生の時代からこの運動に身を置いた私としては、地域の環境を生かすためのルミナス武蔵小金井の設計に20年後に携われたことは願ってもない幸運であった。

設計の骨子

1.都市近郊の集合住宅として、元は農地であった建設地の歴史を尊重し、緑地が点在する周辺環境との調和をめざす。屋上には家庭菜園を設け、参加型の緑化をめざす。また、敷地内や付属建物の屋上・壁面にできる限り多くの緑をちりばめる。

2.雨水を上手に利用(屋上緑化用の灌水および中庭のせせらぎ・ビオトープ)して潤いのある共用住空間を創出しながら最終的には地下浸透させ、地下水を涵養し都市河川の治水対策に貢献し、湧き水を保全する。

3.自然エネルギーの活用により二酸化炭素の発生削減を実現するとともに、ランニングコストの低廉化をはかる。共用部のバリアフリー化を図り、高齢者用住宅を1階に配置する。

オイコスの技術

太陽熱温水装置

屋上に設置した真空ガラス管の集熱・貯湯装置により、全戸に個別に太陽熱給湯を実施。水道給水管直結の循環方式で圧送ポンプが不要のため、ランニングコストの大幅削減を実現している。

屋上菜園

屋上の防水層を傷めないように配慮されたユニット式の緑化工事(黒土の厚さ30cm)を行い、18区画(約9㎡)の菜園を設けた。

立体花壇

毛細管現象を利用した自動灌水装置付きのフラワーポットを共用廊下やバルコニーの手すり面に取り付けて、中庭を装飾している。

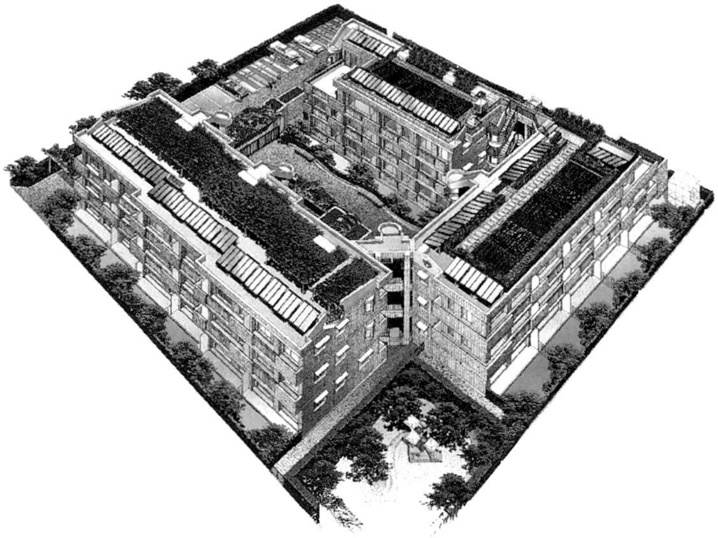

雨水貯留槽

住棟の地中梁を利用したピットに雨水をためて、太陽電池ポンプで屋上の貯水タンクに揚水し、屋上緑化と立体花壇に灌水している。

ビオトープ

中庭の池とせせらぎは、入居者の憩いの空間を提供すると同時に小生物(小さな魚や昆虫)の生活空間になり、玉川上水の水と緑と連携した地域の生態系の多様化に寄与する。

雨水浸透

芝生ブロックの駐車場、透水アスファルト・車路とともに、雨水貯留槽からのオーバーフローについては浸透枡と浸透トレンチ管埋設で雨水浸透を積極的に実施している。

太陽光発電

雨水の屋上への揚水用および中庭の外灯用の電源として太陽電池パネルと蓄電装置を屋上に設置。コスト上、低電圧の独立系のシステム。

風車

中庭の入口に揚水風車を設置し、ビオトープの水を循環している。景観的に団地のシンボルと位置づけている。

居住者アンケートと住み心地評価

入居から2年目に、住み心地について詳細なアンケートを実施した。ポイントのみ記述する。

予想どおりの良い評価…屋上菜園

屋上菜園については、他団地での実績があり、人気の施設になることを確信していたが、予想どおり満足度が70%を超えた。畑仕事を通じてスムーズな近所付合いが広がるなどの井戸端

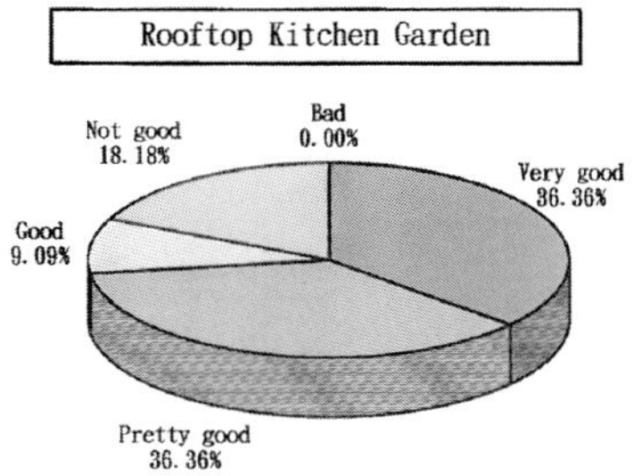

会議的なコミュニティ形成がはかられている。鑑賞用の庭園風の屋上緑化でなく、家庭菜園というかたちで入居者自身が手を入れて成り立つ緑化、「参加型の緑化」は都市型集合住宅の屋上緑化を定着させる有力な手法と思われる。

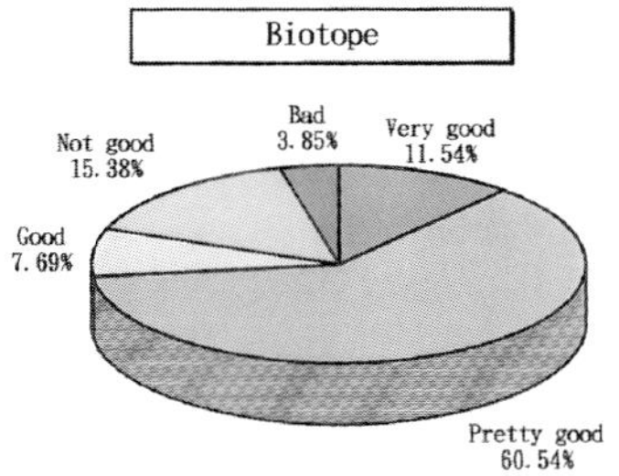

予想を超える良い評価…ビオトープ

ビオトープの池とせせらぎについては、住棟に近いこともあり、湿気や蚊の発生等の問題について懸念する向きもあったが、予想を超える高い評価を得た。造園風でない身近な自然の感覚が良いようである。学校でもらったメダカや縁日で買った金魚を子供たちは放流し、かわいがっている。

安全対策上、水深はごく浅いが、一年目の冬が厳寒で全面氷結し、小魚が越冬できないのではないか、という心配の声が集まり、数か所に陶製のかめを埋めて、深みをつくる改修工事を実施した。

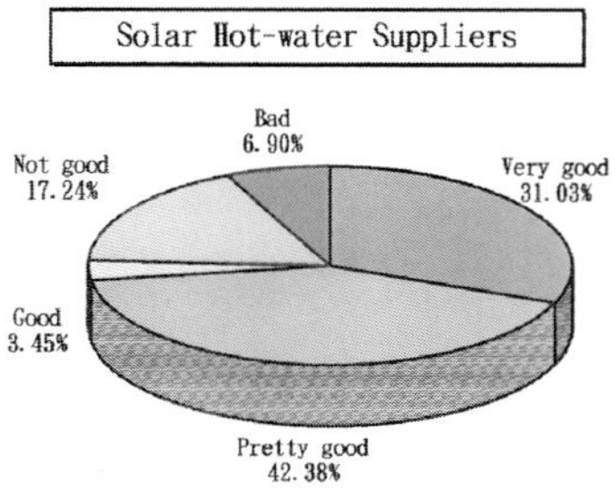

数字で省エネを実感…太陽熱給湯

夏季の晴天日には湯温は沸点を超えることもあり、自動ミキシングバルブで60℃以下にして住戸内に導くが、ガラス管容量240ℓの倍以上を使用できるので、住戸内の給湯は全て対応可能となり、ガスの使用量が激減する。冬季でも晴天時には湯温50℃までになり、曇天時等でもぬるま湯程度にはなり、ガス給湯器の作動も冷水からの加熱に比べて省エネとなる。

入居早々、多くの方から「ガス代の請求額が低すぎるので間違いではないかと思った。」という話が出たが、省エネが具体的な数字＝ガス代の支払いで実感できるのが嬉しいとのことである。エコロジーはエコノミーという、まさにオイコスの原点を実践しているといえよう。

エネルギー消費調査

ルミナス小金井から4kmほど離れた立地で一般仕様の3階建ての団地があり、この団地とルミナス小金井の双方から、住戸面積と家族構成が同じ住宅をサンプリングしてガス消費のデータをとり、比較してみたところ、平均で年間50.27%という大幅な節約となった。

真空ガラス管の太陽熱給湯装置のイニシャルコストは12年で原価消却可能となる。

このデータに基づいて、ルミナス武蔵小金井全体の二酸化炭素の発生抑制量を試算して熱帯の早生樹種の二酸化炭素固定能力に置き換えると、熱帯雨林に約0.63haの植林を施したのと同程度の効果があることになる。

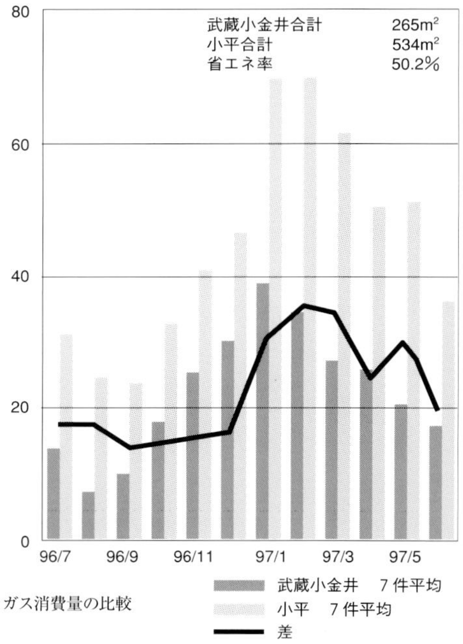

ガス消費量の比較

今後の課題

持続可能なシステムづくり・育成管理へ

環境設備が円滑に運転されていくためのポイントの1つは、地球環境を守るために苦労してでも使っていくというような教条的な形式でなく、住まう人たちが楽しみながら環境設備を使いこなしていくかたちが定着することであろう。逆にいえば環境設備を使いこなしていく中で、居住者自らが環境に対する理解を自然に深めていければよいということである。
ルミナス武蔵小金井では、緑化委員会という自主的な組織ができて、管理会社の定期的な緑化管理では手が行き届かない部分の管理を行っている。与えられたシステムを維持管理するだけでなく、住う方々自身がより良いものに創り上げていく＝育成管理という姿勢が育ち始めている。

ごみ処理とリサイクル…地域との連携

都市近郊の集合住宅として、生ゴミの処理と周辺農地の堆肥利用が結びついたリサイクルシステムの構築がはかられれば理想的である。ルミナス武蔵小金井では、屋上菜園もあるので、

団地全体として、有用土壌菌による生ゴミ処理システムを検討したが、コストの問題もあり、実現には至らず、住戸バルコニーを利容した個別のコンポスター装置での対応となっている。
隣接する畑を耕す農家の方々は、堆肥づくりの材料不足に悩み、市内の神社等に足を運んで落葉を収集している現状があり、リサイクルシステムを構築する可能性は大いに残されている。

集合住宅の内装材にも国産木材を

建築素材は製造過程で膨大なエネルギーを消費し、維持管理していくうえでもエネルギーを消費する。また、リフォームしたり、取り壊したりする際の処分時にも、リサイクル可能なのか産業廃棄物なのかによって環境への負荷が大きく異なる。
環境への負荷防止と建材の安全性（シックハウス防止を含む）への対策は、自然素材を可能な限り使用できる供給システムを構築することで実現していくべきではないかと、私は考えている。特に自然素材の中でも国産の木材供給システムの復活は緊急の課題である。この供給システムの実現については、既存の木材の流通ルートの抜本的な見直しとして、川上から川下への生産者（山側）と消費者（都市側）の顔の見える流通ルートの創出をめざして、様々な地域で様々な人々の手で進められている。私も秋田県二ツ井町の「森の学校」運動と市民運動組織から発展した「モクネット事業」を支援して活動している。
これらの運動は、私が準備委員として参画した早稲田都市計画フォーラムの第３回メイヤーズ会議（1997年）において秋田杉の産直運動を進める二ツ井町の丸岡町長と竹田純一氏（市民運動家）等から発表済みであるが、その後も地道な活動は続けられている。
ルミナス武蔵小金井の内装材については、新築時においては特別な提案は試みていないが、入居者の中でお子さんがアトピー性皮膚炎に悩む方を含めて数件の相談があり、リフォーム工事として和紙を用いた壁紙・生石灰クリームの塗り壁と桐材のフローリング・杉材の腰壁等を用いて対応した実績がある。
国産木材再生の運動は、大口径のムク材を構造材に用いることで、一戸建て住宅の家つくりを中心に進められているが、RC造等の集合住宅の内装材にも国産木材を使うべく運動を広げていくべきである。
大都市の既存マンションのリフォーム工事の需要は大きく、自然素材を活用した地球環境時代の都市の家づくり、まちづくりとして、大きな成果が期待できる。
ルミナス小金井においても、自然素材に関心の高い方が多く、近い将来に予想される多くの住戸のリフォーム・リニューアル工事に向けて、対応の準備を検討しているところである。

二ツ井町の林業家・武田英夫さんの貴重な提言、「森林のことを考えられるような木の使い方を、住宅設計やまちつくりの場で考えてください。木の家を都市につくることは、都市に森をつくることなのです」という言葉が胸に残る。この象徴的な言葉を理念だけに終わらせず、実践していくことが、地球環境時代の家づくりに求められている。

大都市圏郊外団地の存亡

青柳幸人

はしがき

大都市の郊外団地は、20世紀後半の人口と産業の急激な大都市集中に対応した政策として、通勤限界地まで拡散し、建設された。

それらの郊外団地は、21世紀後半にも生き残れるだろうか。

これからの大都市圏人口の減少、かつ住宅需要の都心居住指向、さらには均一化され社会化された居住スタイルからの脱皮等の流れ、一方、郊外団地住宅の狭小、老朽、空住戸、空店舗等による団地全体の居住環境の悪化を考えると、既存居住者、地元自治体、団地管理者の強い存続意向にもかかわらず、自然の流れとして、衰退の一途をたどり、やがて消滅してしまうのか。

では、建設時の役割を終えた郊外団地の跡地は、どうなるだろうか。なにか、再生して再び新しい住宅地に蘇る可能性はあるだろうか。

現在、公団等では、建替え、改修、用途廃止について検討中である。

これからの提案は、長年、現在の都市公団に勤務した者が一研究者の立場で行う。

首都圏域における公団郊外団地の立地状況とそのメカニズム

郊外団地とは

本稿では、国の施策のもと広域的に集合住宅団地を建設してきた公団の団地を対象とする。

また、郊外の範囲は人口集中地区周辺部等の考えもあるが、東京都心30km圏以遠の地域と設定した。（図１参照）

公団は、1955年、日本住宅公団として発足して以来、大都市地域において、今日まで、賃貸住宅約81万、分譲住宅約69万、計150万戸を供給してきている。

平成10年の住宅統計では、全国の住宅戸数約4,200万うち共同建4割、さらにうち公共賃貸300万戸（居住人口800万）となっている。

公団の首都圏域における賃貸住宅戸数は43万、内、本稿で言及する郊外賃貸は14万戸（想定居住人口約35万）である。団地の戸数密度110/haとすると全体で敷地面積約1,300ha、団地数約100か所である。

団地誕生期（1956-64）

公団の団地建設手法は、当初から、２つの大きな流れがある。

１つは、収用権（実際は任意買収）を背景にした「一団地の住宅経営」手法によって、一定地域の用地を全面買収して、団地を建設する方式である。その立地も、距離圏でいえば10〜20km圏内であり、既成市街地の住居地域、空地地区、緑地地域内をスポット的に開発している。そして、団地の規模も中小規模であり、例えば、小学校も既成市街地内の既存小学校を利用するなど、周辺市街地依存型である。

この方式は、速効性に富み、当時の住宅政策目標の早急に大量な住宅供給に役立った。

もう１つは、20〜30km圏で、数十haの区域において、地区内用地の一部を先買いする公団方式の土地区画整理事業方式である。

この方式は、まちづくりの居住環境の整備としては、優れているが、事業期間に５〜10年間を要したことから、当時の大量かつ早急な住宅供給には、対応しにくい面があった。

この方式も、前述の全面買収方式同様、漸次、より郊外へ拡散化していった。

成長・拡散期（1965-74）

この時期に供給された賃貸住宅は、全賃貸住宅ストックの43％を占めている。

66年の第一期住宅建設５か年計画「一世帯一住宅」の政策が推進された時期である。

公団は、その政策の下、大量住宅供給の速効性があり、かつ、良好な居住環境を保つために、公共・公益的施設を整備した、数千戸単位の大規模団地の建設を行った。そのため、団地の立地は、大規模な用地確保とより安い地価、原価家賃を求めて、30〜40km圏へと拡散化していった。

それらの団地は、大規模であることから、団地内に保育園、学校、スーパー、診療所等を設ける、いわば、自己完結型である。

しかし、この時期の団地は、遠距離通勤というだけでなく、例えば住宅の平均床面積が45㎡、浴槽が800型等と現在の若年新需要層のニーズに合わない居住水準になっている。

この時期に誕生した団地こそ、本稿の主題である「団地の存亡」に関わる団地である。

成熟期（1975-84）

初期に建設された団地が20年を経て成熟期になる頃、一方では、新規団地建設の拡散化が限界に達した時期でもあった。

1973年には、全国の住宅戸数が世帯数を上回り、住宅政策は、一世帯一住宅から、一人一

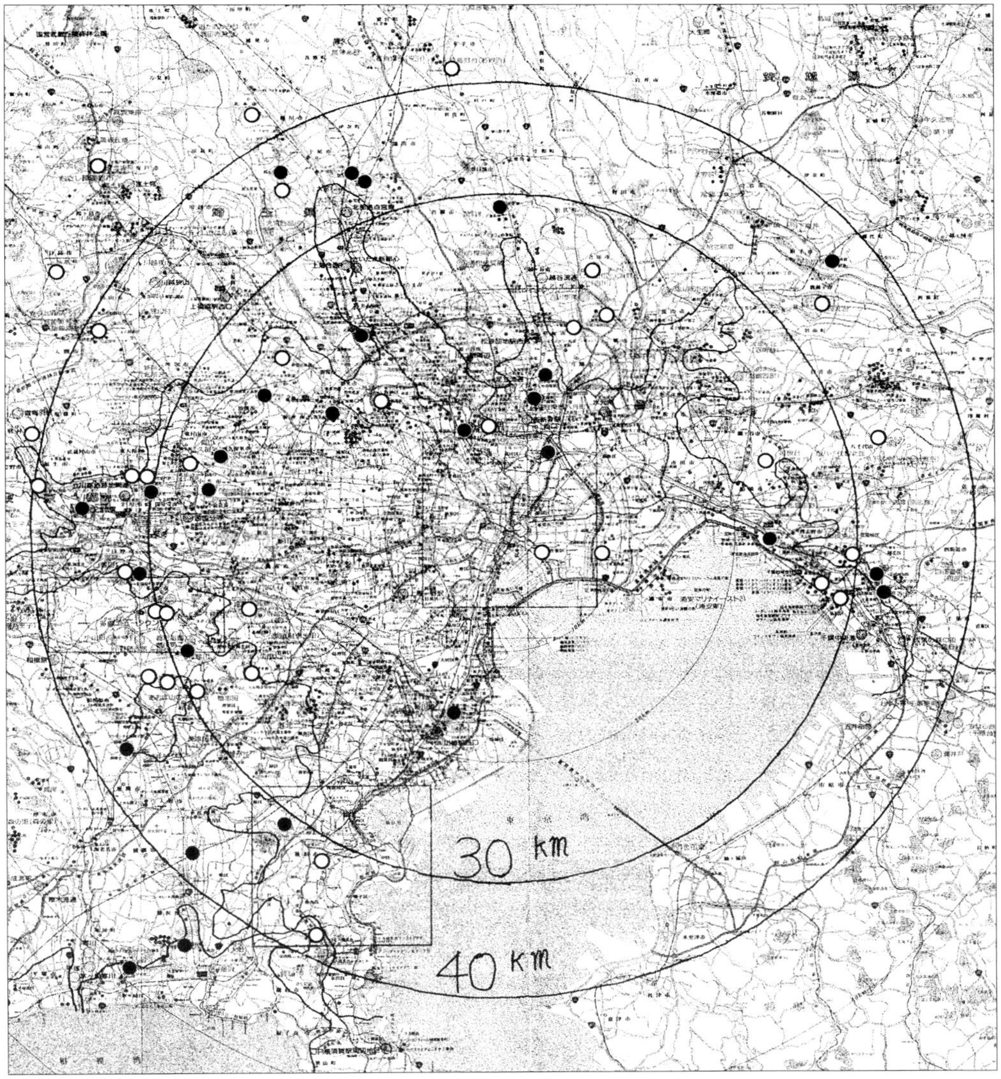

図1　公団遠隔地郊外団地分布図

―― 地価帯（昭和43年1月　10千円／㎡　東急不動産調べ）
● 昭和40～44年入居
○ 昭和45～49年入居

居住室と、量から質への転換がはかられた。
公団住宅も、1979年には、未入居問題が社会問題になった。
すなわち、「高遠狭」の言葉どおり住宅需要者から見離され、団地立地も、Uターン化を迫られた。
そして、1965年からの再開発市街地事業、すなわち、既成市街地内の工場等の合理化と居住者の職住近接、合わせて都市機能更新の目的をもった工場等の跡地利用事業に、重点が移行していった。
一方、30km圏を超えて、鉄道の新線を敷設した多摩NT（1971開始）・千葉NT（1979開始）等や新駅を誘致した北坂戸（1973開始）等の宅地開発地区での住宅供給が、本格化した時期でもある。

再生期(1985-)

公団は、昭和30年代に管理開始した全国で約16万戸の賃貸住宅の建替えを、1986年から開始した。首都圏域では、約10万戸の建替えを、現在、実施中である。
建替事業は、具体的に、低中層の中密度団地を高層高密度団地に建替え、高密度化によって生み出された余剰の土地を、その地域に適合した活用者に売却する事業である。そして、その売却資金は、既存居住者の移転費、建設費、旧住宅の残余の償却費等に当てている。現在、新住居に6割程度が戻っている状況である。
もちろん、建替えた団地の新規家賃は市場家賃以下を、戻り居住者の転出後の住宅の継続経営の面からも前提としている。

昭和40年代の建替えは、駅前立地等の好立地を除き、大部分が、高密度化建替え方式だけでは困難である。遠隔地のため住宅需要量減、用地費の時価評価による家賃算定基準の変更等で、事業採算が採りにくいからである。

郊外団地の居住者像

公団の居住者定期調査等によれば、昭和40年代に管理が開始された団地の居住者像は、「郊外団地の一生のイメージ」に示した推移を経る。(表1)

誕生時は、団地の最大シェアの2DK居住者は、世帯主年齢30〜35歳、夫婦のみ5割弱、長子5歳以下が3割、勤務先東京都心8区、通勤時間平均70分の核家族が過半であった。また、狭いながらも、親との同居も2%もあり、当時の住宅事情がうかがわれる。

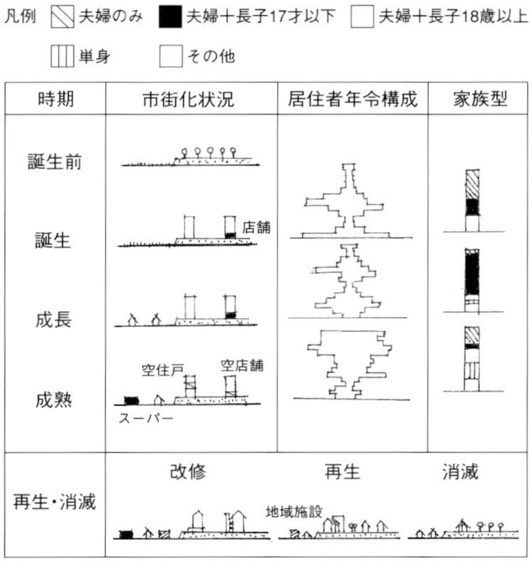

表1　郊外団地の一生のイメージ

成長期(10年後)は、入居者の転居率が年間5〜7%ということもあり、世帯主年齢は、若干上回る程度である。しかし、夫婦のみが1割弱と減り、中高校生の12〜17歳が3割、5歳以下は3%となっている。また、65歳以上の高齢者は5%、単身者は2%程度になっている。

成熟期(20年後)は、夫婦のみが2割弱、中高校生が3割、子18歳以上も2割、65歳以上の高齢者は1割を超え、単身者も1割である。

再生期(30年後)は、当該団地への若年層のニーズの弱さを反映して、高齢化が進み世帯主年齢も50歳を超え、高齢者2割、単身者2割強、夫婦のみ3割弱、子18歳以上が2割弱等、通勤平均時間は50分である。

ところで、居住者の団地居住期間は、平均20年で、一方、居住5年以内も2割程度いて、長年居住の定着層と短年居住の流動層がいる。また、当該団地での永住希望は5割弱、近所付合いに満足している者3割、不満数%である。郊外に関連して、庭付き賃貸住宅希望が4割強、子との近隣居希望は3割弱となっている。

今後の展開

昭和40年代の郊外団地も、入居後30年を経てきている。団地は、30年先の21世紀前半までに、社会的、都市的状況が大きく変る中で、どうなっていくだろうか。

特に、30km圏を超えて、最寄り駅までバス利用圏団地、徒歩圏であっても、40km圏を超える団地、約6万戸、約40団地(遠隔郊外団地)は、どうなっていくであろうか。(図1参照)

消滅型

団地に居住者がいる限り、基本的には、管理者は適切な維持管理をしていくだろう。しかし、居住水準の大幅改善(建替え)を行わない限り、やがて建物の物理的、社会的寿命と共に居住者も漸減していき、団地も消滅していくのか。その際、消滅していく団地の既存居住者は、その地域でなお活性化している他の団地に移転してもらう方法しかないのか。消滅していく広大な敷地は、欧州の例にある、一部建替え一部既存公園の拡大利用か。現実問題として、元の自然に戻ることはないだろう。その地域に相応しい再生型になるのではないか。

改善型

建物の寿命がある限り、既存居住者を含む需要者のいる限り、リニューアルを行い、高齢者優遇の補助制度等を導入し、団地を存続させる方式である。リニューアルには、室内のほか狭い住宅の2戸を1戸あるいは3戸を2戸に改造する方法、階段型中層棟にエレベーター化(現在公団で検討中)方法等の工夫を凝らし、団地の立地する地域の需要に対応していく方式である。しかし、この方式は、建物の社会的寿命を若干延ばせても、いずれ、消滅型か、再生型へ、転換することになろう。

再生型

遠隔郊外団地の再生は、前述したごとく、団地を公団単独で、丸ごと建て替えることは、採算上からも困難である。また、公団が平成16年に新法人に変わった場合、建替え業務の範囲が、戻り居住者対応事業に限定されることも起因する。

今後の社会経済情勢の動向から考えると、新法人は、郊外大規模団地の再生事業を、自ら全て行うのではなく、古い団地の道路・公園等の骨格と当該コミュニティーが築いて来た歴史・文化を生かした基盤整備(裏方)と既存居住者対応建替え(転出後は新規需要層)を行う。そして、団地の相当部分の宅地は、その地域で不足している例えばシルバー施設、魅力あるテーマをもった戸建て、国の大都市圏リノベーション構想の広域グリーン軸の拠点等の新郊外再生住宅地に転換していくのではなかろうか。

ガーデンタウンの構想

提案の前提

①ガーデンタウンとタウンハウス

本稿では、各種事業者が再生するであろう大規模団地、すなわちガーデンタウンと団地既存居住者を含む郊外接地型住宅需要層に対応したまち、田園住宅街区・タウンハウスの提案を行う。

②郊外圏での賃貸需要は、将来もあるか

平成10年の住宅統計調査によれば、全国ストック住宅は、4,200万戸、内借家は34%、東京圏は、1,200万、内借家は38%となっている。また、最近5か年に建築された住宅でも34%となっている。借家比率は東京区部で50%以上、郊外市域でも30%程度で、この傾向は今後とも継続すると推定する。

③団地居住者の意向

前述の再生時の居住者像のところで触れている。

④地元公共団体の意向

最近刊行された、町田市の「団地白書」では、「団地は市にとって、大きな財産であり建替えにより、団地は地域に融合し、より一層地域に貢献できる可能性を秘めている」としている。居住者の高齢化に伴って、住民税収入減の問題はあるが、既存団地の活性化については、各公共団体の意向も、ほぼ同様の意向かと思う。

⑤国土交通省の大都市圏リノベーションプログラム構想(平成12年度)との関連

東京圏市街地の地域構造将来図に、公団の40年代団地をプロットすると、同案の5つに区分したエリアのうち、最も外周部に位置している「親自然型居住エリア」に、大部分の団地が位置する。この関連も考慮すべきと思う。

⑥団地管理者、事業者の責務

昭和40年代の団地について、公団は「建替え、改修、用途廃止」について、検討中である。いずれ、民間等と協調して再生事業を行う。

ガーデンタウンの構想提案

「提案の前提」を背景に、次の趣旨でガーデンタウンを提案する。(表2参照)

①子育ては郊外の接地型住宅で

都心部の超高層住宅は、郊外の低中層住宅に比して、子育てに種々問題があるとされている。子育て共働き家族が、都心居住するのは、女性の労働条件が、オランダモデルほどになっていない、日本の事情によると思う。しかし、21世紀前半には、日本も欧州並みになるだろうし、自宅勤務型のSOHOも整備されるのではと思う。

	周辺	大規模郊外団地		ガーデンタウン
		当初	現在	
居住者像	MIX	核家族	高齢者	MIX
住宅所有	持家	借家	借家	MIX
建物形態	1戸建	中層集合	中層集合	低中層集合戸建
住宅規模	80m²	45m²	45m²	多様化
個人用庭	有	無	無	有
ペット飼育	可	不可	不可	可
公益的施設	周辺利用	団地内充足	団地内空施設	周辺と融合
地域の住環境育成	参加	一部参加	一部参加	参加

表2　ガーデンタウンの構想イメージ

②日本型家族生活の復権

最近の少年事件は、家族生活の崩壊も大きな要因とされている。家族生活が、同居型から個別・別居型になってしまったことを意味する。また、既存団地居住者の親子の近隣居指向を考えると、近隣居を含む家族同居の生活が展開しやすい接地型タウンハウスを提案する。

③ナチュラル派ライフスタイル向きに

おわりに

かつて、郊外団地は、既成市街地から離れた自然を、近隣住区論を背景に開発し、団地を中心に、新市街地をリードしてきた。これからは、日本の自然発生的に形成された郊外地の広域住宅地形成に学びながら、大規模郊外団地を見直し、各種事業者の総合力によって、再生された新郊外地になるだろう。

その再生郊外地の姿こそ「21世紀の日本のかたち」ではなかろうか。

都市における「ふるさと」のかたち

戦後の東京における郊外住宅地のゆくえ

灰谷香奈子

東京におけるふるさとの可能性

東京における１つのふるさと性は、「江戸っ子」にある。三代続けば江戸っ子よ、宵越しの金は持たない、職住商近接、ご近所付合い、落語に描かれるような粋な生活のかたちであろう。

それは、「江戸っ子」本人のもつ「わたしのふるさと」そのものではないかもしれない。しかし、「うさぎ追いしかの山、小鮒釣りしかの川」「稲穂の中のわらぶき屋根」と同じように、「江戸っ子」の姿は、ある種の懐かしさを私たちに与える。それは、１つの「生活のかたち」が像となって現前するからではなかろうか。

人にとって「ふるさと」とは曖昧であるが、自分が生まれ育った固有の場所の他にもう１つ、都市において、「ふるさと」たりうるものとは、ある時代を表徴する「生活のかたち」そのものと、そのかたちを彷彿とさせ、現出させる場所ではないか。ふるさとは、ある「時代性」でもあるといえる。

「江戸っ子」のかたちは、やはり、東京都心、下町にある。もう１つの「ふるさと」になり得る場所があるとしたならば、それは下町と対にある「山の手」であり「郊外住宅地」ではなかろうか。

戦後、東京は「郊外生活」の夢とともに大きくなってきた。しかし、夢の舞台でもあり、夢そのものでもある「郊外住宅地」はどうなったのか。

東京がふるさと性をもつこと。これは、肥大してしまい、ゆくえの見えにくくなった東京が、改めて魅力をもち、世界都市として成熟していくために、必要な作業ではないだろうか。生活のかたちが見えること。これを得るために、今一度、東京の戦後の50年における住宅に対する考えの変遷を整理し、東京の成長における郊外住宅地の位置づけを把握することは、新しい時代の東京における居住を考えていくうえで重要である。

東京の市街地拡大と住宅地の開発

東京の「郊外住宅地」が「郊外」を意識して作られるようになったのは、関東大震災がきっかけであったといってよい。田園調布をつくった田園都市会社や、小田急などの電鉄、成城学園に代表される学校などが、比較的地震被害の少なく、緑豊かな郊外に、新しく現れたサラリーマン層を対象とした住宅地を建設しはじめる。戦前期には、そのように、郊外住宅地は環境の悪化する都心部に対して、豊かな環境で暮らすことを目的とした住宅地と位置づけられていたため、今でも高級住宅地として存在しているものも多い。世田谷や杉並などの東京駅から10～15km圏にある山の手地域では、急激に人口が増加し、市街化していた。

しかし、戦争の色が濃くなると、郊外への住宅地建設は少なくなり、東京の人口も一時的に減少する。

敗戦直後は、急激に東京に還元、流入してきた人口を支えるため、質をないがしろにして、供給戸数重視の住宅政策がとられる。家賃統制が解除された1950年以降になると、単身者・若年層を中心とする需要に対しては、木賃住宅に象徴される民間賃貸住宅供給が主力となり、ファミリー層には、公的融資に支えられた持ち家の発展が市場を先導しつつ、公営住宅が低所得階層の需要を一部負担するという住宅供給の枠組みが定着した。その中で、1960年頃までは、特に中流サラリーマン層を対象とした住宅地建設が、小田急や京王などの電鉄により、世田谷から調布にかけての沿線開発を目的として数多く行われるようになる。家族の居住のかたちとして、狭小な賃貸住宅から始まって、いつかは郊外に庭付き一戸建てを持つ、というステップアップの構造が、現代に通じる日本の「都市居住者の夢」として形作られた時代といってもよい。

高度経済成長期を迎え、1960年代には、調布、三鷹、武蔵野、あるいは町田といった東京駅から15～20kmほどの周縁拠点市周辺での開発が多く、多摩ニュータウンや東急田園都市に代表される大規模団地が次々と現れる。日本住宅公団が1955年に発足し、DKスタイルを作り出し「団地に住まうこと」が多くの東京人の夢となる。しかし、公営・公団住宅の供給戸数は、ピークの1971年に合計18万5千戸、建設戸数に占める割合は12%であった。一方、住宅金融公庫の融資を受けた住宅は、1970年に約16万5,000戸、1979年には48万８,000戸に達している。さらに、実際には公庫融資を受けない民間自力建設が、全住宅建設量の３分の２を占めてきた。郊外住宅地の建設は、この需要に大きく応えるものであったが、開発される住宅地も、沿線沿いに郊外へ、というよりも、未開発の土地を求めて様々な地域に建設されるようになり、スプロール化も進んだ。また、企業が通勤費を支給する、といった職住分離を促す社会の仕組みも整っていった。『パパ大好き』などのアメリカのホームドラマが流行し、専業主婦がサラリーマンの夫を家で待つ、というスタイルが定着しはじめる。
1975年頃までは、もっとも郊外住宅地が多く建設される時代となる。多摩や稲城といった、東京駅から20〜25km圏の周縁拠点市付近に市街地が急激に拡大する。以降、市街地の拡大は鈍化しており、高度経済成長期に、現在の東京の市街地はほぼ形作られたといってもよい。
1970年代は、団地住まいから、「郊外の庭付き一戸建て住宅へのあこがれ」がふくらんだ時代であるとともに、分譲マンションの供給が拡大し、主要な居住形態の１つとなっていく時代でもある。1972年の日本列島改造政策による土地投機の活発化、1973年のオイルショック以降のインフレに伴い、地価は高騰、土地ブームが起こり、土地の値段は必ず上がるという「土地神話」をつくり、バブル経済の一端を担っていく。住宅地建設は都心まで通勤に1時間半以上の位置に移り、地価高騰の影響を受け、敷地面積も小さな住宅地が多くなる。1973年に、全国世帯数を全国戸数が超えたこともあ

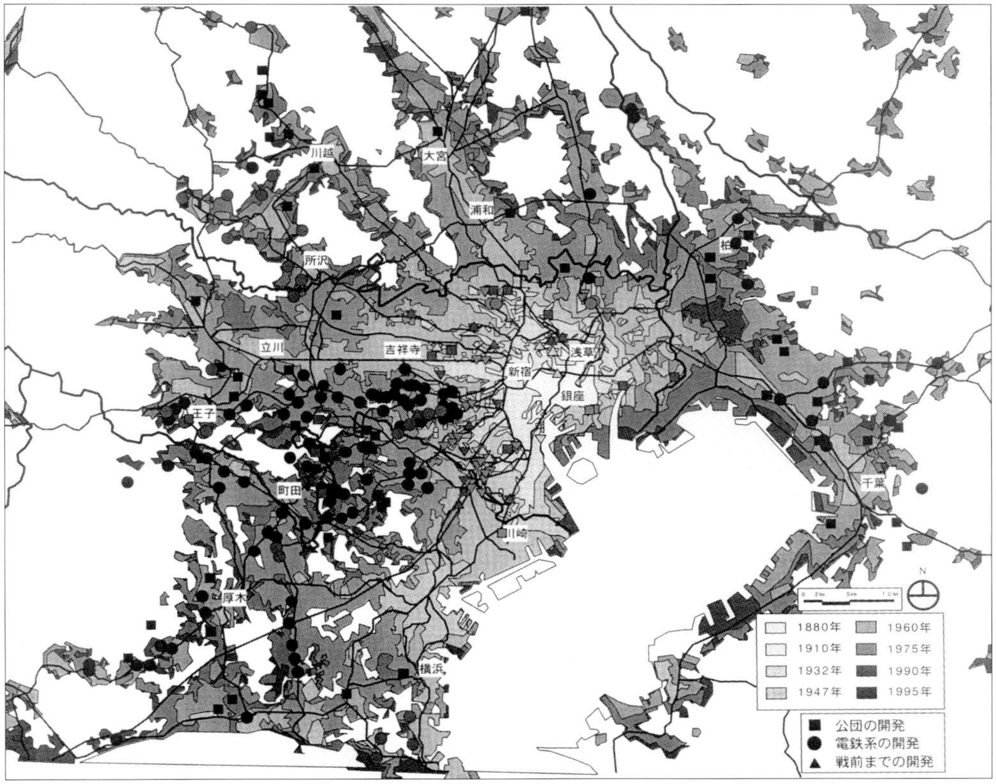

東京の市街地拡大と郊外住宅地開発(DID地域と公団及び電鉄による分譲住宅地開発　戦前〜1995年)

1960

1975

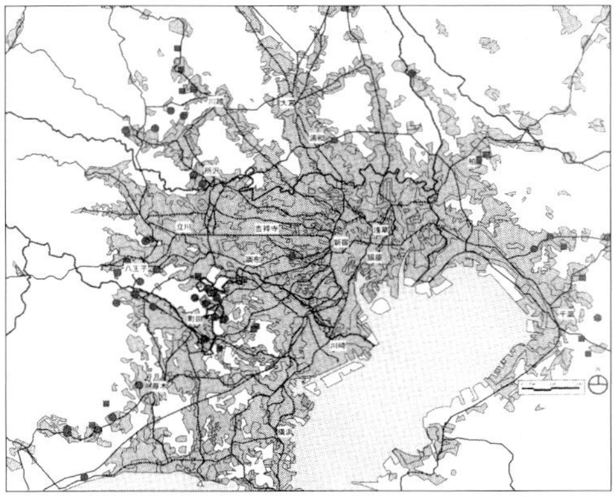
1990

り、住宅の着工数は減少するが、団塊の世代が住宅取得適齢期を迎え、持ち家、特に戸建ての需要は高まった。

郊外住宅地と描かれる都市生活像

1983年には、郊外住宅地の１つ、たまプラーザ(横浜市青葉区)を舞台にした『金曜日の妻たちへ』で、当時としては珍しく、女性が車を運転するような生活が描かれ、新しい生活スタイルが広く認識されるようになる。同じ年、家族と家庭教師が横一列に座り、食事をするシーンが有名になった『家族ゲーム』では、空き地の残る荒涼とした湾岸地域の高層マンションを舞台にした。このころから、家族のかたちや、居住のかたちが目に見えて大きく変わってきたのであろう。1985年まで続く「金妻」では、続編(舞台は変わる)になるほど「しゃれた」郊外生活を描くようになり、舞台となった田園都市線の地価も上がるといった影響がみられた。1988年には、東京圏全ての地価が２年前比で20～80%の上昇をみせ、中でも、東京駅から25～30km圏がもっとも上昇し、80%を超える上昇率となった。1974年から1998年のおよそ25年間の地価上昇をみると、都心部は200%ほどであるのに対し、日野・立川地域では300%を超えている。資本としての土地価値の郊外化が進んだといえよう。1988年は、トレンディドラマの始まりといわれる『抱きしめたい！』で、代官山など都心近くのスタイリッシュなマンションに住む独身女性や、DINKSたちが、あこがれの都会生活像をふくらませた年でもあった。1991年にバブル経済が崩壊すると、以後しばらくは続いていた住宅地建設も、地価の急落や、電鉄や公団の開発事業からの撤退もあり、格段に減少した。住宅需要の都心回帰が起こり、住宅を求める人の目が、都心に向き始めた。景気の低迷により、企業が都心に抱えていた用地を放出し、マンション等に建て替えられることも多くなり、オフィス需要の低迷、飽和とも相まって、都心部での住宅着工件数には伸びがみられた。同時に、郊外住宅地への新規流入者は減少し、地域によってはオールドタウン化の様相を見せ始めたところもある。1998年ころからは、都心部には超高層マンションの建設が続くとともに、古いオフィスビルの需要が少なくなり、住宅へのコンバージョンなども進み、都心回帰ブームに拍車をかけている。1994年『29歳のクリスマス』では、山手線の内側、港区白金の古い木造平屋建ての戸建て住宅を、1996年の『ロングバケーション』では、江東区隅田川の大橋近くの古い雑居ビルを、上手く使って住む姿が格好良く描かれていた。

桜ヶ丘住宅地

一方で、戦後大量に建設されてきた郊外住宅地は、建設30年あまりを迎えた。1960～1970年代にかけて、当時30代だった団塊の世代が、持ち家志向に乗じて大量入居し、そこで生まれ育った第２世代を輩出するようになった。早い地域では、第２世代が、住宅取得適齢期を迎えているが、新規に郊外住宅地に戻ってくることは少ない。彼らが、自らが育った郊外住宅地に、新たな居住を見いだせるのか、このことが、今後の郊外住宅地、ひいては東京の居住のかたちを決めることになろう。

桜ヶ丘住宅地

桜ヶ丘住宅地は、1960年から1971年にかけて、京王電鉄により開発された、1,300区画、約76万㎡の丘の上に広がる住宅分譲地である。第１期分譲の1962年における販売価格は１坪当たり4万円と高く、当時まだ農村であった多摩村に、１つの高級住宅街がつくり出された。その後次々と開発される、戦後の電鉄による郊外住宅地開発の初期の事例であるとともに、戦前のようなゆとりのある理想的な住環境をめざしていたという両者の特徴をもつ。現在では、駅周辺の商業業務地域と、丘の上の住宅地が、下町と山の手のような関係を築いて、１つのまちを形成している。

桜ヶ丘地区の年齢構成を見ると、入居第一世代である50、60歳代とその子ども世代の20歳代が目立つ。30歳代が少ないのは、第２世代

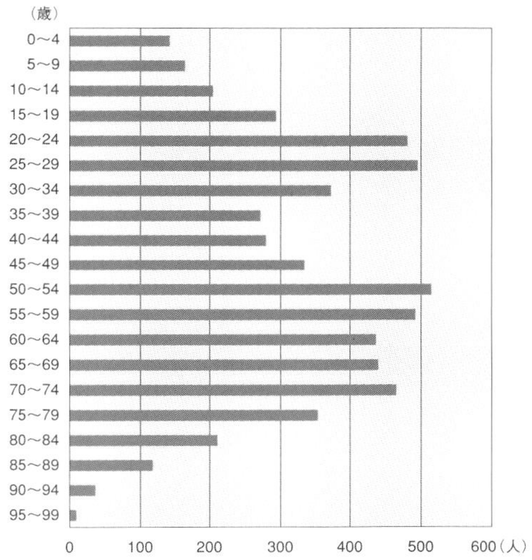

桜ヶ丘住宅地の人口構成（2000年）

が独立し、親元を離れてしまうためである。今後、20歳代の第２世代も、就職、独立し、別に住居を構えるとなると、桜ヶ丘はますます高齢者ばかりのまちになってしまうであろう。これは、どの郊外住宅地もが抱える問題でもある。

桜ヶ丘住宅地は、初期分譲時のロットが100坪を超えており、ゆったりとした街並みを作っていた。しかし、徐々に敷地の分割や、ミニ開発が行われ、街並みが崩れかけた。そこで、桜ヶ丘２丁目では、住民が1981年から建築協定を結び、また桜ヶ丘全体では、1991年に地区計画が施行された。いずれも、敷地60坪以下の土地の分割を禁止し、建蔽率を4割、容積率は８割にし、隣地境界線（建築協定では敷地境界線）から１ｍ以内の建築を禁止することで、ゆとりのある街並みを保とうと努力している。それでも、今後は相続などが発生し、さらに街並みに変化が起こることも予想される。実際に、中心部の200戸のうち、37戸への分割が1999年までの37年間で起こっている。

郊外住宅地のゆくえ

若い世代が、郊外住宅地から離れていく、都心に目を向けるのは、単に一戸建ての経済的ハードルが高いからだけではない。地価下落により、取得可能範囲に入ってきた都心開発のマンションなどが、「都心に住む」ことを利便性だけでなく、歴史やにぎわいと共に住むことや、職住近接・一体化も１つの生活の豊かさであると、「都心居住」を「江戸っ子」の生活とはまた違った都心生活像として打ち出したからではないだろうか。

新たな「郊外住宅に住む」ことの魅力が見えていないからともいえる。確かな「郊外生活」を持つこと。地域が１つの独立した有機物のように、まとまりと個性をもち、生活のかたちも目に見えることが求められている。その意味で、桜ヶ丘の住民が努力してきた、住環境を守る努力は確かな道のりだったと思う。

「郊外生活」とは、端的に言えば、「安心して、落ち着いた暮らし」ではないか。それは、1960年代も21世紀を迎えた今も、変わらずにある生活像かもしれない。しかし、そこで暮らす住民の生活は少しずつ、そして大きく変化した。女性を含め、多くの人がアクティブになった一方、単身高齢者世帯も増えた。だが、例えば、両親が外で働いても、子供や高齢者が安心して生活できる社会的サポートはまだ未整備である。地域の中での経済、労力、助力の循環を再構築するなど、時代に合わせた「安心して落ち着いた暮らし」のかたちを、郊外住宅地は描いていかなくてはならない。

1995年、桜ヶ丘は近くにある多摩ニュータウンとともに、スタジオジブリのアニメ映画『耳をすませば』の舞台となった。そこに描かれていたのは、団地の一室を姉と仕切って使う女子中学生の日常と成長であるが、ある種の、平和な家庭と地域の姿である。穏やかで、暖かく、切ない都市風景が流れる。主人公の雫は、「カントリーロード」を訳しながら、「ふるさとって、何なのだろう」と考える。そして「コンクリートロード」という替え歌をつくり出し、地域とそこに生きる人とつながりをもつことで、「ふるさと」を見出していく。

都市にとって、ふるさととは、単に風景、光景ではあり得ない。都市の生産活動は、つねに景観を変えていく。新しい都市で育った世代が、その地域の「生活のかたち」をめざし、そこへ住むことによって、「安心できそうだ」「自分も根っこをもてるのではないか」と、あこがれと懐かしさをもって思える場所。それが、都市の中の新しいふるさと性ではないか。

現在の東京の「郊外」は、元来のE.ハワードが提唱した「田園都市」とは異なる、新たな「ベッドタウン」としての魅力をつくり、「郊外居住」という生活のかたちをつくることが求められている。それができたときに、若い世代も、そこへ「帰ろう」と思いだすであろう。東京の「ふるさと」の部分を担う、要になるのが郊外住宅地であると考えている。

本稿の作成にあたっては、内藤智裕（博報堂）と、野本勝（EJB.Company）両名の調査結果および修士・卒業論文を参考にいたしました。記して両名の多大な協力に感謝いたします。

◎参考文献
「東京における戦後の郊外と住宅地に関する基礎的研究～高度経済成長期に誕生した多摩市桜ヶ丘住宅地の変遷と今後」（内藤智裕、早大戸沼研究室2000年度修士論文）
「戦後の郊外住宅地の変遷と住環境維持に関する研究～東京の私鉄沿線の郊外住宅地を事例として」（野本勝、早大戸沼研究室2000年度卒業論文）

混住社会と地域システム

斎藤義則

はじめに

私の大学院での研究テーマは、市街地周辺地域における農林業的土地利用と都市的土地利用の調整方法に関するものである。戸沼研究室に入った1974年頃は、1968年の都市計画法の改正により導入された線引き制度と開発許可制度の政策評価が盛んに行われている時期であった。

制度的な欠陥があるにしても、都市的土地利用と農林業的土地利用を厳密に区分するという考え方に、当時、少なからず違和感があり、農林業的土地利用と都市的土地利用が調和して混合する「農住混合地域」のような新たな地域像を想定できないものかと悪戦苦闘していたことを記憶している。線引き制度が期待どおりの効果が上がらないのは、制度的欠陥よりも日本における都市と農村の関係の捉え方を誤っているからではないかという思いを抱いていた。その考えは今も変わっていない。

1968年の都市計画法改正の参考とされたイギリスやドイツのように経済的、文化的、空間的、制度的に都市と農村が比較的厳密に区分されてきた歴史をもつ国と、あらゆる側面で都市と農村が密接不可分に関係を持ち続けてきた日本ではおのずとその制度設計は異なるはずである。

その後、私の興味は、市街地周辺地域の空間的な土地利用混在問題を越えて、日本的な都市と農村関係を前提にした地域計画論の模索、都市・地域の多様な主体が混住し共存する空間像の検討、生活者が目標とするライフスタイルと地域経済の在り様、都市・地域空間との関係、政治を含む政策決定プロセス等へと拡散している。その根底にある共通した問題意識は、空間的にも社会的にも多様な要素と主体が一定の地理的範囲(街区から地球まで)で、複合的かつ重層的に混住(混合)し、共存し得る地域システムとは何か、ということである。

地域の社会構造と自立的まちづくり

地域社会の権力構造と住民参画型まちづくり【茨城県那珂町の例】

典型的なスプロール地区である那珂町下菅谷地区は1991年に土地区画整理事業(組合施行)の都市計画決定がなされたが、その後住民の反対運動が激化し、1998年に区画整理に代わる住民主体のまちづくり計画を策定することになった。対象面積は60ha、地権者約400人の地区である。

1998年10月から2000年7月までの約2年間このプロジェクトに参加し、この間、地権者全員参加によるワークショップと打合せなどの会合を120回以上重ね、計画案をとりまとめた。その後、組合は解散され、法定地区計画制度を適用すべく、行政と民間コンサルタントが中心になって、現在も計画策定が進められている。

計画案の内容は、地権者の意向を最大限尊重したもので、「安心して暮らせるふれあいのある緑豊かな閑静なまち」を目標に、現道と既存の緑地、土地利用を生かして家屋移転を極力避ける、歩行者を優先したコミュニティ道路を中心とした交通体系にする、事業期間を短縮するために地権者が一定の負担をする、事業手法は計画がある程度まとまった段階で検討する、というものであった。

私が関わった初期の頃は、ワークショップを開催しても参加人数が少なかったり、参加してもほとんど発言しない地権者がおられるなど戸惑ったが、その理由をほかの人から聞いて愕然とした。

土地区画整理事業の推進派と反対派が8年にも及ぶ論争を重ねてきたので、そのしこりが残っているくらいにしか考えていなかったが、地元の地主や議員などのいわゆる有力者の前では、一般の地権者は「言いたいことがあっても言えない」ということであった。ある時のワークショップで、農家の庭先にある欅の大木が住宅地の日陰になったり、落ち葉で屋根が腐って困るという発言があった時、その農家は「欅の木のほうが先に住んでいるのだから文句を言うな」といった主旨の発言をされた。どこのスプロール地域でも聞かれることかも知れないが、当時は改めて農家と都市住民、あるいは旧住民と新住民とのコミュニケーションの難しさを実感した。

ワークショップは、区画整理に対する地権者間のしこりを解消し、コミュニケーションを回復する大切な機会と位置づけたため、会を重ねるうちになごやかな雰囲気で、以前よりは地権者が活発に発言するようになり、とりあえず計画案がまとまった。

しかし、組合が半ば「強制的」に解散され、形式的には地元有力者を中心とした協議会が設置され、「形式的な」住民参加が保障されているものの、実質的に行政主導の計画策定が開始されると、懇談会等への地権者の参加率は低くなり、私が関わった初期の状態に逆戻りしてしまっている。
大地主と町会議員等の地元有力者と一部行政担当者とのネットワークの強さと、そのようなネットワークを持たない一般住宅の地権者との、地域の権力構造がいまだに残存している地域である。
住民参画型まちづくりは、地域コミュニティの再生と並行して実施されなければ効果は上がらず、時間と費用をかける意味もほとんどない。このような地域権力構造を相対化する直接参加型のワークショップの企画・運営がより一層重要性を増している。

潜在的なまちづくり規範の継承による
都市基盤整備
【茨城県真壁町の例】
真壁町は茨城県西北部の筑波山麓にあり、32件(平成14年3月現在の申請を含めると45件)の登録文化財に指定された建築物がある約5,000人の小都市である。民間のボランティア組織「ディスカバーまかべ」を中心に約10年近く古い建物の存在価値と町並み保全の意義を広めるための活動を行ってきた。
私が興味をもって調査を始めたのは、地理的・交通的条件から開発の影響を受けずに古い町並みが残されてきたものをこれからどうやって修復・保全していくかというテーマよりも、開発の影響を受けなかったという理由以外に、もっと重要なほかの理由があるのではないかと直感的に頭に浮かんだためである。
真壁町は、奈良時代末期に城下町として成立したといわれ、江戸時代初期に近世城下町としての町割りが行われ、現在までその基盤が残っている。中世の城趾の発掘と復元が進められ、平成6年には国指定の史跡になっている。中世の城趾西側に町割りがなされ、陣屋と主要な寺社とが都市の主軸を形成している。
近代以降も町役場や学校などの公共施設がこの軸線上に見事に建設され、東方はいわゆる「山あて」になっており、都市軸を形成している。これを市街地の地形的条件と用地確保の容易さなどからの偶然として説明することはできようが、それだけでは十分には納得しえない。
敷地単位の建物更新とその住民意識調査から明らかになったのは、理由は様々であるが、建物や塀、門などを改築もしくは改装する際に留意したことの1つとして「隣家との調和と伝統的な形態」をあげる回答が多かったことである。居住者と行政が自覚しているかどうかは別にして、潜在的なまちづくりの規範が公共施設の整備や個々の住宅の改築・改装時に顕在化する。換言すれば、地域固有のまちづくりの遺伝子が今も健在である証の1つでもある。

一般住宅地における階層混住と
空間的・社会的混住
【茨城県水戸市の例】
欧米では人種や宗教、所得階層による居住地の住み分けが行われていると一般論としていわれるが、日本の場合はどうであろうか。
調査対象としたのは、水戸市新荘地区で、幕藩体制のもとで武家地として町割され、現在は一般の住宅地になっている地区である。
調査結果は予想したとおりであり、街区単位でも欧米的な意味での住み分けは行われておらず、年齢・性別はもとより単身者から家族、職業、所得階層、住宅形式などが異なる世帯が混じり合って分布している。
混じり合って居住していることはわかったが、日常的な付合いなどのコミュニケーションはどのように行われているのかを調べると、ほとんどが「あいさつ程度」というものであった。
新荘地区には、旧城下町の武家の子孫から地元金融機関の頭取、その社員、地区外から転入してきた人、学生など多様な属性をもつ人々が居住しており、欧米の住み分けとは根本的に異なる特性をもっている。
しかし、これは単に空間的に混住しているのみで、居住者相互の社会関係が弱いことを示している。むろん、いずれの居住者も自治会の構成員なので、形式的に見れば、職業的地位や所得階層を越えて対等な社会関係が保障されているということもできる。階層のいかんにかかわらず自治組織の一員となることができること自体、欧米の住み分け型住宅地とは異なっている。
日本の一般住宅地においても同様な傾向が見られるとすれば、この空間的混住を積極的に評価したうえで、社会的混住を促進する混住社会を目標とした、街区もしくは地区スケールの日本型の居住空間モデルをどのように構想すべきかという認識は深まったが、いまだに悪戦苦闘が続いている。

中心市街地の再定義

高齢者の生活を支援する商店街

【茨城県大洗町の例】

中心市街地の空洞化に対処するため、全国で中心市街地活性化計画が策定され、活性化の先行事例も多く見られるようになった。その対策としておおむね共通しているのは、働く場から楽しむ場へ、都心居住の促進、歩行者優先の交通体系、などである。

茨城県大洗町は海水浴や海浜公園、フェリー港湾、水族館アクアマリンがある町として全国に知られ、観光地としてにぎわっているが、観光客が中心商店街にまで回遊することは少なく、全国の例にもれず、中心商店街が空洞化しつつある。

中心市街地活性化のために小さな町のどこにでもあるような商店街で何ができるのか、2001年度から2年間、商店街と地域の方々、町役場職員とで研究会を行った。

ワークショップを重ねるうちに、商店街はもとより町全体の高齢化が進んでいるが、かつてそれぞれの店で何気なく行われていた、高齢者が商店街で気軽に交流するスペースが少なくなってきていることがわかってきた。一方、今でも店内にベンチを置き、商品を売るだけではなく客との交流を大切にしている店も少なからずあることがわかってきた。また、古い建物や漁村として栄えた頃の名残である路地など生活の懐かしさを想い起こさせる空間があることに気づいた。研究会では、これらの地域のお宝を「レトロ面白マップ」として作成し、現在公開する準備を進めている。

その後、空き店舗を借りて高齢者の交流の場にしようということになり、2002年8月に「ほっとサロン永町の縁台」を商店会と福祉グループが経費を負担することで開設した。私が所属する都市計画論ゼミナールも参加し、月1回行われる定期的なイベントを支援している。

開設からまだ1年ほどしか経過していないせいもあり、利用者数は期待とはほど遠い状況であるが、行政の補助金を当てにせず自前で何とか維持している。構想としては、商店街が主体となった生活支援産業の起業、地域通貨の導入、バリアフリーの促進など希望は大きいが、焦らず着実に一歩ずつ進めていく他はない。

大洗町の取組みは、全国に先行事例があり、とりわけユニークなものとはいえないにしても、中心商店街が効率良くモノを売ったり買ったりする場だけではなく、年齢・性別はもとより職業、所得を越えて地域に暮らす人々の生活を総合的に支援する役割の大切さを再認識した例であり、中心市街地の役割を再定義する試みの1つでもある。

歓楽街の再定義と外国人居住

【茨城県水戸市の例】

歓楽街から受ける一般的なイメージは、男性客を対象とした飲食・サービス業の集積地といったものであろう。そのためか、行政担当者には、どちらかというと不衛生で、暗くて、危険な「なくても良い」場所と捉えられがちで、できれば再開発して「明るく」「健康な」場所にしたいという傾向があるのではないだろうか。

歓楽街を社会学的に意味づけたのは、自宅と職場の間に第三の空間があり、その存在が生活を豊かにするといった指摘であったと記憶するが、その具体的内容を必ずしも明確に分析してはいない。

私が所長を勤める茨城大学地域総合研究所では、地方都市における歓楽街がどのような役割を果たしているかを調査する研究会を地元新聞社、民間シンクタンクと協同して設置し、研究会を継続している。

その過程で仮説的に浮き彫りになってきた主なことは次の4つである。

第1は、統計上は数十人の外国人しか登録されていないが、実態は数百人の不法滞在外国人が居住し、働いているらしいということ。そして、日本人を含めてそれらの外国人相互の住宅、買い物、医療、金融などの生活支援システムが形成されているらしいということ。さらに、他地域からの不法滞在外国人の一時避難場所としての役割を果たしているらしいこと。

第2は、離婚女性の雇用機会を提供していること。これは少ない体験からもうなずけることで、スナックの経営者や従業員に離婚者が多い。

第3は、地元の大学の女子学生などのアルバイトを通じて、学費を得る「就学支援」、社会人との交流による「社会教育」や「就職支援」をも果たしているのではないか、ということ。

第4は、企業や行政およびそれぞれの組織における地位により会合に利用される料亭やスナックが決まっており、組織にとって重要な意思決定の「根回し」が行われているらしいこと。

歓楽街が果たしていると思われるこれらの役割

を歓楽街以外の場所に移転させ、機能分化を図ることは可能であろうが、都市機能の複合性と可変性をもった歓楽街という都市空間は、近代都市の機能と空間が画一的に固定化された都市のあり方を変える示唆を含んでいる。

不法滞在外国人居住の問題も、取締りを強化すればよいという単純な問題に矮小化せず、日本人の生活の一部が、すでに外国人労働者が存在しなければ成り立たないこと、さらには、その評価は別にして、行政に頼らず、相互に自主的な(やむを得ず)コミュニティに近い生活システムを形成していることは、コミュニティ再生が叫ばれているわが国の状況にとってどのような意味をもつのか、慎重な再考が必要である。

都市空間の多義的・可変的利用

農地の多義的利用と管理主体

【東京都練馬区土支田地区の例】

大学院在籍中に「東京まちの姿・地区整備計画」(昭和51年東京都首都整備局)の調査に参加し、典型的なスプロール地域である練馬区土支田地区を担当した。

当時の線引き制度の考え方に基づけば、市街化区域内農地はいずれ計画的に宅地化されるべきものであり、残存すること自体が否定的に捉えられていた。住民を対象としたアンケート調査や農家の農地存続意向などのヒアリングを重ねるうちに、制度が全面的に宅地化を前提とするスプロール地域の地域像と住民、農家の意向とは著しいギャップがあることが明らかになった。住民の7割以上が近くに農地があることを望み、農家は積極的に農地を手放そうとはしていない。一方で、農家の後継者は少なく、放置すれば相続時等において切り売りされることは容易に予想された。

市街地内農業を農家だけに担わせていること、農地を農作物の生産手段としてのみ捉えていること、農作物の地域主体の流通経路をつくること、などを改善しなければ問題は解決しないことがわかってきた。

そこで、「農と住の共存」を目標に掲げ、個別農地ごとにその規模、周辺環境、農家の意向などをふまえて、計画的に宅地化をはかる農地、農家主体で農地を保全するもの、家庭菜園や地域住民が協同して農作業を支援することで、農地の維持をはかるものなどに区分することを提案した。また、農地を海に見立てて既存の住宅地を「シマ」と名づけ、これを農住混合の基礎的な計画単位とし、土地利用だけにとどまらず、農家と非農家が混住するコミュニティのまとまりとして位置づけ、都市的要素と農村的要素が共存する混住社会の構築を提案した。

農地を農作物の生産手段として画一的に固定化せず、多義的な空間価値をもっていることを認識し、そのような利用を促進するためには利用と管理の主体も多元化する必要があることを問題提起したものである。

しかし、残念なのは提案のみに終わり、その後実践する機会をもたなかったことである。まちづくり計画を住民にわかりやすく表現して伝えることは重要であるが、実現しなければ「絵に描いた餅」である。

若者の着座行為と都市空間の可変性

【茨城県水戸駅北口デッキの例】

キャンパスや駅前広場などで若者がベンチ以外の場所に座ったり、ギター演奏などのストリートパフォーマンスを行う姿が多く見られるようになっている。私の世代にとっては、大学紛争の頃、新宿駅西口広場でベトナム反戦活動などのパフォーマンスが盛んに行われた時に、「ここは広場ではなく通路である」という管理者側の理由から、活動が強制的に中止されたことを思い出す。

現代の若者たちがどのような動機でベンチ以外での着座行為やストリートパフォーマンスを行い、これが都市と若者との関係をどのように変化させているのか興味をもち、茨城大学人文学部都市計画論研究室の学生と調査を行った。

2001年10月13日(土)に水戸駅北口ペデストリアンデッキで行ったアンケート調査の有効回答数133人を見ると、男性4割、女性6割で、10歳代が7割を占める。その内ベンチに座っているのは2割にすぎず、階段が全体の約5割、植栽枡が2割、地べたが1割である。

直接の来街目的は買い物が過半数を占めるが、「何となく、暇だから」や「ボーっとする」など目的をもたずにベンチ以外に座っている若者が2割から4割もいる。ヒアリングでは、「通行に邪魔にならない場所に座っている」「家や学校にいずらい」「人通りが多いとわくわくする」「かわいい娘が通る」など一定の傾向がある。

このような若者の着座行為をどのように評価するかは意見が分かれるところであろう。しかし、明確な目的をもたずに街に来て、座ることを「強制」されるベンチでなくとも、他人に迷惑をかけない範囲で、階段などに「ぼーっと」座り続ける若者の姿が問いかける都市空間の意味変容は大きい。機能的に画一的に固定化された都市空間利用が若者にとってはすでに相対化されていると見るべきであろう。
なお、ペデストリアンデッキの管理者は「ここは広場ではない」と言う。

地域産業の再定義とまちづくり

コンビナートの再編成と地域産業の再定義

【茨城県鹿嶋市の例】

住友金属工業を中核に素材型コンビナートとして整備された鹿嶋工業団地は、韓国などの製鉄産業の発展により、その競争力を失い低迷している。経済構造改革特区に指定され、全国にある主要な製鉄産業の再編成の中核拠点として位置づけられ、期待は高まってはいるが、地域経済への波及がどこまで及ぶのか、疑問視する声も多い。
一方、鹿島アントラーズのホームグラウンドがあることで、FIFAワールドカップ開催地にもなり一躍世界にその名を知らしめた鹿嶋市ではあるが、改築したサッカースタジアムの利活用やスポーツのまちづくりの推進といった課題も抱えている。
もともと鹿島神宮の門前町としての観光地でもあり、多様な顔をもっているが、いずれも地域経済への波及においては期待どおりの効果が上がっていない。
国家の産業政策としてはコンビナートが必要であるとしても、地域が求める雇用や町のにぎわい回復などへの波及効果が少ない従来型のコンビナートを増強する地域からのニーズは高まりようがない。土地と水、エネルギーなどの地域資源収奪型の産業政策と批判されてもあながち的外れとは言えないであろう。減産で「余っている」工場敷地の存在、企業間のコンビネーションの必要性の相対的な低下、まちの将来像との連携不足など問題は多い。
特定の産業や企業に依存した都市・地域の経済はいわゆる企業城下町と称される全国の例を見れば一目瞭然であり、特定の産業、企業が衰退すると地域経済は致命的な打撃を受ける。
地域経済の基盤を強化するうえでさらに留意する必要があるのは、産業間の連携の回復のみならずまちづくりとの連携である。鹿嶋市は農業生産においてもピーマンなど全国有数の地域であるが、従来の産業区分に従って、味覚と生産量だけの競争に陥れば農家経済の安定ははかれない。このことは中小零細な商業や工業にも当てはまる。
農産品を既存の流通経路にのせるだけではなく、鹿島神宮やサッカースタジアムなどの観光名所で直接販売したり、地域の食材を使ったレストラン経営を行うなど、農産品の多様な消費の仕方を地域で工夫すること、さらにはスポーツ合宿の民宿経営や農村風景を売り物にしたグリーンツーリズムを推進することで、都市・農村交流ビジネスへ展開するなどにより、農業と商業が一体となった地域産業の基盤が形成できる。
鹿嶋市の場合、観光産業と農業、商業が密接不可分になった、従来の産業区分では分類できないような地域産業創出の潜在力に恵まれており、この仕組みを構築することがコンビナートに依存した地域経済から脱却する早道のように思えてくる。

「安全」から「安心」のシステムづくり

【茨城県東海村の例】

1999年９月30日に東海村で起こったJCO臨界事故は、原子力エネルギーの「安全神話」を崩壊させる衝撃的な事故であった。
私が所属する茨城大学地域総合研究所では、文部科学省の科学研究費を2000年度から東海村における臨界事故の総合研究のテーマで申請し、2002年３月に報告書をまとめ、現在も研究を継続している。
JCO臨界事故は「実験室」では起こり得ない経済・社会的要因が大きい人的災害であったことは明白であるが、都市計画的には何故、原子力施設が集中している地域から遠く離れた、しかも用途地域無指定の場所にJCOが立地したのかが素朴な疑問であった。
調査を進めるうちに、JCOが立地した場所近辺には自動車産業を中核とした工業団地構想があったこと、しかしその後、誘致企業の事情によりその構想が頓挫し、その代わりに地域の地域振興策としてJCOを始めとする原子力関連施設が誘致されたことがわかってきた。
東海村に原子力施設が立地する以前には、科学技術庁原子力委員会で原子力施設から２km以内はグリーンベルトにするという地帯整備構想が提案されたが、既存の集落が含まれていることや「安全神話」から破棄されている。

要するに、JCO臨界事故は、揺るぎない「安全神話」に基づいて事故が起こったときの都市計画的対策を十分考慮せず、経済効率優先の社会状況を背景に、村内の経済的格差是正対策として現在地に立地誘導された結果生じたものであり、原子力施設立地による地域経済振興への過度な期待、原子力は安全であるという思い込み、国家政策としてのエネルギー政策と東海村の政治的判断が複合した地域システムが引き起こした、と言い換えることもできよう。

都市と農村を媒介する「中間都市」と地域システム

【青森県津軽地域の例】

青森県から戸沼研究室に「津軽地域開発構想調査」が委託されたのは1977年から1981年３月までの約３年間である。

当時、定住圏構想を柱とする第三次全国総合開発計画（1977年）が発表されていたが、青森県企画部では南部地域と津軽地域の地域内格差是正を重要課題の１つに掲げ、津軽地域に大規模開発を導入し、一気に地域振興をはかりたいというのが本音のようであった。担当者が「新全総と三全総を同時にやらなければならない」としきりに言っていたことを思い出す。

一方、大規模プロジェクトを誘致することで地域振興をはかるという従来の方法を見直す必要が盛んに指摘され、清成忠男の「内発的地域振興」やシューマッハの「人間復興の経済」が話題になっていた。

津軽地域を構成する28市町村のうち、1980年の国勢調査で行政区域人口が10万人を超えるのは弘前市（17万5,000人）だけであり、黒石市（４万人）、五所川原市（５万人）、その他は町村で、津軽地域全体の人口は54万5,000人であった。

集落・市街地の分布を見れば、3,000人未満の農漁村集落が無数に立地し、これらをまとめるかのように町村の役場所在地である3,000人から１万人未満の中心集落があり、３市の中心市街地が津軽地域の要に立地している。

当時は、道路整備が遅れているうえに冬期間の積雪など交通条件が悪いために、３市だけで地域全体に都市的サービスを提供することは困難で、中心集落がその機能を補完していることがわかってきた。

中心集落は、空間的にも経済・社会的にも都市的要素と農漁村的要素が混じり合って存在しており、農村集落居住者の買い物の場や子供の学校教育の場、娯楽の場など日常生活の拠点としての役割を果たしている。経済的には、農林漁産品を集荷、保管し、都市の卸売り市場に出荷する流通センターの役割や加工施設を持っている。

中心集落が、日常生活と地域経済の両面で都市と農村を媒介する機能をもっていることを評価し、その機能をさらに計画的に強化し充実させる。それを「中間（intermediary）都市」と名付け、津軽地域全体に中間都市のネットワークを形成し、都市と農村の安定した関係を保つ地域システムの構築を提案した。

混住社会の地域システムの構築に向けて

本稿で設定したテーマは、大胆にも「混住社会と地域システム」であるが、疑問は深まるばかりである。

少なくとも、都市は、特定の場所の条件とそれぞれの時代の世界観にもとづき、広い意味でのより快適な生活環境を求めてきた。狭い地理的範囲に閉じこもらずに地域間交流を継続してきた。そして、多様な都市の主体が、限定された政治的枠組みの中で生活価値・経済価値・空間価値を、調和させようとする意志と営為の積み重ねで変容してきたプロセスの表現である。

その変容は終わることはなく、都市を静態的に捉えることはむなしい。

21世紀の都市・地域像を希望や夢として描くことはもとより大切なことではあるが、より大切なのは、個々の現代都市や集落の成立と変容プロセスを正確に把握し、都市・地域を生活価値―経済価値―空間価値の拮抗した変容の関係からなる地域システムの総体として捉え、目標とする都市・地域像の実現に向けたプロセスをいかにデザインし得るか、そしてその実践活動に主体的にどう関わり得るかという、問題意識を共有することである。

すでにそのような試みは多くの都市・地域で実践され、一定の成果もあげている。

混住社会とは、一義的には目標とする都市・地域像の表現ではあるが、現代社会における経済効率性に偏った地域システムを、３つの価値が等価で対等であるような地域システムへの再構築をめざす戦略的概念でもある、と考えている。

旧植民地における都市計画・農村計画の足跡

内藤和彦

木浦(韓国)、花蓮(台湾)の事例

はじめに

第二次世界大戦以前の植民地では、実際にわれわれの先輩たちによって数多くの都市や農村が新たに、計画的につくられている。

戦後半世紀を経た今日、その痕跡が急速に失われつつあるばかりでなく、その事実すら、忘れさられようとしている。両当事国にとっては、これらの忌まわしい過去の事実は、ただひたすら時の流れとともに風化されるのを待つことが賢明な処置であるという両国共通の認識に依拠している。しかし、植民地内での都市・農村づくりに費やされた両当事国のエネルギーと英知は莫大なものである。先輩たちによるこれらの業績をせめて記録に止めておきたいとの思いから、私は調査を続けている。本稿では、木浦(韓国)、花蓮(台湾)の事例を報告する。

木浦(韓国)の事例

木浦市の概要

木浦市は朝鮮半島の南西部に位置する人口20万人ほどの港町である。(図-M1参照)

1897年に外圧によって木浦の開港が宣言され、日本、アメリカ、フランス、ドイツ、ロシア等の各国共同租界の場としてスタートしている。それまでは韓国の軍事要所の1つではあっても、わずか数十戸程度の寒村にすぎなかったといわれている。(図-M2参照)その後、干拓によって租界地が整備され、入居が開始された。(図-M3参照)各国共同租界地とはいうものの、当時の様々な政治的、外交的な動きの中で、実質上は日本の専管居留地と化していく。木浦に来航・定住する者は、ほとんど日本人となり、居留地内の行政決定機関の構成員は、韓国人1名を除いては、すべて日本人となった。租界地内の行政・警察の実権は、全て日本人居留民によって独占されていった。その後、日韓併合を経て第二次世界大戦終了に至るが、それまでの間、道路、上下水道、鉄道、港湾施設をはじめ各種建築物等が日本人主導で計画、整備、建設されている。わが国の都市計画史上、もっとも早い時期の近代的な都市づくりの1つが、ここから始まったといってもよい。

木浦市の現況

1997年に木浦市旧居留地内に残された建築物等の調査を行った。その結果は、(図-M4)に示すとおりである。韓国・国立地理院作成の地図に記載されている建築物、3,370件について、目視によって日本人主導でつくられた建築(植民地時代のこの種の建築を彼地では「日式建築」と呼んでいる。以下「日式建築」)か否かの判定を行い地図上にプロットした。その結果767件の「日式建築」の残存を確認している。残存率は23%ということになる。また、木浦誌、木浦府史に記載されている公的建築物等については11件の残存を確認している。

図-M1　木浦位置図

これらのほとんどは現在も使用されているが、築後半世紀以上を経た今日、老朽化が著しく、建替えも急ピッチで進行している。さらに、近年、木浦市は全羅南道の道庁移転先に決まり、それに応じた都市インフラ整備も急速に進められている。そのため、かつての日本人による都市計画の痕跡が消滅する可能性は極めて大きくなっている。

花蓮(台湾)の事例

花蓮市の概要

花蓮市は台湾東部のほぼ中央にあり、台北の南およそ120kmに位置している。(図-H1参照)現在の人口は約10万人で、観光と大理石の産地で知られている。基幹産業は農林業であるが、近年は減少傾向にある。

台湾が日本の統治下に置かれたのは1895年であるが、その4年後の1899年に花蓮港庁が設置されている。当時の花蓮は50余戸、300人程度の寒村にすぎなかった(台湾州采訪冊:1893)が、その後、日本主導で港や市街地、農村の計画・整備が強引に進められ、急速に発展した。1942年の台湾総督府第46号統計書には、人口39,813人とある。半世紀で人口がおよそ100倍に増大していることになる。

都市づくりに並行して農村づくりが行われており、本稿では、後者について詳述する。

日本の農業進出と移民村のあらまし

花蓮港庁の設置後、日本人の大量入植が開始されるが、その経緯は「一個城市的発展」(張著)に詳しく記載されている。その内容を概括すると以下のようになる。

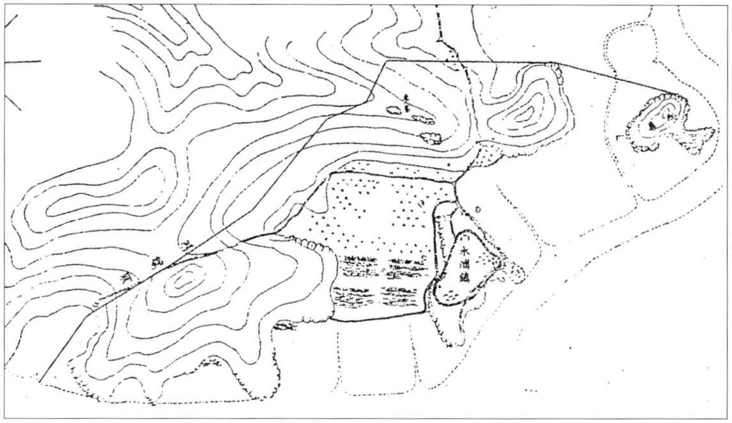

図-M 2　開港前の木浦(木浦誌付図)

図-M 3　木浦居留地明細図(木浦誌付図)

図-M 5　旧租界地内の残存　日式建築の分布

当地は亜熱帯気候帯に属していたことから、台湾総督府は糖業奨励をはかる。1899年12月、賀田金三郎の率いる「賀田組」が政府管地を入手し、甘藷栽培地の開墾に着手、賀田村をつくり生産を開始する。1906年、総督府は農民の入植者を募集する。これが当地の日本人農民移住の始まりであった。やがて、賀田村に次いで南接した位置に寿村もつくられるようになった。

その後「賀田組」は経営難に陥り、1910年「台東拓殖合資会社」に吸収される。総督府は、「賀田組」の私営移民事業の失敗を受けて、官営移民事業を開始する。

吉野移民村(図−H2参照、現在の吉安郷)が設定されることになり、1911年8月には、台湾総督府民政部殖産局付属吉野村移民指導所を設置、入植農民の募集を開始する。同時に幹支線道路の新設と移民家屋の建設が行われ、1915年には当初予定された工事を完了している。

格子状の地割・道路構成で、宮前、清水、草分の3集落よりなっている。計画当初、居住地を集中するか、分散するかの検討が行われたが、防衛上の問題と、農家と耕作地間の距離の問題解決のため、数集落に分けて、集中する方法が採用された。移民戸数は327戸、人口は1,694人であった。

地割・道路ばかりでなく、手押し軽便鉄道、飲用水道、灌漑排水路、野獣防護柵等も敷設している。また、医療所、警官派出所、小学校、神社、布教所を配したほか、農民が必要とする農機具、肥料、耕牛等の貸与のための指導所も設置している。

漢人、原住民との雑居を許さない日本人入居者専用の純日本式農村であったといわれている。

次いで、1912年豊田移民村(図−H3参照、現在の壽豊郷)がつくられた。森本、中里、大平、山下の4集落よりなり、移民戸数は180戸、人口は912人であった。

さらに、1914年には林田移民村(図−H4参照、現在の鳳林鎮大栄、北林村)がつくられた。北林、中野、南岡の3集落よりなり、移民戸数は177戸、人口は760人であった。

豊田、林田の両村は、前記した吉田村とほぼ同等の計画手法がとられている。こうして、花蓮の3大移民村が揃うことになった。(図−H5参照)

なお、花蓮市街地の計画・整備も同時進行で進められており、1921年には、簡易農業小学校(花蓮港農林学校の前身)が開設されるなど、市街地部分の計画・整備も着々と進められていたことをうかがい知ることができる。

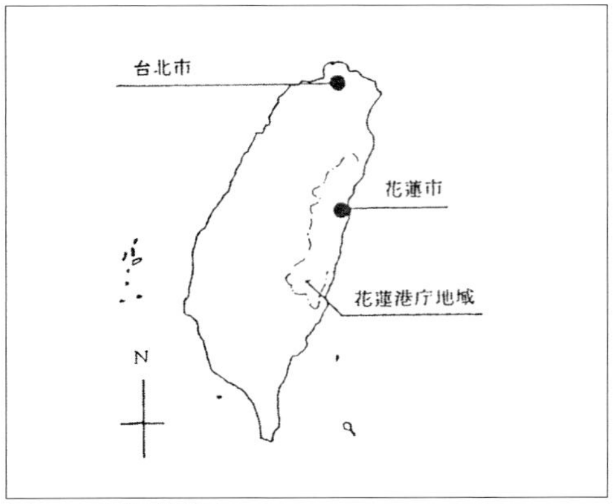

図−H1　花蓮市位置図

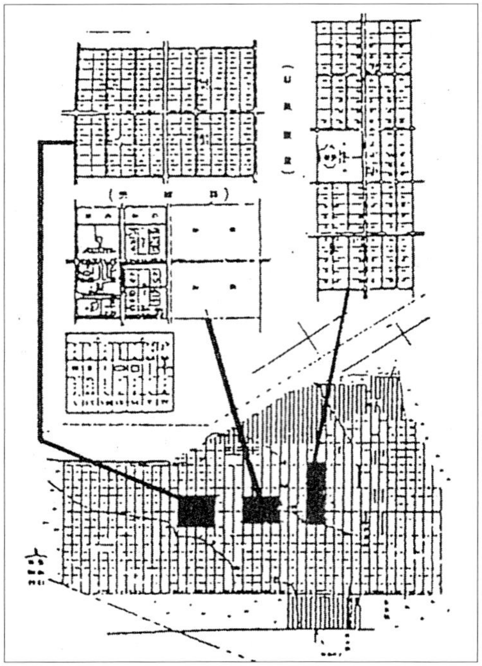

図−H2　吉野村・各集落建物配置図

資料：東郷実「台湾農業植民論」

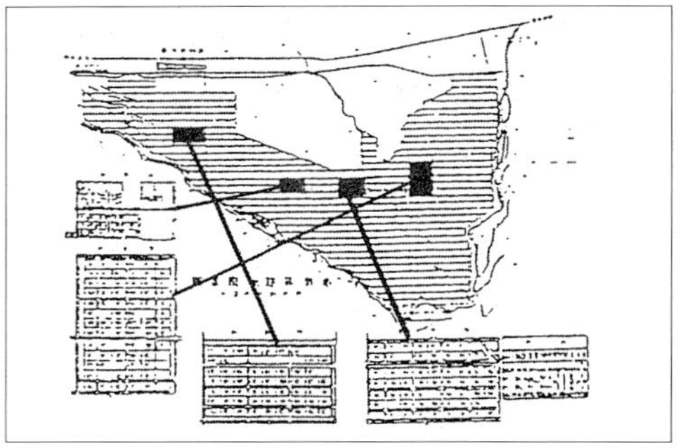

図−H3　林田村・各集落建　　物配置図

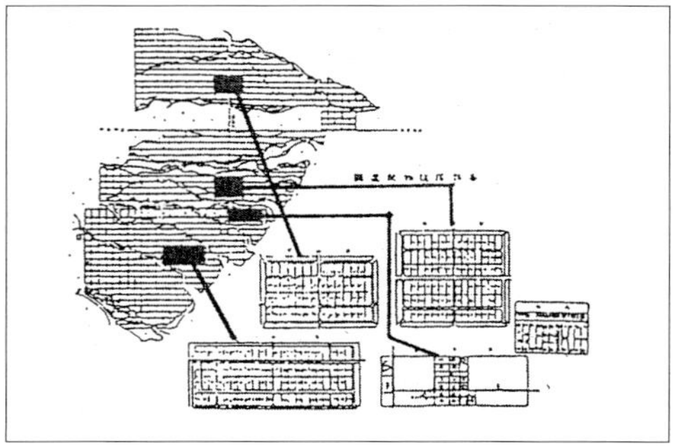

図−H4　吉野村・各集落建物配置図

資料：台湾総督府「官営移民事業報告書」1919

移民村の現況

地割・道路等については、若干の変更は見られるもののおおむね残されていると見てよいだろう。

しかし、集落間を結ぶ幹線道路の拡幅や近年の農業機械導入に伴う圃場整備等による影響がすでに出始めている。

残存建築物等については、老朽化が著しく、大規模な増改築が行われたり、空家同然になっているものも多い。原型をとどめる残存農家の数は少なく、特に、移民村建設当初の公営移民農家の存在は確認できなかった。また、生産施設としては、タバコ乾燥小屋がわずか数件残されている程度である。集落内の商店等については、ほとんどが改築あるいは建て替えられていた。医療所は1件、警官派出所は2件残されているのを確認しているが、いずれも老朽化が著しく、倒壊寸前に近い。小学校はほとんど建て替えられているが1件のみ、その一部が講堂として残されており、現在も使用されている。また、神社については、ことごとく取り壊されているが、石造の鳥居がわずかに1件のみ現存している。

まとめ

以上、ご報告した2地域以外にも旧植民地内には数多くの都市計画・農村計画の足跡が残されている。今までに、韓国：ソウル・仁川・群山・栄山浦・釜山、台湾：台北・鹿港・台中・台南・高雄・嘉義の予備的調査を行っているが、調査の進捗に従って、その対象地区の数は増大していく一方である。

これら、戦前の都市・農村づくりは、当時の時代背景を考えると、軍事力をバックとしたかなり強引な手法によるものだったことは明らかである。現在のそれに比べ都市・農村の骨格づくりの理念は軍事戦略的な方向に集約されたある種の単純さをもっている。しかし、これらの実践をとおして、学習し、わが国の近代的な都市・農村計画の初期の基盤ができあがっていったことを忘れてはならないと思う。ことの善悪は別に、日本が繁栄を続け、日本人が住み続けることを前提とした、都市・農村づくりが真剣に考えられている。けっして一過性の計画を実行に移したいいかげんなものではなかった。その証拠に、現在も彼地の都市として農村として発展しつづけている。当時の有能な技術者たちの英知を結集した一大国家プロジェクトであった。

このことは、この種の調査を通じていたるところで痛感させられている。

これら先人たちの足跡が、時代の大きなうねりの中で風化されようとしている。せめて記録に残しておきたいと思う。

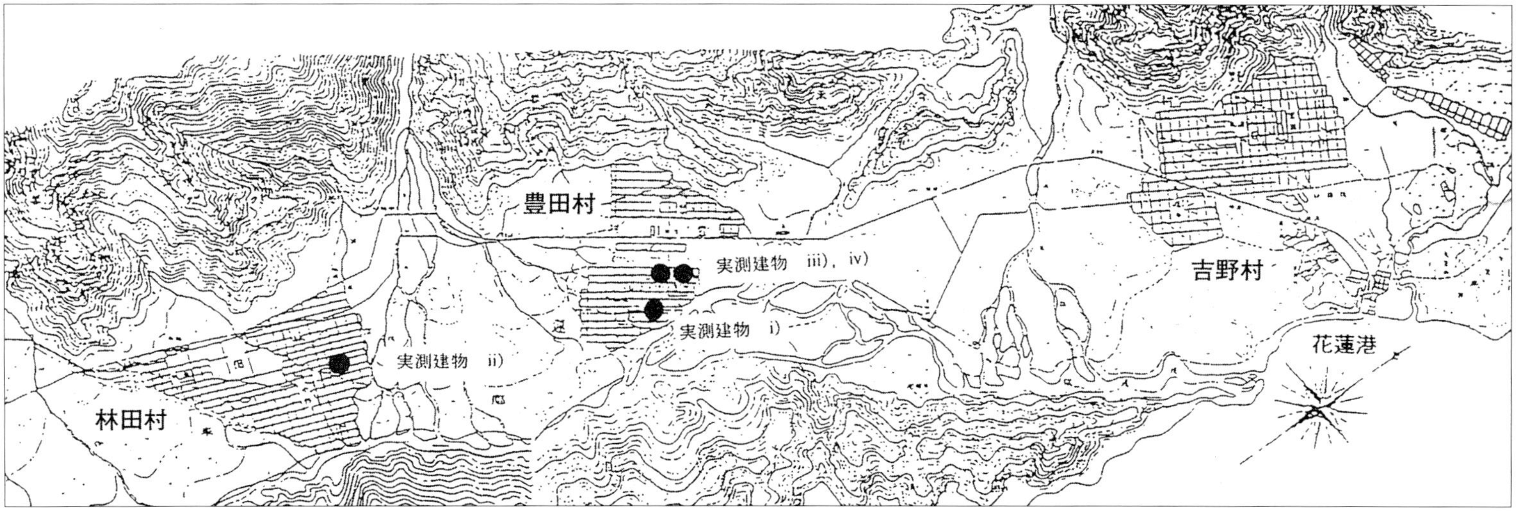

図-H 5　官営移民吉野、豊田、林田村村落図

資料：台湾総督府「官営移民事業報告書」1919

東京・大久保における韓国人と商業施設の集中メカニズム

金　賢淑

序

国際化・開放化が活発になる中、業務・就職・研修・留学・移民など様々な形で国際間人口移動が進んでいる。ふつう多くの外国人は現地生活に馴染むまで現地での苦労を最小限にするために、職場付近もしくは知人の近所に居住地を求めるため、特定地域に特定国民が集団で居住する例が多い。東京都23区には2001年現在、人口8,303千人の中、278千人の外国人が居住している。特に新宿区の場合、外国人の比率が全体人口の10%を超えている。その中で、韓国人は39.2%を占めている。

本稿は外国人との共存コミュニティーを形成するために必要な基礎資料として活用する研究で、東京都新宿区大久保地区の韓国人および韓国人関連商業施設が集中する過程と要因を明らかにすることを目的としている。

外国人の東京集中が増すに従って彼らの居住環境に関心が深まっている。既往研究では外国人の居住実態および住宅、入居者の差別実態（内田雄造他、1992）、分譲マンションの入居実態と問題（塩路安紀子他、1996）、再開発などの地域再生が外国人居住に与える影響（外国人居住研究会、1992）、外国人居住実態および地域環境の変化（稲葉他、2001）など住宅と居住環境を中心とした実態把握が行われている。本稿は、外国人集中の第２段階で発生する商業施設の集積メカニズムと、それに伴う外国人の再集中に重点をおき、既往研究との相互補完的差別化をはかった。研究対象地域は新宿区の中で、韓国人の居住と商業施設の集積が著しい大久保通りと職安通りに面している、大久保１、２丁目と百人町１、２丁目に限定した。韓国人の居住動向は新宿区の外国人登録者数の推移調査により、関連商業施設の集積動向は既往研究を参考とし、2001年12月15日～20日、2002年８月10日～12日の現地調査、インタビュー調査、アンケート調査によって対象地域の韓国人および関連商業施設の分布現況と集中原因を把握した。

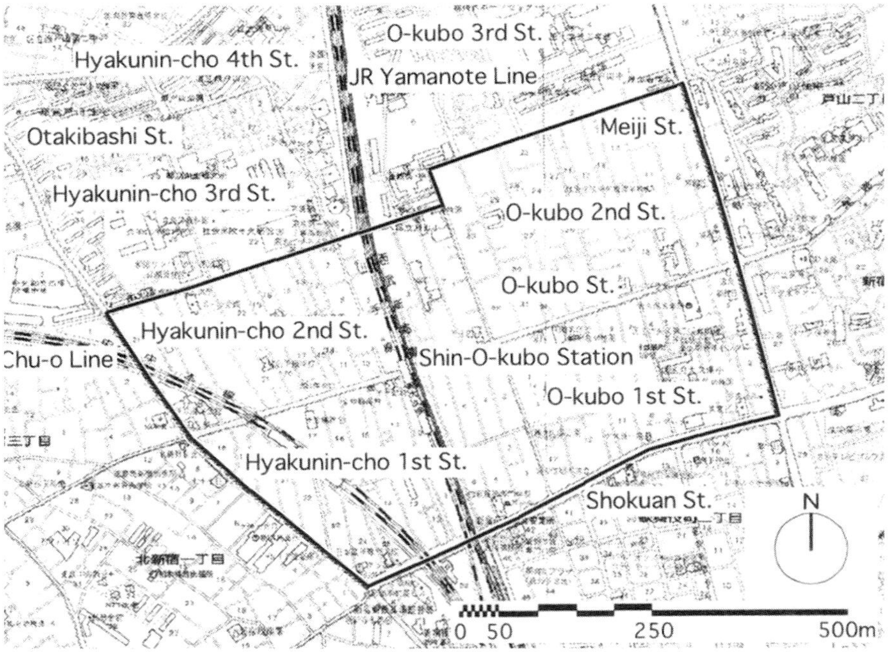

研究対象地域：東京都新宿区大久保地区

大久保の現況

外国人居住現況

2001年の新宿区の外国人登録者数は、26,786人で全人口の約10%を占めている。1990年以降日本人人口が295,032人から237,349人に19.6%減少しているが、同じ期間に外国人人口は16,782人から26,349人と57%の増加を見せている。この中で、研究対象地である大久保１、２丁目と百人町１、２丁目の外国人居住者増加率は106.5%と、全人口の41.4%を占めている。特に、大久保1丁目の全人口は2,603人、外国人は1,731人で、外国人が占める比率が66.5%を占めている。この地域に居住する不法滞留外国人など外国人未登録者まで考えると、外国人の比率はもっと高くなると推定される。新宿区の外国人登録者の中で、最も高い比率を占めている韓国人は、1980年に2,974人から1990年で7,485人、2001年には10,340人と増加し、全外国人の39.2%を占めている。

区分	1990			1995			2001		
	新宿区	大久保	百人町	新宿区	大久保	百人町	新宿区	大久保	百人町
居住人口（人）	311814	10881	7073	285437	10127	6600	263417	7882	5566
日本人	295032	9048	6208	266622	8397	5642	237068	4354	3523
外国人登録者数	16782	1833	865	18815	1730	958	26349	3529	2043
外国人比率（%）	5.4	16.8	12.2	6.6	17.2	14.5	10	44.8	36.7

外国人登録者数の推移

資料：新宿区、外国人登録人口、各年度

韓国人関連商業施設の現況

2001年現、在大久保1、2丁目と百人町1、2丁目では外国人関連商業施設が232か所ある。主要業種としては、飲食店(96)、事務所(29)、エステサロン(21)、美容室(19)、薬局および漢医院(18)、食料品店(14)の順である。この施設の中、約75%に相当する174か所が韓国人関連商業施設である。1993年には飲食店、食料品店、美容院の3業種20か所に過ぎなかった韓国人関連商業施設は、2001年には174か所と増え、飛躍的集積を見せている。

特に、韓国人関連商業施設は大久保通りと職安通りに集中している。この地域に対する2002年度の調査では、飲食店(63)、事務所(13)、エステサロン(12)、美容室(12)などが多く見られた。最近ではPCルーム、医療品店、中古品店、不動産屋なども増加しつつ、本屋およびCD店、質屋、カラオケ、病院なども現れ、業種が多様化していることがわかる。

韓国人居住と商業施設の現況分析

日本に居住する韓国人は、戦前に韓国から日本に渡った人々およびその二世を中心とする民団と朝鮮総連系グループ、1980年代後半以降、仕事、留学、就学、国際結婚などを目的に来日したグループに二分できる。通常、前者をオールドカマー、後者をニューカマーと区分するが、新宿区に居住している彼らの大半はニューカマーである。

韓国人ニューカマーの新宿区集中は、1986年から1991年に著しく現れ、1980年の1,974人から1991年には7,709人と、年平均14.5%で急増した。1998年まで1.3%に留まった韓国人増加率は1998まで7.3%と再び成長を回復している。しかし、韓国人関連商業施設は韓国人ニューカマー流入が停滞する1993年から1998年の間に年平均87%の急成長をし、この成長が吸引力として作用して韓国人ニューカマーを再び集中させたと考えられる。

したがって、本稿では、韓国人ニューカマーの新宿区集中が著しい1991年までを第1段階、韓国人居住増加率は鈍化したが、関連商業施設の集積が著しい1992年から1998年の間を第2段階、再び韓国人居住と商業施設の集積が同時に増加する1998年以降を第3段階と区分し、その原因を分析した。

第1段階：転居地域特性の影響

a. 中心商業の影響と職住近接

初期ニューカマーの就職は新宿区の繁華街である歌舞伎町が中心であった。歌舞伎町を中心とする韓国人の経営するスナック、クラブ、飲食店は300か所以上で、東京全体の40%を占めるといわれた(まち住居研究会、1999)。ここで、韓国人が経営するスナック、クラブ、飲食店に雇われた韓国人は以下のような制約により、職住近接の必要性が大久保地域に居住することになった。

①来日直後の言語的制約

②深夜の労働終了後のタクシー利用などによる経済的制約

③ビザ延長が不可能になった一部就業者の移動の制約

この時期における研究対象地内の韓国人関連商業施設は20か所あまりに過ぎなかった。その内、新宿区のクラブなどの就業者をサポートする美容院、衣料店、エステおよび小型飲食店などが、家賃が安く、歌舞伎町に隣接している職安通りに立地した。

一方、歌舞伎町の外国人雇用者の増加は、日本語学校の増加を招いた。日本語教育が必須である来日初期の外国人のため、日本語学校は寮を確保したり、アルバイト先を紹介するなどの機能まで担当し、学生たちを学校周辺に定住させる役割を担っている。大久保に居住する韓国人が、日本で最初の居住地を決定する方法として、学校・会社の紹介が28.3%を占めるというアンケート調査の結果からも、これ

区分	外国人関連商業施設	韓国人関連商業施設	比率(%)
1993	43	20	46.5
1996	88	54	61.4
1998	159	107	67.3
2001	232	174	75

韓国人関連商業施設の集積

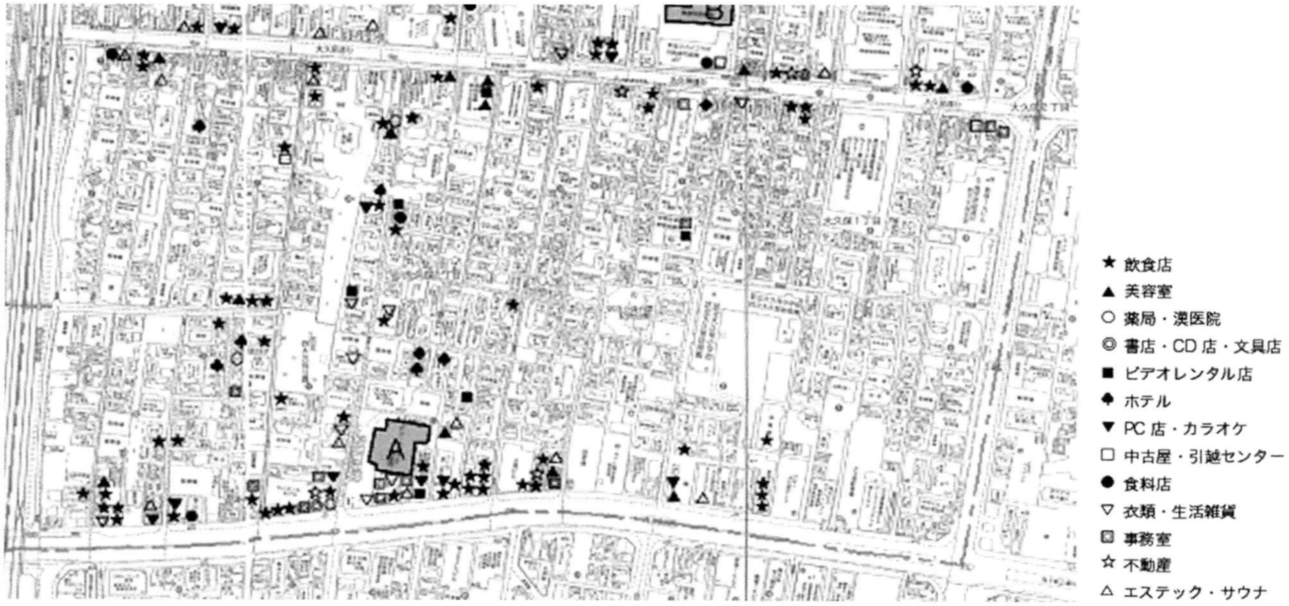

韓国人関連商業施設の分布

ら日本語学校が韓国人の居住に与える影響がわかる。

b. 周辺環境による居住地の選択

外国人は職住近接により通勤・通学が容易で、家賃が安いところに住まいを求める。歌舞伎町に隣接している大久保および百人町はその条件を満たす最適地である。この地域が新宿の中心的位置にありながらも家賃が安いのは、居住地として不利な環境を形成しているためである。まず、平均道路率は新宿区全体の21.1%より低い10～18%に過ぎないし、通り抜けのできない通りが多い。幅員４m未満の細街路や行き止まりなどは、老朽化している木造賃貸アパートの建替えを妨げ、防災的にも危険度が高い地域となっている。また、歌舞伎町との隣接によるラブホテルなどの風俗業の拡張は、居住環境悪化の恐れをもたらしている。

このような居住環境の影響で大久保および百人町の木造賃貸アパート需要は中年層以上の独身者や高齢者、外国人留学生・就労者に限られる傾向がある。

研究対象地の住民が初期に受け入れた外国人の代表的なタイプは大久保３丁目の早稲田大学理工学部の留学生であったため、外国人居住による抵抗感は少なかったと推測される。ニューカマーの急増期であった1990年代初期の研究（外国人居住研究会、1992）を見ると、入居者を学生に限定したり、観光ビザや専門学校生は不許可とするなどの条件付き入居が過半数を占めている。したがって、この時期の大久保、百人町では、歌舞伎町の外国人就業者らの居住需要に対して相当の抵抗があったことがわかる。

第２段階：宗教施設による影響

研究対象地には東京中央教会、聖雫教会、新宿教会、ハンサラン教会など多数の韓国人教会が立地している。この施設の立地は新宿の交通の利便性と、1990年前後の韓国人入居者の増加などがその原因である。韓国人の居住増加率が停滞する1995年と前後して、韓国人教会の立地は、大久保通りおよび職安通りを中心に、韓国人関連商業施設が集積することに影響を与えたと考えられる。

宗教施設の立地が、住居および商業集積に与えた影響を考察することができる代表的な例が、大久保通りにある東京中央教会である。1985年に四谷から職安通りに移転した東京中央教会は、信徒が100名あまりに過ぎなかった80年代末まではそれほどの影響力をもたなかった。しかし、90年代初めからの新宿の韓国人入居者増加と積極的な宗教活動による信徒の急増は、韓国人関連商業施設に影響を与えたのである。

現在この教会には、東京全域から日本で最大規模の韓国人信徒1,500余名がミサに参加しており、この教会と東京付近20か所あまりの教会が相互連携して活動している。週15回のミサ、各種の催し、教会内各種団体の活動、教育・セミナーなどを通じた信徒の頻繁な往来が、教会周辺地域の食料品店、美容室、衣料品店など多くの韓国人店舗の集積に影響を与えている。

このような状況は、教会の移転を契機とした韓国人関連商業施設の移動に端を発している。職安通りに位置していた東京中央教会は、1996年12月、大久保通りに移転した。移転以前の1993年には韓国人関連商業施設は職安通りの教会の旧所在地周辺に多数立地しており、大久保通り周辺には関連施設は全くない状態であった。しかし、現在では大久保通りの教会周辺には飲食店、食料品店、書店、不動産屋などの施設が立地している。これら商業施設の集積は生活の利便性を向上させ、韓国人の居住を一層強化する要因となっている。アンケート調査の結果、13.4%が居住地を新宿に決定した理由として教会との関連性を挙げている。

第３段階：集中の再影響

a. 居住の加速化

研究対象地における初期木造アパートの賃貸は留学生に限定されたが、一度外国人の入居が認められると、同国の外国人は入居しやすくなる傾向がある。日本語のハンディがある初期には、住宅地の選択において不動産業者と意思伝達の不便が生じ、友人や親戚、知人の援助あるいは同居によって日本での生活が始まるためである。

外国人の集団居住は、契約者以外の同居および訪問にとどまらず、ゴミ出しの問題、夜間騒音、治安、その他各種問題による地域居住環境の変化をもたらした。また、建替え・再開発により住居用地が商業用地化し、住民の流出に伴い、商業施設が歌舞伎町に関わる外国人関連の施設になるという循環関係が形成されている。

b. 商業施設の急増と業種の多様化

1996年の東京中央教会移転およびその後の成長により、大久保通りでは、韓国人関連商業施設の集積が起こった。教会の移転後、職安通りでは、歌舞伎町に接していることもあり、韓国料理、韓国式エステの流行などをきっかけに飲食店、美容室、エステサロンなどが急増した。日本で韓国関連商業を展開するには大久保を拠点とするのが有利だといわれるのもこの時期からである。

また、新宿区が持っている東京の中心的ポジションと交通の利便性による低価の韓国人観光客、留学のための学校、新事業のためのアイテム探索などを目的とした入国者が増加し、宿泊需要が増えることによって大久保周辺に30余か所の宿泊施設が立地している（まち住居研究会、1999）。

このような韓国人および韓国人関連施設の集積は、持続的に新しい機能の商業施設を呼び込む連鎖関係にあるといえる。

結論

一般的に外国人の集団居住は商業・業務地域周辺、工場･工業地周辺、学校周辺、低価住宅地などを中心に形成される。この居住地が大久保のように成長するためには公共および特定施設の立地を必要とする。本稿によって明らかにした大久保の韓国人集団居住および関連施設の集積メカニズムは以下のようである。

①ニューカマーの流入期である80年代後半から90年代初期に至る第1段階で韓国人の大久保集団居住は、歌舞伎町と日本語学校を背景とする留学生・就職者の言語的・経済的・制度的制約による職住近接から出発している。歌舞伎町の影響で形成されるエステサロンなどの集積、居住環境の問題などによって地域住民の流出が起こり、韓国人および外国人の集団居住が容易にできたのである。

②韓国人の増加が鈍化する90年代初期から半ばに至る第２段階では、東京における新宿の中心的位置への評価および大久保の交通の利便性によって韓国人教会の信徒が増加し、この頻繁な往来が教会周辺の商業施設の集積をもたらす原動力となった。これらの施設の集積は、生活利便性を向上させ、再び関連従事者と韓国人の集団居住を強化したのである。

③第２次外国人急増期に区分される90年代後半から現在までの第３段階では、韓国人関連商業施設の活性化を牽引力として、人口と施設の再集中が行われた。韓国人の集団居住は知人の訪問、一時的滞在、同居などを誘発することによって集団居住がより一層増加し、韓国人の宿泊需要急増を背景として日常生活支援施設が立地し、生活者の居住満足度を高める要因となった。人口と施設の再集中は銀行、病院、大型流通施設などの立地をもたらしたのである。

韓国人および韓国人関連商業施設の集積は、地域社会から多く影響を受けながらまた、影響を与える相互補完関係を形成している。この過程で否定的影響を最小限とし、肯定的影響を最大化させるための具体的代案を模索することが今後の課題である。

北東アジアにおける新しい生活圏のかたち

金　鐵権

序

環日本海圏という視点から重層的に環日本海圏を理解するために、環日本海・国・都市・地区という4つのレベルを設定し、各レベルごとに情報を収集し、その上で将来像としての環日本海圏交流について考察を行いたい。

その方法としてまず、各レベルの調査を通じて感じられた「環日本海的な」もの、あるいは「環日本海的な」関係を抽出する。続いて各レベルで抽出した環日本海的なもの・関係を総体的に捉え、将来の環日本海圏交流を考えていくうえでの方向性を示す。

「環日本海的な」と呼ぶとき、そのfactorに何を見出しているのか、確認しておかなければならない。「環日本海的なもの」と呼ぶ内容には、空間概念上の環日本海圏(域)において近代史上発生した交流の痕跡、将来像としての環日本海生活圏を構想していくうえでの種(素地、可能性を持ったfactor)がある。

国・都市・地区から見た環日本海的な関係

国レベルからみた環日本海的な関係

近代の(広義の)環日本海圏交流はまさに「国家」の覇権争いによって幕を開けたといえる。大きな構図としては、中国東北部、および朝鮮半島を舞台としてロシア・日本・イギリスなどの列強が領土を奪い合い、その中でいくつもの植民地都市が形成されたのである。特にその勢力範囲を示している軍事・商業の基盤としての交通の利便性によって都市の位置づけは決められていた。つまり国家の思惑によって都市の価値や(例えば戦略上の)重要性、さらにはその性格(軍港都市、商港都市など)まで決まっていたのである。ここでは、近代国家が作ってきた環日本海圏とはどのようなものであったかをマクロな視点から捉え、環日本海地域を舞台とした国家間の関係を経年的に再見する。

a.「中国東北地方・朝鮮半島における列強の覇権争いの時代」

近代19世紀以降、清国の弱体化が露呈するとロシアの南下政策や日本、イギリスなど東北地方への露骨な侵略が展開されていく。この時すでに、東北地方では漢民族によるいくつかの都市建設がなされていた。清国は1740年の回籍令を皮切りに漢民族の満州流入を取り締まったが、19世紀以降その封禁政策も守られなくなり、漢民族の移住が増加していった。しかし、いまだ都市規模での歴史的蓄積に浅く、後に同地方で都市と呼ばれるようになる都市は、ことごとく当時のロシア・日本・イギリス等の列強の戦略によって、その立地や性格が影響されるところとなった。すなわち鉄道網の敷設状況が都市の発展への初期条件として付与されるわけだが、その鉄道建設の方針は列強の国としての戦略的スタンスによるものであったからである。ロシアは不凍港や農産物の販路を求め、日本は国内に抱える矛盾の解決を中国東北地方や朝鮮半島への対外侵略に求め、イギリスは極東経済の主導権を目論むといった具合である。この時期における環日本海地域を国家レベルで俯瞰すれば、そこには「環」という概念はおそらくなかったであろうと考えられる。存在したのは、列強のワンウェイ的な自国の拡大思想にほかならない。

b.「中国東北地方・朝鮮半島の日本による一体化の時代」

日露戦争に勝利した日本は、中国東北地方及び朝鮮半島における主導権を握り、その一体化をはかろうとする。多民族地域の同地方を日本は「五族協和」のスローガンで支配しようとしたが、その実態は著しい民族差別に貫かれていた。1910年の韓国併合、1932年の「満州国」建国宣言がそれを象徴する。特に朝鮮半島の人々は国、言語、さらには個人の名前さえ奪われ、耐え難い屈辱と日本による搾取の苦しみを味わった。またこの時期、朝鮮族の東北地方への流入が急増することも合わせて記しておく。1937年の盧溝橋事件を機に日本は中国全土に侵略を広げ、「大東亜共栄圏」の名の下に東南アジアまでさらに侵略を広げていくことになる。この間、環日本海地域は政治的に支配されただけでなく、食料・原料の供給基地、重工業基地として経済的にも日本経済に組み込まれ、戦争遂行のための兵站基地とされた。
この時期においても、環日本海地域に働く力学はつねに「中心の論理」にもとづいている。
c.「東西冷戦構造による断絶の時代」
戦後における環日本海地域の特徴は、東西冷戦構造の中で社会主義と資本主義が対立する太平洋側の最前線となったことである。朝鮮は独立を回復したが、1948年、38度線を挟んで米国と同盟する大韓民国とソ連と同盟する朝鮮民主主義人民共和国が相次いで樹立された。中国でも和平統一の道が閉ざされ、数年の内戦を経て1949年中華人民共和国が成立し、中ソ友好同盟相互援助条約を締結、米国と同盟した蒋介石は台湾に逃れた。環日本海地域では結局、中国・北朝鮮・モンゴルが社会主義の道を歩んだ。日本は対米協調を基調として、高度経済成長を遂げ先進国入りした。韓国もベトナム戦争を機にNIESとして発展を遂げた。
しかし、日本海がイデオロギーにもとづく東西対立の最前線となったことは環日本海地域を遮断し、交流を阻む最大の要因となっていった。
この時期においても、環日本海圏に働く力学は、大きく二極化したものの「中心の論理」にもとづいているといえる。
d.「新しい「環日本海圏」像の模索の時代」
1989年に始まる冷戦構造の崩壊は、環日本海地域にも大きな変化をもたらした。1990年には韓国とソ連が国交を樹立し、日朝国交交渉も始まった。1991年にはソ連邦が消滅し、韓国・北朝鮮が国連に同時加盟した。1992年には中国と韓国が国交を樹立し、「モンゴル人民共和国」は「モンゴル国」となった。
ここに環日本海地域が「環日本海圏」として、各国、各地域が新しいポテンシャルを実現可能なものとして模索する時代へと入っていく。
しかし、ここで忘れてはならないことは、日本のアジア侵略がいまだ過去のものとはなっていないことを各自が認識することの必要性である。国家レベルでの政治交渉でも、現在に至るまでアジア諸国との間に逢着する問題が、依然としてある。日本国政府の公式見解をアジア諸国の人々が、どれほどセンシティブに受け止めているのかを自覚すべきであろう。
e.「中心の論理から多極ネットワーク型へ」
環日本海地域という空間に表出した事象の背景には、近代以降、常に国家という意志が強力に作用してきた。このことはすなわち、多民族を抱える同地域において多様な価値観が否定され、「中心の論理」によって極めて限定されたイデオロギーに翻弄され続けてきたことを意味する。戦後に至っても「中心の論理」、社会主義と資本主義という二極化したイデオロギーによって同地域のアクティビティが制限されてきた。しかし、冷戦構造の崩壊を契機として、国の意志によらない、地域の自主性、独自性が実現可能なものとして認められるようになってきている。つまり環日本海地域の交流は「多極ネットワーク型」の構造へと移行しているのである。この事実が意味するところは、環日本海圏交流が国家という枠組みを超えたところに求められている、ということである。

都市レベルからみた環日本海的な関係

近代以降都市は、交流の主体ではなく国家を主体とした交流の舞台もしくは、欲望の対象となっていたことは間違いない。港湾施設、交通設備、資源、労働力などによって国家同士の覇権争いの舞台・拠点となっていたと同時に、その影響によって様々な交流が生まれていた。地区・建築のレベルでは簡単になくなってしまう過去の交流の遺物も、都市レベルでは街路構成・インフラなどの形で今後も残っていくであろうことは、都市のもつ特徴であり、言い換えれば都市に注目する意義といえる。
国家による集約的な統治構造が破壊された現在、都市は主体性をもった組織体であるといえる。実際の都市計画は市が主体として行っている。都市内部においては、都市ごとに理想像というものを掲げてそれに向けて長期的な計画が行われている。交流という観点からいえば、都市間交流として姉妹都市条約を結ぶなどの実例は多い。同じ地域の他の都市を意識した、都市間競争が繰り広げられているともいえる。中国は国家が特定の都市に特別の権限を与えているという点で、今もなお国家主体のシステムが残っているといえる。その結果として都市は主体性をもっているともいえる。
今日の都市とは何であろうか。都市でなくてはできないことなどほとんどなくなってしまった。都市である意味というものを考え直すことが大切かも知れない。単なる行政単位であるのか。統治するための区切り、範囲であることだけであれば今日の交流の主体としての意味はほとんどないといってよいだろう。空間概念的にはやはり地区の集合体である。しかし、主体としては決して地区の集合体ではない。地区さらには個人のレベルでそれぞれが主体として交流できる今日である。都市が本当の意味で主体となってできる交流があるとすれば地区の集合としてでしかないだろう。地区の個性を維持しつつ、まとまった方向性を都市レベルで創作する。それが理にかなって初めて都市が交流の主体としての可能性をもつ。近代以降行われてきた、国家・都市の意向に合わせた地区づくりではないスタンスが大切となる。ただ単に特徴的な地区が点在することを期待するのではなく、圏域としての意味づけ、方向付けが必要であろう。

地区レベルからみた環日本海的な関係

本稿の冒頭で、「環日本海的な」と呼ぶものには、近代史上発生した交流の痕跡と、環日本海生活圏を構想していく上での種、という２つの側面があると述べたが、ここではまず各地区の中に見出した「環日本海的な」factorを抽出する。また同時に、各地区を形成した人あるいは組織、およびそのユーザーを再確認する。ここでは各地区の調査を通じて感じ取った「環日本海的なもの」について推察を行う。

異国人によって与えられた基本的な空間構造や、さらに地区によっては建築物そのものまで残されており、その痕跡がこれらの地区の独自性を支えている、というのは事実である。また近代化にともなって均質化していく中心市街地の中で、異国人の遺産がこれらの地区の「まち」としての独自性を際立たせていることも事実である。

街路骨格や建築物などはその「モノ」自身を残しただけでなく、当時の「文化」をも伝達した。例えば、大連の旧ロシア町ではロシア人の残した建築物が「ドイツ様式」というデザインの形式を伝えるとともに、日本人の生活スタイルの西洋化を促進させたし、韓国に残された日式住居は、韓国人の生活の中に日本式のスタイルを導入させた。また大連の連鎖街や釜山の日本専管居留地においては、市場の中で扱う商品の種類を継承しているケースが見られる。こうした事実が表徴しているのは、過去の人間が「モノ」の中に残した一種の記憶を次世代の人間が受け取っている、という構図であり、時間軸の中である種の交流が成立しているということもできる。さらにいえば、時間の経過と「モノ」という媒介物があったからこそ、異国の文化が大きな弊害もなく受容され得たのである。

近代の環日本海圏の関係の中で、人・モノ・情報という要素は「国家」という枠組みに縛られる部分が非常に大きかった。しかし環日本海圏交流を思い浮かべた場合そうではなく、それぞれの要素が自律的に行き来していることがイメージされる。また、情報化の発達に伴った興味や趣味の個別化という時代背景を考え合わせると、将来の交流のあり方としては、各個人が自発的な欲望に基づいて、人・モノ・情報といった個別の要素にアクセスするというスタイルが思い浮かべられる。

将来像としての環日本海生活圏

地区から始める環日本海圏

歴史の中から、環日本海地域でどのような関わりがあったのかを振り返ってみると、国家という組織の意思によって左右されてきた都市、人、モノの姿があった。モノや金の移動である経済も、人が生活を営む都市も、みな国家（政治）によって計画されていた。社会は国家によってデザインされ、コントロールされるものだったのだ。環日本海地域においては、国家の思惑により関係が築かれ、その急速な断絶も個人の意思とは関係なく行われた。

私たちはこの人為的に壊された関係を取り戻そうとしている。50年以上の時間が過ぎ、社会は大きく変化した。政府はともかく環日本海地域にある都市の自治体は交流に対してなかなか積極的だ。姉妹都市を結んで技術提供を試みたり、共通点を見つけてはお互いの都市を訪れ、人同士の交流を図っている。確かに今でも国家や行政は社会をコントロールする立場にある。しかし情報技術や移動手段の発達により、個人の意思によって国家の壁を乗り越えられるようになった今、政治の意思とは関係なくモノ、金、人、そして情報は移動し、政治がこれに追従する形になっている。環日本海圏も同じである。昔のように計画されれば実現するというものではないだろう。計画を現実のものとし、根付かせるためには個人の自発的な欲求や意思の存在が必要なのである。

今はまだこれら要素の中から「これこそが環日本海的なものである」ということは明確にはいえない。しかしこうした地区の存在が知らされ、人々がこれらの要素になんからの形で惹かれ、方々から集まることにより、その場所には新たな環日本海交流の歴史が刻まれることになる。そしてこの場所での経験がその他の地域に持ち帰られ、影響を与えることによりネットワークは大きな広がりを見せるだろう。核となる地区が成熟した時、「環日本海的なもの」の姿を見ることができる。そのために現段階でできること、そしてやるべきなのは将来形作られるであろう環日本海圏の核となる地区を発掘し育てていくことである。

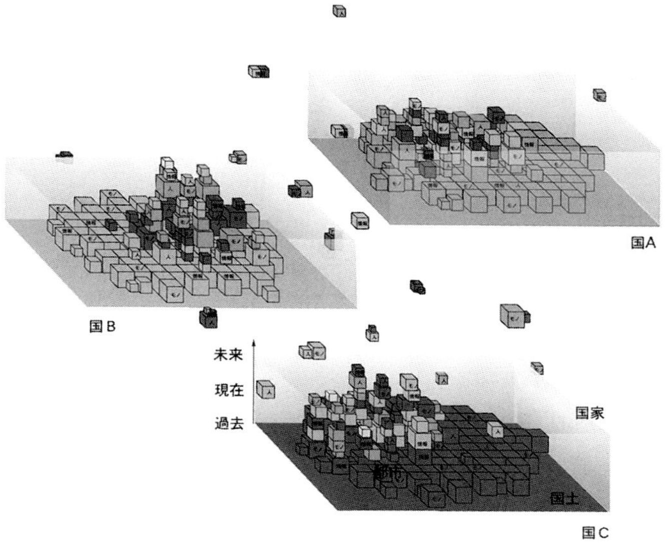

環日本海生活圏のモデル

環日本海圏の都市や地区を見たときに、そこに蓄積された人・モノ・情報は全て国家の意思によって作り上げられたものであるといえよう。そして、近代までの国家の意思による歴史的交流が、現在一般的に認識されている環日本海圏を作り上げてきたといってよいであろう。

しかし、今後の環日本海圏というものを考えたとき、そこには今までの国家の意思を中心とした都市や人の動きではなく、各要素の役割や意義が次第に変化しつつあるのが感じられる。

人は自分の欲した人・モノ・情報に対する欲望に従い、人・モノ・情報の集積である市に引かれてやってくる。訪れた人はそれぞれ他の地域の情報とモノを市に持ち込んで、それと引き替えに再び欲望の対象であるモノと情報、そして時には知人や友人を伴っていく。持ち帰られた人・モノ・情報はその市(もしくは地区)に新たなる欲望の対象を作り、そこに生まれた新たな人・モノ・情報を求めて他の地域から人が集まってくる。このような連鎖的交流は人々の生活領域の中に市を取り込むことともいえ、市は様々な人の生活領域が交錯する場となる。各地から持ち込まれた人・モノ・情報によって創り出される市の姿がそこを訪れる人に他の市の存在を意識させ「圏」としての認識を創り出していくと思われる。

そうして考えてみると環日本海圏は個々の生活領域の集積によって生み出される共通の社会認識、つまりは生活圏としての意味合いが強い。環日本海構想は言い換えれば環日本海生活圏構想といってもよい。そして社会認識を生み出す個人の生活領域を規定しているものが市の存在なのではないだろうか。

今後の環日本海圏としてこの枠組みを考えたとき、国家や都市の担う意義というものは、いかに多くの生活領域の中に市を取り込んでいくかということになる。他の国の人が市に至るまでの間には国家という境界や、各都市の中での制約にとらわれることになる。これらの制約は結果的に生活領域の中に他国・他の都市の市を取り入れる際の障害となっている。これらの障害を取り除く力を持つのは国家や都市であり、具体的には都市の中にある市の税を免除するであるとか、簡単な手続きによって国境を越える移動手段の整備を可能にするなどの措置を採ることが、結果的には市の発達を促し、より多くの生活領域の交錯を生むことになる。環日本海圏における国家や都市の意義、そしてその位置づけはまさにそこにあるといえる。

かつて環日本海地域にあった国家の意思によって人が動くといった構図は、人の自由な活動を国家や都市がサポートしていくという構図へと次第に変化しつつある。そしてその活動の場である市も歴史的痕跡の集積としての受動的な役割から、都市や国家というものに訴える能動的な立場へとその役割を変化させようとしている。そして事実、強固な中心を持たない環日本海圏において、市を中心とする小さな生活領域の交錯が環日本海圏の認識を創り始めている。「地区から始まる環日本海生活圏」という所以もここにあるといってよいであろう。

本稿は上記研究室報告書に新たな知見を加え、加筆したことを記しておきます。研究調査の作業に参加したメンバーに記して感謝の意を表します。

◎参考文献
戸沼研究室1997年度報告書「人・モノ・情報の交流から捉えた東北アジア・環日本海地域の近代以降の都市空間形成史」(早稲田大学理工学総合研究センター、1998)
金鐵権「近代ハルビン中心市街地における都市空間の形成に関する研究」(学位論文　早稲田大学、2004)
西澤泰彦、図説『「満洲」都市物語―ハルビン・大連・瀋陽・長春』河出書房新社(1999)

戸沼幸市研究室（1972—2003）研究・提案・造形

● 戸沼研究室創設

TONUMA Lab.　1966〜　1972　1973　1974　1975　1976　1977　1978　1979　1980　1981　1982　1983　1984　1985　1986

地球居住【海外調査・環日本海生活圏】

●（'66）プラハ　UIA国際会議／アテネ　EKISTICSセンター訪問（ソ連・東欧・西欧都市歴訪）

●（'75-'76）アテネ　EKISTICSセンター特別研究室・地球居住国際シンポ
（ギリシャ・エジプト・トルコ・インド・西欧・北欧諸都市歴訪）

●（'83）東京・早稲田　100億人の
地球居住国際シンポ開催

■海外調査

香港　イラン　ソビエト連邦　台湾・香港

■環日本海生活圏

●（'70）環日本海生活圏構想

●（'75〜'03）極東ロシア・中国（東北）・韓国　現地調査

●（'71）あすの日本海　新潟日報

国土・首都像

●（'70）21世紀の日本　アニマルから人間へ・ピラミッドから網の目へ

●（'70）道州制構想　生態都市圏構想（300市）

（'85）西日本（広島）・中部日本（浜名湖）・北日本（宮城）　新首都モデル　●

■遷都・首都機能移転

●（'79-'85）　首都改造計画委員会　委員（国土庁）

●（'70）北上京遷都計画

東京・東京圏

●（'79〜'85）首都圏　首都改造計画

●（'78）川口市　まちづくり

●（'81〜'03）北区　基本構想・まちづくり

●（'77）草加市　まちづくり

（'85〜'91）世田谷区　景観　●

●（'77〜'03）埼玉県　福祉・防災・住宅・地域

●（'84〜'02）品川区　都市計画

●（'70〜'03）東京都　東京再建・都市計画・土地利用・開発・景観（景観をつくる都民会議）

地方圏

（'82〜'99）鰺ヶ沢町　まちづくり・フォーラム・日本海拠点館計画　●

●（'70〜'03）青函圏　青函圏構想・国土第二軸における青函圏の役割

（'86〜'93）中新田町　まちづくり・景観　●

●（'73〜'79）北海道　北の果て意識を捨てよ・道南の未来

（'78~'82）津軽地域　まちづくり・むらづくり　●

●（'83）弘前市　2001年弘前まちの姿

●（'79〜'03）函館市　函館の未来・函館圏構想・まちづくり

●（'77〜'03）青森県　青森県2000 · 津軽開発・芸術パーク・青い森の特派員

造形

■建築・都市・環境

△（'83）北上京　新首都・北上京計画

コンペティション　IFHP The Flowing Mertopolis　最優秀賞（'89）
オホーツクまちなみ整備　最優秀賞（'94）

（'84〜'89）中新田町　鳴瀬小学校　△

（'86）中新田町　街路整備　△

（'86〜'88）掛川市　駅舎・駅周辺整備　△

著作

○「２１世紀の日本（上）アニマルから人間へ」（紀伊國屋書店：共編著　1972年）
○「２１世紀の日本（下）ピラミッドから網の目へ」（紀伊國屋書店：共編著　1972年）
○「人間尺度論」（彰国社　1978年）
○「人口尺度論」（彰国社　1980年）
○「あづましい未来の津軽」（津軽書房：共編著　1982年）
○「都市計画教科書」（彰国社：共編著　1987年）

1987 | 1988 | 1989 | 1990 | 1991 | 1992 | 1993 | 1994 | 1995 | 1996 | 1997 | 1998 | 1999 | 2000 | 2001 | 2002 | 2003

●('94)ソウル　大都市経営国際シンポ
●('94)福岡　日韓台シンポ
●('92)函館　国際友好都市サミット
('96)ボン・早稲田　環境と都市日独シンポ●
('96)ロシア極東地域　鰺ヶ沢ウラジオストック市との交流●
('96)黄山　開発と保存国際シンポ●
('96)北京　中国都市計画学会と交流●
●('97)全州　地域社会開発シンポ
●('01)アメリカ東海岸
諸都市調査
●('01)中国　東北都市調査
●('01)ベルリン
WSE国際シンポ(9.11問題など)
●('00)台湾　中部地震調査
('03)札幌　環日本海学会国際シンポ(北東アジア問題)●
('03)台北　持続と開発・国際シンポ●
●('92)　西欧都市計画調査
●('92)　台湾板橋駅西開発計画
●('92)　あだち国際まちづくりフォーラム
●('98)台北　アジア太平洋大都市問題・国際シンポ
●('98)シリコンバレー　南カリフォルニア大学(映像調査)
('99)アテネ　WSE国際シンポ(国家のゆくえ)●
●('93)台北　国際シンポ(都市問題)
●('99)パリ　景観調査(パリ市役所)
('99)ニューヨーク　景観調査(ニューヨーク市役所)●

ペルー・ボリビア・ブラジル　マレーシア・タイ・シンガポール　オーストラリア　ドイツ・オランダ・チェコ・オーストリア　中国
カナダ・メキシコ
インドネシア　オーストラリア　ソビエト連邦　ロシア共和国　中国　中国　中国　韓国　韓国

('95)金沢市　環日本海学会●
●('91)函館　新日本海主役の時代(NHKラジオ)・日本海峡フォーラム
('97〜'03)環日本海研究会(戸沼研の報告書ー早稲田大学理工総研)●
('01)青森市　環日本海交流シンポ●
('03)札幌市　環日本海学会
北東アジア生活圏●

●('93〜'03)早稲田大学まちづくりシンポ(1〜11回)／早稲田大学メイヤーズ会議(1〜9回)
●('90〜'92)首都機能移転に関する懇談会　委員(国土庁)
●('96)シンポ(ブラジリアの教訓　産経新聞)
('95)東-東首都軸構想●　●('95〜'00)東京移転跡地調査
●('00〜'03)大宮・横浜業務核都市
展都事例調査
('91) 国会衆議院特別委員会　参考人●
●('94〜'95)宮城モデル
●('97)キャンベラ遷都報告　NHK
●('88〜'01)事例現地調査(ワシントン・キャンベラ・ブラジリア・ボン・ベルリン)
('03)　韓国　MBC(TV)●

●('86〜'99)練馬区　まちづくり・都市計画
●('94〜'03)文京区　景観・都市計画
●('90〜'03)足立区　都市計画・景観づくり・まちづくり大学
●('88〜'03)新宿区　都市計画・景観・新宿学講座

●('90〜'93)春野町　環境
●('93〜'97)宮城県　宮城大学・みやぎエコポリス・21世紀のみやぎ・総合計画
●('94〜'96)飛越地域　広域連携整備
('02〜'03)向島町　まちづくりプラン●
●('94〜'97)北海道東北　ほくとう銀河プラン
●('95〜'97)北東北　環十和田プラネット北東北交流圏構想
●('95〜'97)秋田市　秋田中核都市圏構想
●('96〜'97)糸満市　まちづくり

△('88〜'92)美星町　中世夢が原
△('90〜'93)春野町　生涯学習センター基本構想・図書館・歴史民俗資料館
('90〜'92)亘理町
城下町型街路灯△
△('93〜'97)鰺ヶ沢　日本海拠点館
△('93〜'97)宮城県　宮城大学
△('96〜'99)早稲田大学　西早稲田キャンパス計画
△('99〜'01)早稲田実業学校(国分寺)
△('00〜'06)早稲田大学
正門前整備(実施中)

○「まちづくりの哲学」(彰国社　1991年)
○「パブリックアメニティ」(ぎょうせい:共編著　1992年)
○「「生命の網目都市」をつくる その哲学と手法」(彰国社:共編著　1995年)
○「都市化と食ー生存の理法と都市計画」(ドメス出版社:共編著　1995年)
○「環境・資源・健康　共生都市をめざして」成文堂選書31(成文堂:共編著　1999年)
○「分権、行革、地域のゆくえを探る・分権変革の都市経営」(清文社:共編著　2000年)

編著者紹介

戸沼幸市　とぬま こういち

早稲田大学理工学部建築学科　教授　工学博士

1933年	青森生まれ函館育ち
1959年	早稲田大学建築学科を卒業
1966年	早稲田大学工学研究科博士課程修了「人口集中地区の段階構成とその物的構成に関する研究」にて学位取得 都市計画コース発足とともに助手に嘱任
1972年	早稲田大学助教授となり、都市計画系研究室として戸沼研究室を創設
1975〜76年	ギリシャ・EKISTICSセンター特別研究員
1977年	同大学教授となる
1993〜2001年	早稲田大学専門学校（現早稲田大学芸術学校）校長を兼職

世界居住学会（WSE）副会長、東京都景観審議会会長、新宿区都市計画審議会会長、「地域づくり表彰」審査会委員（国交省）、日本都市計画学会会長他、都市計画系各委員会座長会長を務める

受賞

政府総合賞（1972）：内閣総理府主催「21世紀の日本」コンペティション
日本建築学会賞論文賞　（1983）：「人間尺度を基礎とした居住環境計画に関する一連の研究」
日本都市計画学会石川賞　（1983）：『あづましい未来の津軽』
東北建築賞（1988）：「中新田町立鳴瀬小学校」

著作

「都市論」（所収：『新訂建築学大系 2 都市論・住宅問題』）　共著　彰国社　1969年
『二十一世紀の日本（上）アニマルから人間へ』共編著　紀伊國屋書店　1972年
『二十一世紀の日本（下）ピラミッドから網の目へ』共編著　紀伊國屋書店　1972年
『人間尺度論』彰国社　1978年
『人口尺度論』彰国社　1980年
『あづましい未来の津軽　地域学習のための津軽三十三ヶ所めぐり』共編著　津軽書房　1982年
『都市計画教科書』共編著　彰国社　1987年
『遷都論　21世紀国家への脱皮のために』ぎょうせい　1988年
『遷都論　改訂版　21世紀国家への脱皮のために』ぎょうせい　1990年
『まちづくりの哲学』編著　彰国社　1991年
『東京大都市圏—地域構造・計画の歩み・将来展望』共著　彰国社　1992年
『パブリックアメニティ』編著　ぎょうせい　1992年
『「生命の網目都市」をつくる　その哲学と手法』編著　彰国社　1995年
『都市化と食－生存の理法と都市計画』共著　ドメス出版社　1995年
『複合と連携－新たな公共施設整備のあり方と地域づくり』　共著　ぎょうせい　1997年
『環境・資源・健康　共生都市をめざして』共著　成文堂　1999年
『分権、行革、地域のゆくえを探る・分権変革の都市経営』共編著　清文社　2000年

作品

「中新田町立鳴瀬小学校」宮城県、1988年
「中新田町 花と緑の商店街」宮城県、1986年
「美星町 中世夢が原」岡山県、1991年
「掛川市 新幹線掛川駅 駅舎及び駅前広場」静岡県、1988年
「春野町 図書館, 歴史民俗資料館」静岡県、1990年
「県立宮城大学」宮城県、1997年
「鰺ヶ沢町 日本海拠点館」青森県、1997年

執筆者一覧

相羽康郎　あいば やすお
東北芸術工科大学デザイン工学部環境デザイン学科　教授

青柳幸人　あおやぎ ゆきひと
都市・集合住宅再生研究室　代表
住宅・都市整備公団理事、
早稲田大学都市地域研究所客員教授など歴任

浅野　聡　あさの さとし
三重大学工学部建築学科　助教授

池田　賢　いけだ さとし
都市公団　東京支社設計部

石井大五　いしい だいご
フューチャースケープ建築設計事務所　代表取締役

井手久登　いで ひさと
早稲田大学理工学総合研究センター　客員教授
東京大学名誉教授

井深　誠　いぶか まこと
大成建設設計本部建築グループ　シニアアーキテクト

卯月盛夫　うづき もりお
早稲田大学芸術学校　教授

王　越非　おう えつひ
早稲田大学大学院理工学研究科建築学専攻戸沼研究室　修士課程

落合　誠　おちあい まこと
早稲田大学大学院理工学研究科建築学専攻戸沼研究室　修士課程

川口哲郎　かわぐち てつろう
梓設計　設計本部設計室

木村哲雄　きむら てつお
日本勤労者住宅協会　事業部長

金　鐵権　きむ ちょるくぉん
早稲田大学理工学総合研究センター　客員研究員

金　賢淑　きむ ひょんすく
韓国国立全北大学校工科大学 助教授

輿水司郎　こしみず しろう
早稲田大学大学院理工学研究科建築学専攻戸沼研究室　修士課程

小島裕一　こじま ゆういち
大成建設都市再開発部　課長

後藤春彦　ごとう はるひこ
早稲田大学理工学部建築学科　教授

斎藤京子　さいとう きょうこ
早稲田大学理工学部建築学科戸沼研究室　助手

斎藤義則　さいとう よしのり
茨城大学人文学部　教授

佐藤　滋　さとう しげる
早稲田大学理工学部建築学科　教授

佐藤洋一　さとう よういち
早稲田大学芸術学校　客員助教授

重村　力　しげむら つとむ
神戸大学工学部建設学科　教授

堂城直人　たかぎ なおと
早稲田大学大学院理工学研究科建築学専攻戸沼研究室　修士課程

高橋数人　たかはし かずと
早稲田大学大学院理工学研究科建築学専攻戸沼研究室　修士課程

戸邉亮司　とべ りょうじ
早稲田大学大学院理工学研究科建築学専攻戸沼研究室　修士課程

冨田博之　とみた ひろゆき
早稲田大学大学院理工学研究科建築学専攻戸沼研究室　修士課程

内藤和彦　ないとう かずひこ
中部大学工学部建築学科　教授

永松航介　ながまつ こうすけ
早稲田大学大学院理工学研究科建築学専攻戸沼研究室　修士課程

灰谷香奈子　はいや かなこ
早稲田大学理工学部建築学科　助手

橋詰　健　はしづめ けん
ドライビングフォース　主宰

藤本正雄　ふじもと まさお
早稲田大学大学院理工学研究科建築学専攻戸沼研究室　修士課程

松本哲弥　まつもと てつや
大成建設設計本部建築グループ　シニアアーキテクト

松本泰生　まつもと やすお
早稲田大学理工学総合研究センター　研究員

三浦佳奈　みうら かな
早稲田大学大学院理工学研究科建築学専攻戸沼研究室　修士課程

村田明久　むらた あきひさ
長崎総合科学大学工学部建築学科　教授

村林正次　むらばやし まさつぐ
価値総合研究所　戦略調査事業部長

山田孝司　やまだ こうじ
都市デザイン　事業部長

油科圭亮　ゆしな けいすけ
早稲田大学大学院理工学研究科建築学専攻戸沼研究室　修士課程

若林祥文　わかばやし あきふみ
埼玉県市街地整備課　主幹

編集スタッフ　後藤春彦・灰谷香奈子

本書は、早稲田大学学術出版補助を受けて出版されるものである。

あとがき

大久保の私の研究室には、20人ほどが座れる大テーブルがあり、これを囲んで学際的国際的に、様々な人々が交叉、交流していった。フィールドワークを持ち帰り、活々とした報告、緊張した議論の合間に、無駄話が弾んでいた。
大学も研究室も、教師が教育をするという以上に、学生たちとの交流の場、相互鍛錬の場、チャンスオペレーションの場といったものであろう。
私が早稲田大学に入学したのは1953年であったから、学生、助手、教師として半世紀をワセダで過ごしたことになる。大学の建築学科に都市計画系の戸沼研究室の設置が許されてからの30年間にも、研究室に大勢の学生が来てくれた。学部卒論生、院生を合わせて600名に及び、このうち博士取得者は30名(内留学生10名)を数える。
1966年以来、先輩の研究室—武基雄研究室、私自身が育った吉阪隆正研究室、そして後続の佐藤滋研究室、後藤春彦研究室、卯月盛夫研究室(早稲田大学芸術学校)を含めると、私が対面的に関わった都市計画系の学生はゆうに1,000名を超える。
私自身、時代に突き動かされて走り続けてきたが、何ほどのことをなしたかは心許ない。ふと立ち止まって振り返って、これほどの学徒が続いていたとは正直、驚きである。皆、早稲田派都市計画の情熱をもって、地べたを歩き、建築を作り、まちづくり、地域づくりに取り組んで活躍しているのが頼もしい。

このドキュメント風の著作は、私の編著ということになっているが、実際には斎藤義則君をはじめ、戸沼研究室に縁をもった人々によって、この3月の私の早大定年退職に合わせて企画され、シンポジウムが開かれ、議論が重ねられ、稿が寄せられ、編集されて出来上がったものである。関係諸氏にこの場を借りてお礼申し上げたい。
この著作に盛られた考え方や提案、実践記録が、21世紀日本のかたちづくりに役立つことを願っている。

2004年3月

戸沼幸市

二十一世紀の日本のかたち
生命の網の目社会をはぐくむ

2004年3月6日　第1版発行
編著者　戸沼幸市
発行者　後藤　武
発行所　株式会社彰国社
160-0002東京都新宿区坂町25
電話03-3359-3231(代表)
振替口座00160-2-173401
http://www.shokokusha.co.jp

装丁　柳忠行

印刷・製版　真興社
製本　関山製本社

ISBN 4-395-51091-4 C3052